智能制造系列教材

U0655872

智能制造系统建模与优化

MODELING AND INTELLIGENT OPTIMIZATION OF MANUFACTURING SYSTEMS

王进峰　李新宇　主编
丁海民　刘齐浩　参编

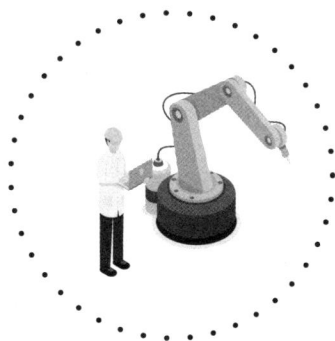

清华大学出版社
北京

图书在版编目(CIP)数据

智能制造系统建模与优化 / 王进峰,李新宇主编. -- 北京:清华大学出版社,2025. 6.
(智能制造系列教材). -- ISBN 978-7-302-69573-8

Ⅰ. TH166

中国国家版本馆 CIP 数据核字第 20257VR122 号

责任编辑:刘　杨
封面设计:李召霞
责任校对:赵丽敏
责任印制:杨　艳

出版发行:清华大学出版社
　　　　网　　　址:https://www.tup.com.cn,https://www.wqxuetang.com
　　　　地　　　址:北京清华大学学研大厦 A 座　　　邮　　编:100084
　　　　社 总 机:010-83470000　　　　　　　　　　邮　　购:010-62786544
　　　　投稿与读者服务:010-62776969,c-service@tup.tsinghua.edu.cn
　　　　质量反馈:010-62772015,zhiliang@tup.tsinghua.edu.cn
印 装 者:三河市春园印刷有限公司
经　　销:全国新华书店
开　　本:185mm×260mm　　印　张:15　　　　　　字　　数:362 千字
版　　次:2025 年 6 月第 1 版　　　　　　　　　　印　　次:2025 年 6 月第 1 次印刷
定　　价:52.00 元

产品编号:106902-01

智能制造系列教材编审委员会

主任委员

  李培根　雒建斌

副主任委员

  吴玉厚　吴　波　赵海燕

编审委员会委员（按姓氏首字母排列）

陈雪峰	邓朝晖	董大伟	高　亮
葛文庆	巩亚东	胡继云	黄洪钟
刘德顺	刘志峰	罗学科	史金飞
唐水源	王成勇	轩福贞	尹周平
袁军堂	张　洁	张智海	赵德宏
郑清春	庄红权		

秘书

  刘　杨

多年前人们就感叹，人类已进入互联网时代；近些年人们又惊叹，社会步入物联网时代。牛津大学教授舍恩伯格（Schönberger）心目中大数据时代最大的转变，就是放弃对因果关系的渴求，转而关注相关关系。人工智能则像一个幽灵徘徊在各个领域，兴奋、疑惑、不安等情绪分别蔓延在不同的业界人士中间。今天，5G的出现使作为整个社会神经系统的互联网和物联网更加敏捷，使宛如社会血液的数据更富有生命力，自然也使人工智能未来能在某些局部领域扮演超级脑力的作用。于是，人们惊呼数字经济的来临，憧憬智慧城市、智慧社会的到来，人们还想象着虚拟世界与现实世界、数字世界与物理世界的融合。这真是一个令人咋舌的时代！

但如果真以为未来经济就"数字"了，以为传统工业就"夕阳"了，那可以说我们就真正迷失在"数字"里了。人类的生命及其社会活动更多地依赖物质需求，除非未来人类生命形态真的变成"数字生命"了，不用说维系生命的食物之类的物质，就连"互联""数据""智能"等这些满足人类高级需求的功能也得依赖物理装备。所以，人类最基本的活动便是把物质变成有用的东西——制造！无论是互联网、物联网、大数据、人工智能，还是数字经济、数字社会，都应该落脚在制造上，而且制造是其应用的最大领域。

前些年，我国把智能制造作为制造强国战略的主攻方向，即便从世界上看，也是有先见之明的。在强国战略的推动下，少数推行智能制造的企业取得了明显成效，更多企业对智能制造的需求日盛。在这样的背景下，很多学校成立了智能制造等新专业（其中有教育部的推动作用）。尽管一窝蜂地开办智能制造专业未必是一个好现象，但智能制造的相关教材对高等院校与制造关联的专业（如机械、材料、能源动力、工业工程、计算机、控制、管理……）都是刚性需求，只是侧重点不一。

教育部高等学校机械类专业教学指导委员会（以下简称"机械教指委"）不失时机地发起编著这套智能制造系列教材。在机械教指委的推动和清华大学出版社的组织下，系列教材编委会认真思考，在2020年新型冠状病毒感染疫情正盛之时进行视频讨论，其后教材的编写和出版工作有序进行。

编写本系列教材的目的是为智能制造专业以及与制造相关的专业提供有关智能制造的学习教材，当然教材也可以作为企业相关的工程师和管理人员学习和培训之用。系列教材包括主干教材和模块单元教材，可满足智能制造相关专业的基础课和专业课的需求。

主干教材，即《智能制造概论》《智能制造装备基础》《工业互联网基础》《数据技术基础》《制造智能技术基础》，可以使学生或工程师对智能制造有基本的认识。其中，《智能制造概论》给读者一个智能制造的概貌，不仅概述智能制造系统的构成，而且还详细介绍智能制造的理念、意识和思维,有利于读者领悟智能制造的真谛。其他几本教材分别论及智能制造系统的"躯干""神经""血液""大脑"。对于智能制造专业的学生而言,应该尽可能必修主干课程。如此配置的主干课程教材应该是本系列教材的特点之一。

本系列教材的特点之二是配合"微课程"设计了模块单元教材。智能制造的知识体系极为庞杂,几乎所有的数字-智能技术和制造领域的新技术都和智能制造有关,不仅涉及人工智能、大数据、物联网、5G、VR/AR、机器人、增材制造(3D 打印)等热门技术,而且像区块链、边缘计算、知识工程、数字孪生等前沿技术都有相应的模块单元介绍。本系列教材中的模块单元差不多成了智能制造的知识百科。学校可以基于模块单元教材开出微课程(1 学分),供学生选修。

本系列教材的特点之三是模块单元教材可以根据各所学校或者专业的需要拼合成不同的课程教材,列举如下。

♯课程例 1——"智能产品开发"(3 学分),内容选自模块:

- ➤ 优化设计
- ➤ 智能工艺设计
- ➤ 绿色设计
- ➤ 可重用设计
- ➤ 多领域物理建模
- ➤ 知识工程
- ➤ 群体智能
- ➤ 工业互联网平台

♯课程例 2——"服务制造"(3 学分),内容选自模块:

- ➤ 传感与测量技术
- ➤ 工业物联网
- ➤ 移动通信
- ➤ 大数据基础
- ➤ 工业互联网平台
- ➤ 智能运维与健康管理

♯课程例 3——"智能车间与工厂"(3 学分),内容选自模块:

- ➤ 智能工艺设计
- ➤ 智能装配工艺
- ➤ 传感与测量技术
- ➤ 智能数控
- ➤ 工业机器人
- ➤ 协作机器人
- ➤ 智能调度
- ➤ 制造执行系统(MES)
- ➤ 制造质量控制

总之,模块单元教材可以组成诸多可能的课程教材,还有如"机器人及智能制造应用""大批量定制生产"等。

　　此外，编委会还强调应突出知识的节点及其关联，这也是此系列教材的特点。关联不仅体现在某一课程的知识节点之间，也表现在不同课程的知识节点之间。这对于读者掌握知识要点且从整体联系上把握智能制造无疑是非常重要的。

　　本系列教材的编著者多为中青年教授，教材内容体现了他们对前沿技术的敏感和在一线的研发实践的经验。无论在与部分作者交流讨论的过程中，还是通过对部分文稿的浏览，笔者都感受到他们较好的理论功底和工程能力。感谢他们对这套系列教材的贡献。

　　衷心感谢机械教指委和清华大学出版社对此系列教材编写工作的组织和指导。感谢庄红权先生和张秋玲女士，他们卓越的组织能力、在教材出版方面的经验、对智能制造的敏锐性是这套系列教材得以顺利出版的最重要因素。

　　希望本系列教材在推进智能制造的过程中能够发挥"系列"的作用！

2021 年 1 月

制造业是立国之本,是打造国家竞争能力和竞争优势的主要支撑,历来受到各国政府的高度重视。而新一代人工智能与先进制造深度融合形成的智能制造技术,正在成为新一轮工业革命的核心驱动力。为抢占国际竞争的制高点,在全球产业链和价值链中占据有利位置,世界各国纷纷将智能制造的发展上升为国家战略,全球新一轮工业升级和竞争就此拉开序幕。

近年来,美国、德国、日本等制造强国纷纷提出新的国家制造业发展计划。无论是美国的"工业互联网"、德国的"工业4.0",还是日本的"智能制造系统",都是根据各自国情为本国工业制定的系统性规划。作为世界制造大国,我国也把智能制造作为推进制造强国战略的主攻方向,并于2015年发布了《中国制造2025》。《中国制造2025》是我国全面推进建设制造强国的引领性文件,也是我国实施制造强国战略的第一个十年的行动纲领。推进建设制造强国,加快发展先进制造业,促进产业迈向全球价值链中高端,培育若干世界级先进制造业集群,已经成为全国上下的广泛共识。可以预见,随着智能制造在全球范围内的孕育兴起,全球产业分工格局将受到新的洗礼和重塑,中国制造业也将迎来千载难逢的历史性机遇。

无论是开拓智能制造领域的科技创新,还是推动智能制造产业的持续发展,都需要高素质人才作为保障,创新人才是支撑智能制造技术发展的第一资源。高等工程教育如何在这场技术变革乃至工业革命中履行新的使命和担当,为我国制造企业转型升级培养一大批高素质专门人才,是摆在我们面前的一项重大任务和课题。我们高兴地看到,我国智能制造工程人才培养日益受到高度重视,各高校都纷纷把智能制造工程教育作为制造工程乃至机械工程教育创新发展的突破口,全面更新教育教学观念,深化知识体系和教学内容改革,推动教学方法创新,我国智能制造工程教育正在步入一个新的发展时期。

当今世界正处于以数字化、网络化、智能化为主要特征的第四次工业革命的起点,正面临百年未有之大变局。工程教育需要适应科技、产业和社会快速发展的步伐,需要有新的思维、理解和变革。新一代智能技术的发展和全球产业分工合作的新变化,必将影响几乎所有学科领域的研究工作、技术解决方案和模式创新。人工智能与学科专业的深度融合、跨学科网络以及合作模式的扁平化,甚至可能会消除某些工程领域学科专业的划分。科学、技术、经济和社会文化的深度交融,使人们可以充分使用便捷的软件、工具、设备和系统,彻底改变或颠覆设计、制造、销售、服务和消费方式。因此,工程教育特别是机械工程教育应当更加具有前瞻性、创新性、开放性和多样性,应当更加注重与世界、社会和产业的联系,为服务我国新的"两步走"宏伟愿景做出更大贡献,为实现联合国可持续发展目标发挥关键性引领作用。

　　需要指出的是,关于智能制造工程人才培养模式和知识体系,社会和学界存在多种看法,许多高校都在进行积极探索,最终的共识将会在改革实践中逐步形成。我们认为,智能制造的主体是制造,赋能是靠智能,要借助数字化、网络化和智能化的力量,通过制造这一载体把物质转化成具有特定形态的产品(或服务),关键在于智能技术与制造技术的深度融合。正如李培根院士在丛书序1中所强调的,对于智能制造而言,"无论是互联网、物联网、大数据、人工智能,还是数字经济、数字社会,都应该落脚在制造上"。

　　经过前期大量的准备工作,经李培根院士倡议,教育部高等学校机械类专业教学指导委员会(以下简称"机械教指委")课程建设与师资培训工作组联合清华大学出版社,策划和组织了这套面向智能制造工程教育及其他相关领域人才培养的本科教材。由李培根院士和雒建斌院士、部分机械教指委委员及主干教材主编,组成了智能制造系列教材编审委员会,协同推进系列教材的编写。

　　考虑到智能制造技术的特点、学科专业特色以及不同类别高校的培养需求,本套教材开创性地构建了一个"柔性"培养框架:在顶层架构上,采用"主干教材＋模块单元教材"的方式,既强调了智能制造工程人才必须掌握的核心内容(以主干教材的形式呈现),又给不同高校最大程度的灵活选用空间(不同模块教材可以组合);在内容安排上,注重培养学生有关智能制造的理念、能力和思维方式,不局限于技术细节的讲述和理论知识的推导;在出版形式上,采用"纸质内容＋数字内容"的方式,"数字内容"通过纸质图书中列出的二维码予以链接,扩充和强化纸质图书中的内容,给读者提供更多的知识和选择。同时,在机械教指委课程建设与师资培训工作组的指导下,本系列书编审委员会具体实施了新工科研究与实践项目,梳理了智能制造方向的知识体系和课程设计,作为规划设计整套系列教材的基础。

　　本系列教材凝聚了李培根院士、雒建斌院士以及所有作者的心血和智慧,是我国智能制造工程本科教育知识体系的一次系统梳理和全面总结,我谨代表机械教指委向他们致以崇高的敬意!

赵维

2021 年 3 月

制造业是国家经济的支柱产业,也是国家综合国力的重要组成部分。它不仅支撑人类文明的建立与发展,而且对国家经济、科技进步和国防实力的提升产生直接影响。进入 21 世纪,全球主要国家越来越重视制造业的发展。2015 年,我国提出《中国制造 2025》战略,旨在通过分阶段实施,实现由制造业大国向制造业强国的转变,其中智能制造是主攻方向,是制造业发展的重点。为适应这一趋势,国内制造企业在国家政策的指导下,积极推进智能制造,并急需大量相关专业技术人员。截至 2024 年 6 月,已有 337 所高校开设智能制造工程专业,为我国制造业的智能化转型培养大量人才。

为了满足智能制造工程专业技术人才的培养需求,教材建设团队在整合传统机械工程专业核心课的基础上,融合新一代信息技术,规划了包括智能制造技术基础、智能制造系统建模与优化、智能制造装备控制基础等多门智能制造工程专业核心课,并编写相关教材。《智能制造系统建模与优化》在整合了生产计划与控制、机械制造技术基础等教材内容的基础上,对教材内容和章节结构进行了重新设计,具有以下特点:

（1）将马克思主义立场观点与科学方法融合,用以解决"复杂制造问题",提高学生正确认识、分析和解决问题的能力。同时,通过"中国制造 2025"国家政策的引入,引导学生学习《智能制造工程实施指南 2016—2020 年》《国家智能制造标准体系建设指南》等资料,深刻理解我国在大力发展智能制造方面的举措,激发学生投身我国"制造强国"战略建设的斗志和热情,培养学生精益求精的大国工匠精神。

（2）围绕离散制造系统智能制造车间的生产问题,探讨应用智能算法建模求解生产计划制订,车间作业调度安排,工艺规划和切削加工等问题的方法和手段。因此,教材整体内容包括两个方面:一方面,对车间级制造系统切削加工、工艺规划、车间调度和生产计划的复杂制造问题进行建模;另一方面,利用智能算法、计算方法对复杂问题模型进行求解和优化。

（3）在构建车间级制造系统知识图谱的基础上,本书章节安排遵循基础知识、高阶知识前后贯通、延续递阶的原则,同时又强调以解决"复杂制造问题"为目标的工程教育思想的培养。因此,教材章节安排如下:第 1 章为制造与制造系统,第 2 章为切削加工建模与智能优化,第 3 章为工艺规划建模与智能优化,第 4 章为车间调度建模与智能优化,第 5 章为工艺规划与调度智能集成,第 6 章为生产计划与智能排产,第 7 章为工程案例。

（4）本书同步建设数字教材等数字教学资源,在学堂在线平台上线了慕课"智能制造系统"。同时,教材中建设了大量的案例,以及用以求解案例的代码和程序。丰富多样的教学资源使学生有更多的方法和途径掌握相关的知识点。

(5) 在工程实践方面,本书结合了多个具有代表性的案例,详细阐述了智能制造系统在实际应用中的操作和优化。通过对这些实际工程问题的深入分析和对解决方案的介绍,旨在帮助读者理解智能制造系统的实际应用过程,掌握真实生产环境中应用智能技术的实际技能和策略。每个案例均包括详细的背景描述、问题分析及解决方案,确保读者全面理解智能制造系统在实际工程中的应用效果与面临的挑战。

本书的体系架构体现了系统、高阶、实用的特点,既可作为高等院校智能制造工程、机械工程、工业工程等相关专业的核心教材,也可供从事智能制造研究与开发的工程技术人员参考。

本书结构和大纲由王进峰、李新宇规划制定,王进峰负责编写第1、2、3、4章;李新宇负责编写第5、6、7章;丁海民参与编写第1、2章;刘齐浩参与编写第5、7章。王进峰负责统稿,研究生鲁绍朴参与编辑和修订了书中的部分图、表、公式。

感谢刘杨编辑为本书顺利出版所做的卓有成效的工作。感谢清华大学出版社为此教材出版所做的重大贡献。

由于编者水平有限,书中缺点和错误在所难免,敬请读者批评指正。

编　者

2024 年 10 月

目 录

CONTENTS

第1章

制造系统概述

1.1 制造与制造系统

通常"制造"指的是产品的机械工艺过程或机械加工过程。词典中对"制造"的解释为"通过机器进行(产品)制作或生产,特别适用于大批量"。从技术角度而言,制造是运用物理或化学的方法改变原材料的几何形状、特性、外观等以形成相应产品的过程。从经济角度而言,制造是通过一个或一组工艺操作(加工、装配等)将材料转变为具有更大价值产品的过程。制造的本质是运用材料、机械设备、人,结合作业方法,使用相关检测手段,在适宜的环境下,达成质量、成本、效率、服务等目标。

随着生产力的发展,"制造"的内涵在范围和过程两个方面大大拓展。在范围方面,制造涉及的工业领域包括机械、电子、化工、轻工、食品和军工等国民经济领域的大量行业。制造业已被定义为将可用资源(物料、能源等)通过相应过程转化为可供人们使用的工业品或生活消费品的产业。在过程方面,制造不仅包括具体的工艺过程,还包括市场分析、产品设计、生产调度、工艺规划、切削加工、装配、运输、产品销售、售后服务及回收处理等产品全生命周期过程,如国际生产工程科学院(The International Academy for Production Engineering,CIRP)1990 年给出的"制造"定义是:制造是一个涉及制造业中产品设计、物料选择、生产计划、生产过程、质量保证、经营管理、市场销售和服务等一系列相关活动和工作的总称。

重庆大学张根保教授给出的定义是:制造是人类按照市场需求,运用主观掌握的知识和技能,借助手工或可以利用的客观物质和工具,采用有效的方法,将原材料转化为最终产品,并投放市场的全过程。因此,制造不是单纯的加工和装配过程,而是产品全生命周期内一系列相互联系的活动的集合。

系统是具有特定功能、相互间具有有机联系的许多要素构成的一个不可分割的整体。尽管系统可以进一步划分为更小的子系统,而且这些子系统也可以单独存在,并对外呈现一定的特性,但这些子系统都不具备原有系统的整体性质。系统具有以下性质。

(1) 目的性:所有的物理系统或组织系统都具有一定的目的。例如,制造系统的目的是将制造资源有效转变为有用的产品。为实现系统的目的,系统必须具有处理、控制、调节和管理功能。

(2) 整体性:系统由两个或两个以上可以相互区别的要素构成。系统的整体性要求从整体协调的角度规划整个系统,从整体上确定各组成要素之间的相互联系和作用,再分别研究各要素。离开整体性研究系统的各要素,就失去了原有系统的意义,也无法实现系统的功能。

(3) 集成性:所有系统都由两个或两个以上的要素组成,每个要素都对外呈现自身特性,并有其自身的内在规律。但这些要素都要通过系统的整体规划有机集成为一个整体。因此,系统的集成性并不等于集合性,前者构成一个有机整体,可以实现系统整体运行的最优化;后者仅是各组成要素之间的简单叠加,不仅达不到最优,有时系统还会因参数不匹配而无法运行。

(4) 层次性:系统作为一个相互作用的各要素的总体,可被分解为不同级别子系统构成的层次结构。层次结构表达不同层次子系统之间的从属关系和相互作用关系。

(5) 相关性:组成系统的要素是相互联系、相互作用的,相关性表明这些要素之间的特定关系。研究系统的相关性可以明晰各要素之间的相互依存关系,提高系统的延续性,避免系统内耗,提高系统的整体运行效果。明确各要素的相关性是实现系统有机集成的前提。

(6) 环境适应性:所有系统都会受到外部环境的影响和约束,与外部环境进行物质、能量和信息的交换。一个良好的系统能够适应外部环境的改变,能够随着外部条件的变化而改变系统的内部结构,使系统始终运行于最佳状态。

对于制造系统,至今没有统一的定义,以下是几个比较权威的定义。

(1) 英国学者 Parmaby 于 1989 年给出定义:"制造系统是工艺、机器系统、人、组织机构、信息控制系统和计算机的集成组合,其目的是取得产品制造的经济性和产品性能的国际竞争性。"

(2) 国际生产工程科学院(CIRP)于 1990 年公布定义:"制造系统是制造业中形成的旨在生产的有机整体。在机电工程产业中,制造系统具有设计、生产、发运和销售的一体化功能。"

(3) 美国麻省理工学院(Massachusetts Institute of Technology,MIT)教授 G. Chryssolouris 于 1992 年给出定义:"制造系统是人、机器、装备及物料流和信息流的一个组合体。"

(4) 日本的人见胜人教授指出,制造系统可从结构、转变和过程三个方面定义。结构方面:制造系统是一个包括人员、生产设施、物料加工设备和其他附属装置等各种硬件的统一整体;转变方面:制造系统可定义为生产要素的转变过程,特别是将原材料以最大生产率转变为产品;过程方面:制造系统可定义为生产的运行过程,包括计划、实施和控制。

(5) 重庆大学张根保教授指出,制造系统是为达到预定的制造目的而构造的物理或组织系统。对于一个制造系统而言,信息、原材料、能量和资金是系统的输入,产品是系统的主动输出,废料及其他排放物是系统的被动输出。

综合上述定义可以认为,制造系统是制造过程及其涉及的硬件、软件和人员组成的一个将制造资源转变为产品或半成品的输入/输出系统,它涉及产品生命周期的全过程或部分环节。其中,硬件包括厂房、生产设备、工器具、计算机及网络等;软件包括制造理论、制造技术、管理方法、制造信息及相关的软件系统等。制造资源包括狭义制造资源和广义制造资源。狭义制造资源主要指物料和能源资源,包括原材料、毛坯、半成品等;广义制造资源还包括硬件、软件、数据、人员等。

制造系统可以从工艺类型、加工对象的品种和批量、层级结构、系统柔性、自动化程度和智能化程度等不同角度进行分类，如表 1-1 所示。

表 1-1　制造系统类型

制造系统	按工艺类型分类	离散型制造系统	制造对象相互分离，制造过程按单个对象进行
		连续型制造系统	制造对象呈"连绵不断"状态
	按加工对象的品种和批量分类	少品种大批量制造系统	对提高生产率、降低成本发挥过重要作用，正在被多品种小批量制造系统取代
		多品种小批量制造系统	满足生产需求，要求系统的柔性很大
	按制造系统层级结构分类	单元级制造系统	以制造单元为单位组织生产的制造系统
		车间级制造系统	以车间为单位组织生产的制造系统
		企业级制造系统	以企业为单位组织生产的制造系统，由制造车间组成
	按系统柔性分类	刚性制造系统	难以适应制造对象的改变，适合于少品种、大批量制造
		柔性制造系统	具有较大的制造对象变化范围，适合于多品种、小批量制造
		可重构制造系统	系统的结构可随产品对象的变化而改变，加工对象范围广，适合多品种、小（变）批量制造
	按自动化程度分类	手动制造系统	以普通机床为主，设计和制造过程主要靠手工，自动化成分极少
		自动制造系统	可以是刚性自动化，可以是人机一体化，也可以是无人化制造系统
	按智能化程度分类	常规制造系统	需要大量人工干预的制造系统
		现代集成制造系统	将计算机技术、网络技术与制造系统相结合的自动化制造系统
		智能制造系统	将人工智能与现代集成制造系统相结合的自动化制造系统

1.2　典型制造系统

1.2.1　离散型/流程型制造系统

离散型制造系统制造的产品由许多零部件构成，各零件的加工过程是彼此独立的，零件通过部件装配和总装配最后成为产品。生产过程中，除了保证及时供料和稳定的加工质量外，还要控制零部件的生产进度。因为如果零部件生产的品种、数量不成套，就无法装配出产品。另外，如果生产进度导致不能按时成套，那么少数零件的生产进度拖期，必然延长整个产品的生产周期，以至延误产品交货期。同时，还会造成大量在制品积压，导致生产资金流动不畅。

离散型制造系统生产过程复杂，产品种类繁多，非标程度高，工艺路线和设备使用灵活，车间形态多样，运营维护复杂。此外，还具有以下特点。

（1）产品结构层次明晰。离散型制造业的产品结构可以用树状结构描述，最终产品一般由固定数量的零件或部件组成，相互间的关系是固定和明确的。

（2）产品工艺流程复杂。离散型制造业的产品生产过程是断续、离散的，主要生产工艺方法有铸造、锻造、焊接、机械加工等,不同零件的生产工艺过程不同,同一零件产量不同时,工艺过程也会有较大区别。

(3)生产计划管理要求高。典型的离散型制造企业是按照订单组织生产的,一般采用多品种、小批量生产方式,产品的工艺环节较多,组织生产的难度较大,采购和生产快速响应要求高,常需应用计算机辅助生产计划排产及管理工作。

流程型制造系统是以各类自然资源为原料,通过包含物理化学反应的气、液、固等多相共存的连续生产过程,为下游制造业提供原材料和能源的基础工业。连续型制造系统制造工艺具有以下特点:工艺过程是连续进行的;工艺过程的加工顺序是固定不变的,生产设施按照工艺流程布置;生产对象按照固定的工艺流程连续不断地通过一系列设备和装置,被加工、处理为成品。连续型制造系统生产管理的重点是保证连续供料和每一生产环节的正常运行。因为任一个生产环节出现故障,都会引起整个生产过程的瘫痪。由于产品和生产工艺相对稳定,通常采用各种自动化装置,实现对生产过程的自动化控制。

飞机、船舶、电子设备、机床、汽车等行业属于离散型制造业。石油化工、钢铁和有色金属、建筑材料等行业属于流程型制造业。

1.2.2　单元/车间/企业级制造系统

在生产实践中,根据制造系统的层级结构,可将制造系统分为单元级制造系统、车间级制造系统和企业级制造系统,如图1-1所示。

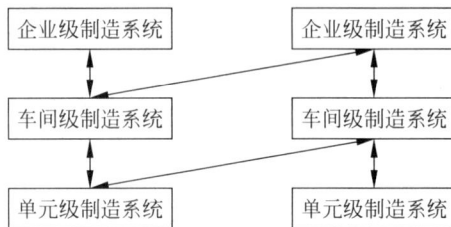

图1-1　单元/车间/企业级制造系统

单元级制造系统(制造单元)是在成组技术(group technology,GT)的基础上发展起来的一种生产模式,它根据成组技术将零件划分为零件组,并分配给相应的机床单元组织生产,从而将小批量、多品种生产转化为大批量生产,减少生产准备时间,缩短产品交货期。

车间级制造系统的基本功能是实现从制造物料(原材料、毛坯、外购件等)到成品(零件、部件或产品)的转换,其功能可分为两大类。

(1)直接完成物料的运输、储存、加工、装配及测试检验等生产制造活动。

(2)在车间范围内管理、调度和控制生产过程中的相关活动,包括与其子系统进行双向信息交换活动。

在现代制造系统中,车间级制造系统完成的加工任务是动态变化的,如产品种类、规格、批量、交货期等。加工任务变化会导致加工路线、加工设备变化,因此,为满足市场/用户日益多样化和个性化的需求,车间级制造系统的组织结构应与其下属制造单元具有一定的柔性,是可动态重组的,即制造单元随着生产任务的不同而动态变化,当加工任务完成以后,旧单元随之解散,等待新任务的需求而重新组合。重构的制造单元是一种逻辑上的单元,即虚拟单元,可通过计算机网络实现对制造单元的分布式控制。

具备物料到产品转换功能和车间结构可重组特征的车间级制造系统,其运行过程包括管理、技术两条纵向主线和生产横向主线,如图 1-2 所示。

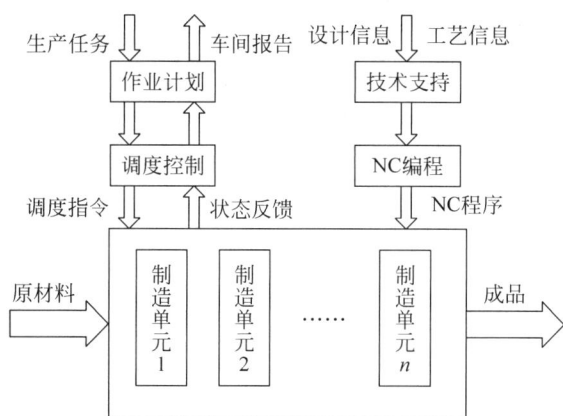

图 1-2 车间级制造系统

(1)管理主线:将上级下达的生产任务分解为可执行的作业计划;对实施情况进行控制监督,实现生产过程的优化运行;对系统内的资源进行动态调度;将车间的生产、资源、质量状况以车间报告的形式向上级部门反映。

(2)技术主线:保证工艺规程的执行,解决生产现场出现的技术问题并完成数控机床的编程任务。

(3)生产主线:完成与系统相关的物料输送,并根据控制指令和设计工艺技术要求完成零件的切削加工和部件装配任务。

企业级制造系统的组织结构如图 1-3 所示。这是传统制造企业最典型的组织结构,各部门之间的信息传递是串行的,不具备并行传递功能。因此,随着精益生产方式和并行管理方式的实施,企业级制造系统的组织结构不断向扁平化、网络化发展,与此适应的系统运行管理方式也在不断发生变化,涌现出了制造执行单元等先进的系统控制方法。

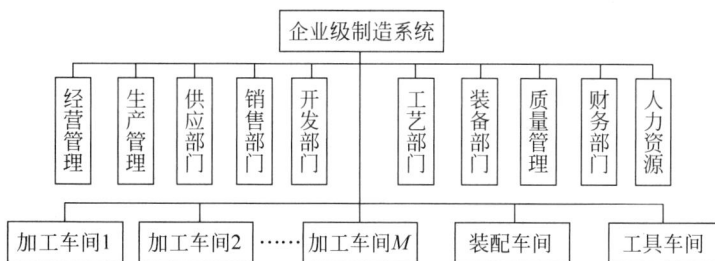

图 1-3 企业级制造系统的组织结构

目前,企业级制造系统的运行控制类似车间级制造系统的运行控制,由管理、技术两条纵向主线和生产销售横向主线组成,如图 1-4 所示。

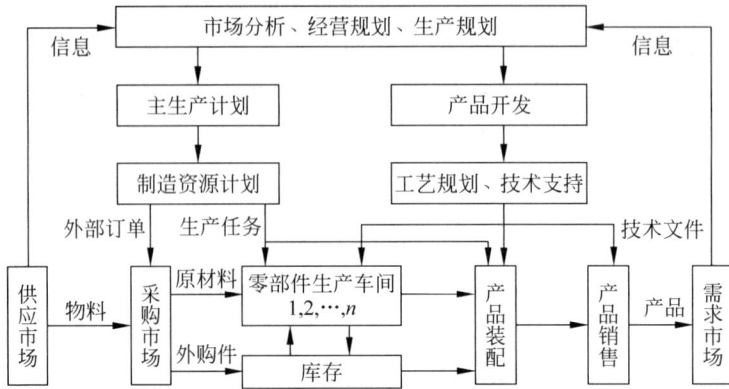

图 1-4　企业级制造系统的运行控制

1.2.3　自动化制造系统

广义上来说,自动化制造系统(automatic manufacturing system,AMS)是由一定范围的加工对象、一定的制造柔性、一定自动化水平的各种设备和高水平的技术人员组成的一个有机整体。它接受外部信息、能源、资金、外购件和原材料等,将其作为输入,在人和计算机控制系统的共同作用下,实现一定程度的柔性自动化制造。一般认为自动化制造系统具有5 个典型的组成部分。

1. 一定技术水平和决策能力的人

现代自动化制造系统是充分发挥人的人机一体化的柔性自动化制造系统。因此,系统的良好运行离不开人的参与。对于自动化程度较高的制造系统,例如,柔性制造系统(flexible manufacturing system,FMS),人的作用主要体现在对物料的准备和对信息流的监视和控制方面。对于物流自动化程度较低的制造系统,如分布式数控系统(distribute numerical control,DNC),人不仅要监视和控制信息流,还要更多地参与和决策物流过程。总之,自动化制造系统对人的要求并未降低,而是提高了,它需要具有一定技术水平和决策能力的人。

2. 一定范围的加工对象

现代自动化制造系统能在一定的范围内适应加工对象的变化,变化范围一般在系统设计时已经设定。现代自动化制造系统加工对象的划分一般是基于成组技术原理进行的。

3. 物料流及物料处理系统

物料流及物料处理系统是自动化制造系统的主要组成部分,它在人的帮助下或自动将原材料转化为最终产品。一般来讲,物料流及物料处理系统包括各种自动化或非自动化的物料储运设备、加工设备、检测设备、清洗设备、热处理设备、装配设备、控制装置和其他辅助设备等。

4. 能量流及其控制系统

能量流为物流过程提供能量,以维持系统的运行。供给系统的一部分能量用于维持系统运行,做了有用功;另一部分能量则以摩擦和传送过程中的损耗等形式被消耗。

5. 信息流及其控制系统

自动化制造系统的信息流控制物流过程,也控制产品的制造质量。系统的自动化程度、柔性程度及与其他系统的集成程度,都与信息流控制系统关系很大。

因此,典型的自动化制造系统通常由以下子系统组成:毛坯制备自动化子系统、机械加工自动化子系统、储运过程自动化子系统、装配过程自动化子系统、辅助过程自动化子系统、热处理过程自动化子系统、质量控制自动化子系统和系统控制自动化子系统。人作为自动化制造系统的基本要素,可以与任意自动化子系统结合。

1.2.4　柔性制造系统

20 世纪下半叶以后,制造企业的竞争焦点转向如何提高生产柔性,如何快速向客户提供高质量、个性化的产品和服务。在这种情况下,柔性制造系统应运而生。柔性制造系统是由计算机控制系统和物流系统连接起来的一系列自动化加工设备和辅助设备,是加工对象、工艺过程、工序内容和生产节拍等可自动调节的高度自动化制造系统。

我国国家军用标准中有关武器装备柔性制造系统的描述如下:柔性制造系统是由数控加工设备、物料运储装置和计算机控制系统等组成的自动化制造系统,它包括多个柔性制造单元,能根据制造任务或生产环境的变化迅速进行调整,适用于多品种、中小批量生产。

美国制造工程师协会将柔性制造系统定义为"使用计算机控制、柔性工作站和集成物料运储装置控制并完成零件族某一工序或一系列工序的一种制造系统"。

在硬件方面,柔性制造系统一般包括以下组成部分。

(1) 两台以上数控机床或加工中心及其他加工设备,包括测量机、清洗机、动平衡机、各种特种加工设备等。

(2) 一套能自动装卸的运储系统,包括刀具的运储和工件原材料的运储。具体结构可采用传送带、有轨小车、无轨小车、搬运机器人、上下料托盘、交换工作站等。

(3) 一套计算机控制系统。

在软件方面,柔性制造系统需要实现运行控制、质量保证、数据管理和通信网络。

在功能方面,柔性制造系统要实现以下功能。

(1) 自动进行零件批量生产。

(2) 简单地修改软件程序,便能制造出某一零件族的任意零件。

(3) 物料的运输和储存必须是自动的(包括刀具、工装和工件)。

(4) 解决多机条件下零件的混合比问题且无须增加费用。

由于柔性制造系统生产的产品品种、数量可变,能适应多品种、各种批量的自动化生产,所以能快速响应用户和技术发展对产品品种、性能、数量的需求变化。为满足现代生产需求,近年来国内外学者提出了一种新的制造系统。对于该制造系统,当市场产品需求增大时,可以很快将新设备无缝集成到原有系统中,提升原有生产系统的生产能力;当产品种类需求变化时,可以在设备上增加、更换功能模块,改变机床的加工功能,从而满足新产品的加工要求;当产品工艺路线变化时,可以快速调整原有系统的布局结构,以满足新工艺的要求。该制造系统的核心是以企业的自身变化来适应企业环境的变化。这种以变应变的制造模式使制造企业既具有很高的生产效率,又具有很好的柔性,是未来制造系统的发展方向。

有学者将该制造系统命名为可重构制造系统(reconfigurable manufacturing system, RMS), 也有学者称之为快速重组制造系统(rapidly reconfigurable manufacturing system, RRMS)。

迄今为止, 学术界和工业界关于可重构制造系统没有明确的定义, 具有代表性的阐述有以下两种。

1. 第一种阐述

可重构制造系统是指为了在一个零件族内快速调节生产能力和制造功能以适应市场需求或政府调节的突然变化, 从一开始就将结构、硬件和软件组元设计成可快速变化的制造系统。该阐述是由 1999 年密歇根大学的 Koren 教授等在 CIRP 年会上提出的, 其特点包括: ①将加工对象限定在按成组技术分类的一个零件组(族)内; ②强调重构是由生产能力和制造功能的需求变化驱动的; ③要求在可重构机床的基础上进行重构。

2. 第二种阐述

可重构制造系统是一种能够遵循市场需求变化、系统规划与设计的规定, 以重排(重新组态)、重复利用和更新系统组态或子系统的方式, 实现较低的重构成本、较短的系统研制周期、较高的质量和投资效益, 快速调整制造过程、生产功能和生产能力的可变制造系统。该定义 2000 年由清华大学的罗振璧教授等提出, 其特点包括: ①将加工对象定义在系统规划与设计的范围内; ②强调重构是由生产过程、生产功能和生产能力的需求变化驱动的; ③强调制造系统的系统级重构, 将重构层次由设备级扩展到系统级。

尽管学术界和工业界关于可重构制造系统没有明确的定义, 但可重构制造系统具有以下特征。

(1) 可变性: 可重构制造系统最大的特点是可变性, 其生产能力和生产功能随着外界环境的变化而变化。

(2) 模块化: 可重构制造系统具有模块化的结构, 可根据外界环境需求变化调整制造系统的模块, 改变其生产功能和生产能力。可重构制造系统的三个子系统, 即可重构加工系统、可重构物流系统和可重构控制系统均具备模块化特性, 从而使系统真正具备可变性。同时, 模块化结构可降低制造系统的设计难度, 使系统便于维护。

(3) 标准化: 各种模块具有标准的接口, 保证各模块的互换。

(4) 定制性: 因柔性制造系统尽可能地包含一切可能的功能, 所以其前期购置费用和后期维护费用高昂, 可重构制造系统的设计只针对某一系列产品, 而不针对各种各样的产品。

(5) 集成性: 作为新一代制造系统, 可重构制造系统具备集成性, 保证物质流、信息流和能量流在系统内部顺利流动。

(6) 可诊断性: 可重构制造系统需要经常重构, 缩短其重构时间显得尤为重要, 可重构制造系统可对产品加工质量和可靠性进行识别和分析。

1.2.5 现代集成制造系统

20 世纪中叶以后, 随着制造业对技术进步的强烈需求, 以及计算机、通信和数字控制等信息化技术的发展和广泛应用, 制造系统进入数字化制造时代。数字化制造是在制造技术和数字化技术融合的背景下, 对产品信息、工艺信息和资源信息进行数字化描述、集成、分析、决策和执行,进而快速生产出满足用户需求的产品。数字化制造主要聚焦提升企业内部竞争力,提高产品设计和制造质量、提高劳动生产率、缩短新产品研发周期、降低成本和提高能效。数字化制造的主要特征表现为以下 4 个方面。

(1) 产品设计数字化。在产品设计阶段,引入大量的 CAD/CAE/CAM 软件进行数字化设计,实现设计过程、制造过程、结构分析和装配过程的仿真和优化,提高产品研发效率,降低研发成本。

(2) 制造装备数字化。在产品制造阶段,引入大量的数字化装备和工器具,例如,广泛应用数控机床、加工中心进行切削加工,利用增材制造设备实现原型机/试验机的快速制造。

(3) 过程控制数字化。在生产过程中,引入制造执行系统(manufacturing execution system,MES)、过程控制系统(process control system,PCS)等,以改善生产过程的自动化程度,提高现场的生产效率,降低劳动强度。

(4) 生产管理数字化。从宏观上,通过企业资源规划(enterprise resource planning,ERP)系统的实施,提高企业生产的计划性和规律性,从微观上,利用数字化技术实现仓储管理和控制自动化,开发提高质量管控水平的计算机辅助质量管理系统,同时为提高生产过程自动化程度,开发产品数据管理系统和产品全生命周期管理系统。

数字化技术能够实现制造全部过程各环节的集成和优化运行,产生以计算机集成制造系统(computer integrated manufacturing system,CIMS)为标志的解决方案。在这个阶段,以现场总线为代表的早期网络技术和以专家系统为代表的早期人工智能技术在制造业得到应用。CIMS 以自动化技术、信息技术及制造技术为基础,利用计算机技术及信息通信技术,将企业全部生产活动所需的分散软件系统集成起来,在系统层面实现产品研制和制造过程的优化,适用于多品种、中小批量生产。

20 世纪 80 年代,世界各国都十分重视计算机集成制造系统的发展,美国国家标准局和欧洲共同体等都制定了基于 CIMS 的发展战略。在中国"863"高技术研究发展计划的支持下,自动化领域 CIMS 专家组结合我国国情,总结提出了新的数字化集成制造系统——现代集成制造系统。现代集成制造系统的主要特征包括以下几点:①提出了 CIMS 数字化、虚拟化、网络化、智能化和绿色化的现代化特征;②拓展了系统集成优化的内容,包括异构系统信息集成、串行到并行的制造过程集成;③建立了 CIMS 的技术体系,突出了信息技术的赋能作用,强调管理与技术结合,以及人在系统中的重要作用,扩展了 CIMS 的应用范围。

现代集成制造系统是基于 CIMS 理念的一种信息时代新型生产制造模式与系统。现代集成制造系统是建立在价值链基础上的制造大系统,以信息集成为基础,以企业优化为目标,旨在实现制造业企业管理模式由生产制造型向经济效益型转变,增强企业产品设计能力,提高生产制造效率,提升市场响应能力。

1.2.6　智能制造系统

20 世纪末至 21 世纪初,互联网技术快速发展并得到普及和广泛应用,"互联网+"不断推进制造业和互联网融合发展,制造技术与数字技术、网络技术的密切结合重塑制造业的价值链,推动制造业从数字化制造向网络化制造转变。在数字化制造的基础上,深入应用先进的通信技术和网络技术,通过网络将人、流程、数据与实物连接起来,通过企业内、企业间的协同和各种社会资源的共享与集成,实现产业链的优化,快速、高质量、低成本地为市场提供所需的产品和服务。先进制造技术与数字化网络化技术的融合,使企业对市场变化具有更强的适应性,能够更好地收集用户对产品使用和产品质量的评价信息,在制造柔性化和管理信息化方面达到更高的水平。

因此,网络化制造系统是指通过与先进的网络技术、信息技术和制造技术相结合,构建面向企业特定需求的基于网络的制造系统。它突破了空间地域对企业生产经营范围和经营方式的约束,开展覆盖产品全生命周期的全部或部分环节的企业业务活动,实现企业间制造能力的协同和各种社会资源的共享与集成,高效、高质量、低成本地为市场提供产品和服务。网络化制造系统体现了制造技术与云计算、物联网、大数据等信息技术的融合,强调产品全生命周期制造要素的互联,解决制造全流程"数据孤岛"问题。网络化制造系统以云制造服务平台为载体,为用户提供可随时获取、按需使用、安全可靠和质优价廉的制造全生命周期服务,实现制造资源/能力协同共享。

近年来,随着人工智能算法的重大突破,引发了互联网真正的大数据革命,在算法、算力、数据三大核心技术与其他各种先进技术互融互通的基础上,人工智能技术已经实现战略突破,进入"新一代人工智能"时代,新一代人工智能呈现出深度学习、跨界融合、人机协同和群体智能等新特征。新一代人工智能技术与先进制造技术的深度融合,形成了新一代智能制造,智能制造由此诞生。

那么,到底什么是智能制造呢?科技部 2012 年 3 月发布的《智能制造科技发展"十二五"重点专项规划》指出,智能制造技术是在现代传感技术、网络技术、自动化技术等先进技术的基础上,通过智能化的感知、人机交互、决策和执行技术,实现设计过程、制造过程和制造装备智能化,是信息技术和智能技术与装备制造技术的深度融合与集成。工信部 2016 年发布的《智能制造发展规划(2016—2020 年)》中明确定义了智能制造:"智能制造是基于新一代信息通信技术与先进制造技术深度融合,贯穿设计、生产、管理和服务等制造活动的各环节,具有自感知、自学习、自决策、自执行和自适应等功能的新型生产方式。"

周济院士曾给出智能制造的定义:"智能制造是由数字化、网络化、智能化技术向制造赋能,并与制造技术深度融合而形成的。其中,制造领域技术是本体技术,数字化网络化智能化技术是赋能技术,智能制造技术是技术融合和系统集成式创新技术。"

李培根院士也曾给出智能制造及智能制造系统的极简定义:"智能制造是将机器智能融合于制造的各种活动中,以满足企业相应的目标。智能制造系统是将机器智能融入人和资源等形成的系统中,使制造活动能够动态地适应需求和制造环境的变化,从而满足系统的优化目标。"

因此,相较于自动化制造系统、现代集成制造系统等先进制造系统,智能制造系统最大的变化在于人工智能技术对先进制造技术的主导作用。智能制造系统中增加了基于新一代人工智能技术的学习认知部分,不仅具有更强大的感知、决策与控制的能力,还具有学习认知、产生知识的能力,即拥有了真正意义上的"人工智能"。信息系统中的"知识库"由人和信息系统自身的学习认知系统共同建立,它不仅包含人输入的各种知识,更重要的是,还包含信息系统自身学习到的知识,尤其是那些人类难以描述与处理的知识。并且知识库可以在使用过程中不断学习,进而不断积累、不断完善、不断优化。

新一代人工智能技术赋予信息系统强大的"智能",从而为智能制造带来了三个重大技术进步:①从根本上提高了制造系统建模的能力,极大提高了处理制造系统复杂性、不确定性问题的能力,有效实现了制造系统的优化;②使信息系统拥有了学习认知能力,使制造知识的产生、利用、传承和效率积累均发生革命性变化,显著提升了知识作为核心要素的边际生产力;③形成了人机混合增强智能,使人的智慧与机器智能的各自优势得以充分发挥,并相互启发式增长,极大释放了人类智慧的创新潜能,极大提升了制造业的创新能力。因此,智能制造系统是数字化、网络化、智能化技术与产品设计、生产、服务等产品全生命周期制造活动全面集成优化的大系统。智能制造系统通过对制造业企业智能制造要素进行感知互联、认知分析、决策控制与精准执行,实现制造全系统及全生命周期活动中各要素的集成优化。随着大数据智能、跨媒体智能、人机混合增加智能及群体智能等为代表的新一代人工智能技术与制造业的融合应用,智能制造全流程、全系统的建模和优化工作也将迈入新的发展阶段。

2015年,我国发布了《中国制造2025》战略规划,按照国家战略布局要求,实施制造强国战略,加强统筹规划和前瞻部署,而新一代智能制造正是《中国制造2025》的主攻方向。为贯彻落实制造强国战略,相关部委先后出台了多项指南文件,指导智能制造相关工程的落地。例如,《智能制造工程实施指南(2016—2020年)》《国家智能制造标准体系建设指南》(2015版、2018版、2021版)、《智能制造试点示范行动实施方案》(2021)等。可以预见,智能制造技术及系统将提升我国制造业的整体实力,推动我国迈入制造强国阵列,为提高我国综合实力、实现中华民族的伟大复兴助力。

限于篇幅,本书主要针对离散型制造多品种、小批量生产的车间级制造系统,介绍利用智能算法、计算方法等手段求解车间级制造系统的切削加工、工艺规划、生产调度和生产计划等问题,探讨车间级智能制造系统建模与优化方法,从而实现制造车间智能生产,达到提升运行效率、提高生产质量的目的。

习题

1. 什么是制造系统?
2. 按照不同的分类标准,制造系统可分为哪些类型?
3. 什么是离散型制造系统?什么是流程型制造系统?
4. 什么是单元级制造系统?什么是车间级制造系统?
5. 什么是自动化制造系统?

第2章

切削加工建模与智能优化

加工过程中,切削参数的选择会影响生产率、生产成本及零件的加工精度。通过研究金属切削理论,建立切削过程的数学模型,并通过智能算法、计算方法等手段获取切削参数的最优值。这是当前切削参数选择的一个重要方向。

2.1 切削参数优化建模

切削参数优化一直是国内外众多科研人员研究的课题之一,提出了很多优化模型和方法。大部分研究成果比较认同将最低加工成本、最高生产率及最佳加工质量作为优化切削参数的目标。切削参数的优化是基于期望目标,在一定的约束条件下选择最佳切削参数。而约束条件是为保证加工质量、机床及刀具的安全,对切削参数最大值设定的限制条件。但是,由于工艺系统和工艺过程可选择的有限性及其他不确定因素,切削参数的实际优化难以实现上述全部目标。因此,实际应用是在保证加工精度的基础上,综合考虑切削参数多目标优化。

2.1.1 优化目标

如上所述,切削参数优化的单目标可以是最低加工成本、最高生产率、最大刀具寿命和最大利润率等,也可同时考虑多目标切削参数优化,例如,同时满足较高的生产率和较大的刀具寿命。选择切削用量时,通常考虑的顺序依次为切削深度、进给量和切削速度。在切削过程中,确定刀具材料、工件材料及刀具几何参数以后,切削速度、进给量及切削深度等与具体零件的加工技术要求有关。下面以外圆柱面车削为例,说明最大生产率的目标函数构成。

通常可通过加工工时体现生产率,即最短加工工时和最大生产率一致,在一段时间内生产的产品尽可能多,或者生产单件产品的时间尽可能少。

车削外圆柱面时,单件加工一次走刀工时为

$$t = t_b + \frac{t_{ct}}{N_p} + t_o + t_n + t_i + \frac{t_d}{N_p} \tag{2-1}$$

式中,t_b 为基本时间;t_{ct} 为一次换刀时间;t_o 为辅助时间;t_n 为刀具快速移动时间;t_i 为刀具转位时间;t_d 为刀具调整时间;N_p 为每次换刀可加工工件的数量。

基本时间可通过式(2-2)计算:

$$t_m = \frac{L + e}{fn} \tag{2-2}$$

式中,L 为单件加工刀具一次行程;e 为空行程,包括切入长度和切出长度;n 为转速。

车削外圆柱面时,机床转速和切削速度关系为

$$n = \frac{1000 v_c}{\pi d} \tag{2-3}$$

式中,v_c 为切削速度;d 为被加工表面的直径。

对于铣削加工:

$$fn = f_z z n = \frac{1000 f_z z v}{\pi d_x} \tag{2-4}$$

式中,f_z 为每齿进给量;z 为铣刀齿数;d_x 为铣刀直径。

对于钻削加工:

$$n = \frac{1000 v_c}{\pi d_z} \tag{2-5}$$

式中,d_z 为钻头直径。

快速移动时间的计算公式为

$$t_n = \frac{S_r}{v_r} \tag{2-6}$$

式中,S_r 为快速移动距离;v_r 为快速移动速度。

刀具耐用度 T 和切削参数的关系为

$$v = \frac{C_v k_v}{T^m f^{y_v} a_p^{x_v}} \tag{2-7}$$

式中,m、y_v、x_v 为刀具寿命影响系数;C_v、k_v 为常数。

于是

$$T = \frac{(C_v k_v)^{1/m}}{v^{1/m} f^{y_v/m} a_p^{x_v/m}} \tag{2-8}$$

而每次换刀可加工工件数量为

$$N_p = \frac{fn(C_v k_v)^{1/m}}{L v^{1/m} f^{y_v/m} a_p^{x_v/m}} \tag{2-9}$$

综上,单件车削加工工时为

$$t = \frac{(L+e)\pi d}{1000 f v_c} + (t_{ct} + t_d)\frac{\pi d L v_c^{\frac{1}{m}-1} f^{\frac{y_v}{m}-1} a_p^{\frac{x_v}{m}}}{1000(C_v k_v)^{\frac{1}{m}}} + t_0 + t_n + t_i \tag{2-10}$$

为求车削工件工时的最小值,令 $\partial t/\partial v = 0$,则有

$$v_0 = \frac{C_v k_v}{f^{y_v} a_p^{x_v}}\left[\frac{m(L+e)}{L(t_{ct}+t_d)(1-m)}\right]^m \tag{2-11}$$

此时,最小车削加工工时为

$$t = \frac{(L+e)^{1-m}\pi d L^m f^{y_v-1} a_p^{x_v}(t_{ct}+t_d)^m}{1000 C_v k_v (1-m)}\left(\frac{1-m}{m}\right)^m + t_0 + t_n + t_i \tag{2-12}$$

衡量生产率大小的指标,除了切削工时外,还有单位时间材料移除率。

对车削而言,单位时间材料移除率 $Q_c(\mathrm{mm^3/s})$ 为

$$Q_c = 1000 v_c a_p f / 60 \tag{2-13}$$

铣削的材料移除率为

$$Q_x = bzNS_e \tag{2-14}$$

式中,b 为轴向铣削深度;N 为主轴转速,S_e 为

$$S_e = R^2 a \sin \frac{c}{2R} + \frac{cR}{2} \cos\left(a \sin \frac{c}{2R}\right) - c(R-a) \tag{2-15}$$

式中,a 为径向切削深度;c 为铣刀每齿进给量;R 为铣刀直径。

2.1.2　切削参数优化的边界约束条件

生产实际过程中,切削参数的选择范围会受到加工条件、加工设备、零件质量等方面的限制,因此,在进行切削参数优化时需要考虑这些方面的限制。由于约束条件很多,而且有互相矛盾之处,因此,进行实际优化时,应根据生产过程选择不同的优化目标进行优化。

(1)切削功率的约束条件。

机床的切削功率为

$$P_m = F_c v_c = k_s f^{m_1} a_p^{m_2} v_c^{m_3+1} \tag{2-16}$$

式中,F_c 为切削力;k_s、m_1、m_2、m_3 为切削力影响指数。

应该满足

$$P_m < P_{\lim} \tag{2-17}$$

式中,$P_{\lim}$ 为机床限制的最大切削功率。

(2)切削速度应该满足:

$$v_{c\min} < v_c < v_{c\max} \tag{2-18}$$

式中,$v_{c\min}$ 为机床允许的最小切削速;$v_{c\max}$ 为机床允许的最大切削速。

(3)进给速度应该满足:

$$v_{f\min} < v_f < v_{f\max} \tag{2-19}$$

式中,$v_{f\min}$ 为机床允许的最小进给速度;$v_{f\max}$ 为机床允许的最大进给速度。

2.2　切削参数敏感性分析及优化

切削参数
优化建模

随着材料制备技术的发展,新材料不断涌现。对新材料切削加工性的探索和切削参数的优化,一直是制造领域研究的热点问题,其研究深度和广度直接关系到新材料的应用。本节以碳化硅颗粒增强铝基(SiCp/Al)复合材料为研究对象,以最小表面粗糙度等为研究目标,通过田口法和灰度关联法说明切削加工建模与智能优化的方法。

2.2.1　田口法

基于稳健设计思想的田口法是由日本工程管理专家田口玄一提出的一种方法与理念。田口法认为,产品的设计包括三个阶段,即系统设计、参数设计和容差设计。

田口方法通过质量损失函数的概念,定量核算产品质量的损失,其质量损失函数 $L(y)$

可通过式(2-20)表示：

$$L(y) = K(y - m)^2 \tag{2-20}$$

式中，y 为输出特性；m 为该输出特性的目标输出值。

然后，通过信噪比将质量损失函数转化为衡量设计参数稳健程度的指标。最后，通过设计田口正交实验确定设计因素的最佳水平组合。田口方法并不是完全遵循统计原理、强调模式的科学研究，而是一种设计方法和技术的改善，其具备以下特点。

(1) 田口方法认为确保制造出高质量的产品，首先要在设计阶段控制质量，提升设计水平。

(2) 田口方法是对产品的稳健性进行优化，认为只要通过分析质量特性值与零部件之间的非线性关系(交互作用)，就可以利用较低级产品零部件实现其质量对各种不可控设计因素的不灵敏度，使设计方案的组合达到最优化。

(3) 田口方法采用质量损失函数的方式，帮助工程设计人员从技术与经济两个层面对产品的设计、制造、使用和回收等过程进行优化，确保产品生命周期的全过程对社会总损失最小。

(4) 田口方法采用应用价值较高的正交实验设计方法。该方法通过动态特性设计、综合误差因素法等领先技术，利用误差模拟各种干扰因素，可大大提升实验效率，增强实验设计的科学性，大大节约实验费用。

田口方法在确定正交表之前，需要通过系统化的分析确定显著水平的组合，以确定参数值的大体范围或水平区间，因此预实验成本或许较大。信噪比公式并不能完全准确描述产品质量的稳健性与质量优劣，而是在很多相关热点研究中逐渐探索信噪比值的修正。

在电子和通信工程中信噪比(signal-noise ratio，S/N)用于表示接收机输出功率的信号功率与噪声功率的比值。信噪比可以评价信号的通信效果，一般用 η 表示，公式如下：

$$\eta = S/N = \frac{信号功率}{噪声功率} \tag{2-21}$$

信噪比并非一个严格的概念公式，而是一些特性值之间的特殊表达式。信噪比的概念可以代替许多类似特性值之间关系的分析。从式(2-21)可以看出，信噪比反映一个系统的质量优劣。设计系统内的产品实际功能偏离理想功能越小，信噪比越大，波动性就越小。

为方便使用，信噪比在计算过程中往往取常用对数再扩大 10 倍作为最终信噪比值，单位为分贝(DB)，也可以把 η 说成信噪比的分贝值。

输入的信号是一个定值，对于需要的部分，输出值等于目标值。因此，对于一个系统而言，不需要的部分就是干扰因素。用 σ 表示干扰因素：

$$S/N = 10\lg\left(\frac{1}{\sigma^2}\right) \tag{2-22}$$

信噪比评价的是实际质量特性值与目标值之间的稳定性，因此，式(2-22)可修改为

$$\sigma = \sqrt{\frac{1}{n}\sum_{i=1}^{n}(y_i - m)^2} \tag{2-23}$$

信噪比可分为三种特性，即望小特性、望大特性和望目特性。

(1) 望小特性：在质量特性中 y 值不会出现负值，质量特性值最理想化为 0；随着质量特性值的增加，产品质量性能损失会随之增大，这种规律的质量特性值被称为望小特性。例如，汽车废气污染、机械零件残余应力等。将 $y = m = 0$ 带入望小特性的质量损失函数，得到

以下函数：

$$L(y) = K(y - m)^2 = Ky^2 \qquad (2\text{-}24)$$

望小特性信噪比为

$$S/N = 10\lg\left(\frac{1}{\sigma^2}\right) = -10\lg(\sigma^2) = -10\lg\left(\frac{1}{n}\sum_{i=1}^{n} y_i^2\right) \qquad (2\text{-}25)$$

（2）望大特性：有些质量特性值同样不会出现负值，但是当特性值降为 0 时，质量损失接近无限大。望大特性理想化的质量特性值 y 为无穷大，当 $y = \infty$ 时，质量损失接近 0。例如，木材结构连接强度的理想质量特性为无穷大。望大特性的倒数与望小特性值相同，其质量损失函数用 $1/y$ 替换望小特性中的质量损失函数 y，即

$$L(y) = K\left(\frac{1}{y} - m\right)^2 = K\left(\frac{1}{y}\right)^2 \qquad (2\text{-}26)$$

望大特性信噪比为

$$S/N = 10\lg\left(\frac{1}{\sigma^2}\right) = -10\lg(\sigma^2) = -10\lg\left[\frac{1}{n}\sum_{i=1}^{n}\left(\frac{1}{y_i}\right)^2\right] = 10\lg\left(\frac{1}{n}\sum_{i=1}^{n} y_i^2\right) \qquad (2\text{-}27)$$

（3）望目特性：当质量特性值的目标值为一个常量 m 时，这种质量特性值叫作望目特性。当望目特性的质量特性值相对于目标值偏离程度对称时，其损失函数图与质量损失函数图一致，当质量特性值非对称地偏向于某一个方向，较偏于另一个方向时，弊多利少。这种情况下分别用两个 K 值代表两个差异方向。其质量特性非对称函数表示为

$$L(y) = \begin{cases} k_1(y - m)^2, & y > m \\ k_2(y - m)^2, & y \leqslant m \end{cases} \qquad (2\text{-}28)$$

望目特性信噪比为

$$S/N = 10\lg\left(\frac{1}{\sigma^2}\right) = -10\lg(\sigma^2) = -10\lg\left[\frac{1}{n}\sum_{i=1}^{n}(y_i - m)^2\right] = -10\lg\left[\sigma^2 + (\bar{y} - m)^2\right]$$

$$(2\text{-}29)$$

从式（2-29）中可以看出，目标值越靠近平均值，且方差越小，信噪比越大。

利用田口法分析目标特性和信噪比的步骤如下。

步骤 1：选定质量特性值。

步骤 2：确定设计因素（工艺参数）。

步骤 3：选择正交表，安排实验设计。

步骤 4：计算信噪比，进行变异性分析。

步骤 5：分析与验证。

2.2.2 基于田口法的表面粗糙度切削敏感性分析和优化

新材料的切削加工性往往需要实验数据揭示，尤其是表面粗糙度等质量特性，是多种影响因素综合作用的结果。某碳化硅颗粒增强铝基（SiC/Al）复合材料由于受 SiC 颗粒物的影响，切削加工性较差，其加工示意图如图 2-1 所示。

由图 2-1 可以看出，在刀具作用下，硬脆的 SiC 颗粒在铝基体中主要以三种形态存在：①被刀具从铝基体中直接拔出，从而在表面形成孔洞；②被刀具撕裂，一部分残留在铝基体

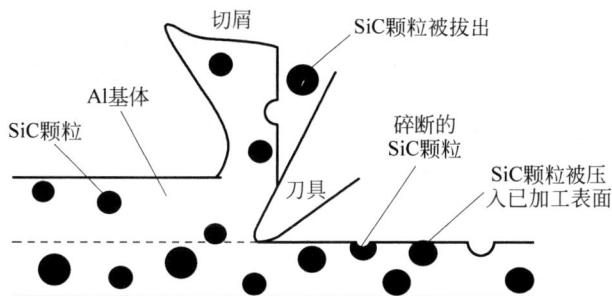

图 2-1　SiC/Al 复合材料加工示意图

中,但在残留颗粒周围铝基体会形成微观裂纹;③被刀具完全压入铝基体内部。以上三种情况都会影响零件的表面粗糙度。本节以该材料的表面粗糙度为研究对象,进行切削参数敏感性分析。

影响零件加工表面粗糙度的因素很多,如切削用量、刀具几何参数和零件的力学性能等。针对 SiC/Al 复合材料的物理机械性能,通过调研、查阅资料等方式,确定将刀尖圆弧半径、切削深度、进给量和切削速度 4 个切削参数作为探究影响表面粗糙度的因素。根据田口法的正交实验设计方法设计的正交实验表如表 2-1 所示,实验参数水平表如表 2-2 所示。

表 2-1　正交实验表 $L_{16}(4)^5$

编号	A	B	C	D	编号	A	B	C	D
1	1	1	1	1	9	3	1	3	4
2	1	2	2	2	10	3	2	4	3
3	1	3	3	3	11	3	3	1	2
4	1	4	4	4	12	3	4	2	1
5	2	1	2	3	13	4	1	4	2
6	2	2	1	4	14	4	2	3	1
7	2	3	4	1	15	4	3	2	4
8	2	4	3	2	16	4	4	1	3

表 2-2　实验参数水平表

参　数	标　识	水　平			
		1	2	3	4
刀尖圆弧半径 r_ε/mm	A	0.20	0.40	0.60	0.80
切削深度 a_p/mm	B	0.10	0.15	0.20	0.25
进给量 f/(mm·rev^{-1})	C	0.02	0.05	0.08	0.12
切削速度 v_c/(m·min^{-1})	D	150	200	250	300

切削实验原理如图 2-2 所示,为便于后续进行多目标优化,进行切削实验时,除了测量表面粗糙度以外,还测量了切削力,并计算了材料移除率(material removal rate,MRR)。

图 2-2(a)为探针式表面粗糙度仪、压电晶体测力仪的测量过程,图 2-2(b)为通过压电晶体测力仪测量切削力,图 2-2(c)为粗糙度单次测量结果和输出曲线。图 2-2(d)为材料移除率的计算。为确保表面粗糙度测量数据的准确性,同一表面粗糙度值测量 5 次。

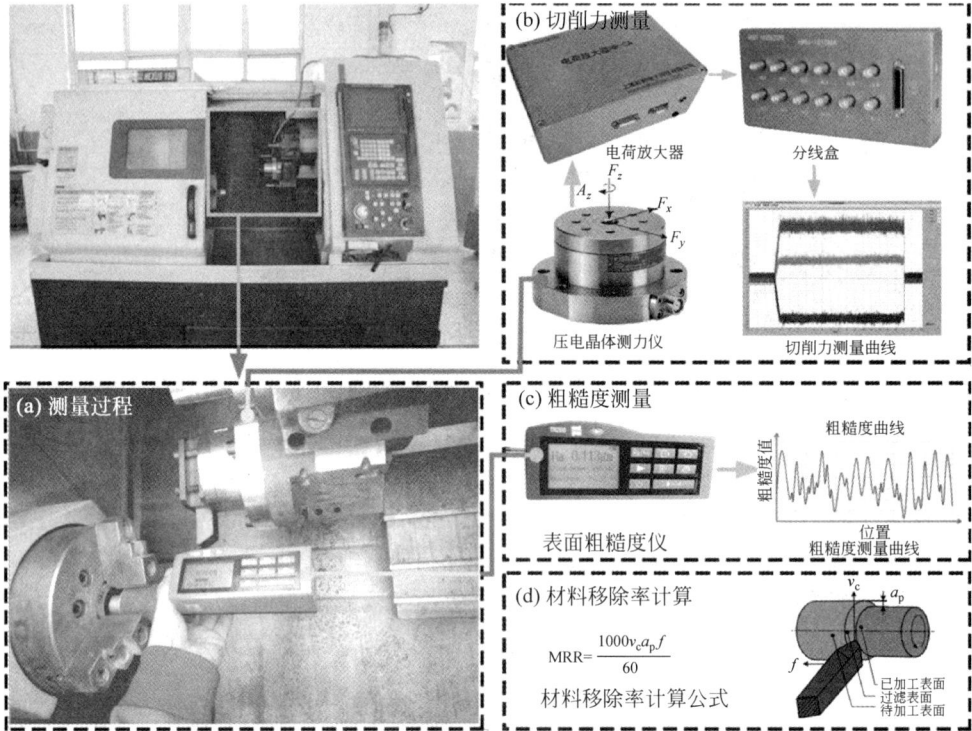

图 2-2　切削实验原理图

切削 SiCp/Al 复合材料时，表面粗糙度越小越好，因此，其切削参数设计属于望小参数设计，其输出值表面粗糙度的信噪比为

$$S/N = -10\lg\left(\frac{1}{n}\sum_{i=1}^{n}\text{Ra}_i^2\right) \tag{2-30}$$

本例中，$n=5$。

实验结果及信噪比如表 2-3 所示。

表 2-3　实验结果及信噪比

编号	Ra/μm						信噪比/DB
	Ra$_1$	Ra$_2$	Ra$_3$	Ra$_4$	Ra$_5$	Mean	
1	0.273	0.27	0.28	0.285	0.282	0.278	11.12
2	0.669	0.657	0.644	0.679	0.661	0.662	3.58
3	1.467	1.416	1.467	1.483	1.447	1.456	−3.26
4	2.292	2.255	2.309	2.302	2.282	2.288	−7.19
5	0.383	0.381	0.416	0.447	0.423	0.410	7.73
6	0.38	0.386	0.347	0.371	0.354	0.368	8.69
7	1.133	1.19	1.145	1.12	1.137	1.145	−1.18
8	0.756	0.738	0.758	0.744	0.774	0.754	2.45
9	0.603	0.616	0.599	0.635	0.622	0.615	4.22
10	0.816	0.833	0.832	0.833	0.826	0.828	1.64
11	0.272	0.269	0.277	0.271	0.276	0.273	11.28

编号	Ra/μm						信噪比/DB
	Ra$_1$	Ra$_2$	Ra$_3$	Ra$_4$	Ra$_5$	Mean	
12	0.408	0.425	0.416	0.414	0.377	0.408	7.78
13	0.852	0.873	0.837	0.873	0.865	0.860	1.31
14	0.671	0.618	0.678	0.634	0.634	0.647	3.78
15	0.509	0.543	0.516	0.532	0.525	0.525	5.59
16	0.369	0.359	0.348	0.354	0.35	0.356	8.97
平均信噪比							4.16

根据各实验方案输出表面粗糙度的信噪比,可求得平均信噪比为

$$\overline{S} = \frac{1}{N} \sum_{j=1}^{N} S_j \tag{2-31}$$

式中,$N=16$,S_j 为第 j 个实验方案的信噪比。

为确定各切削参数对最终表面粗糙度的影响程度,还需对各参数在不同水平上进行方差分析,求出各切削参数对表面粗糙度的显著性影响,具体计算过程如下。

（1）对各实验方案信噪比求和,取平方:

$$CT = \frac{1}{N} \left(\sum_{j=1}^{N} S_j \right)^2 \tag{2-32}$$

（2）计算各切削参数在各水平上的信噪比和值:

$$T_z^m = \sum_{j=1}^{N} S_j \bigg|_{L(z)=m} \tag{2-33}$$

式中,T_z^m 为第 z 个参数第 m 个水平上的信噪比之和,其中,$z \in \{A, B, C, D\}$,$m \in \{1, 2, \cdots, k\}$（$k$ 为第 z 个参数的水平数量,本例中 $k=4$）,$L(z)$ 是实验参数 z 的水平值。

（3）计算各切削参数信噪比波动:

$$SS_z = \frac{1}{k} \sum_{m=1}^{k} (T_z^m)^2 - CT \tag{2-34}$$

式中,SS_z 为第 z 个参数的信噪比波动。

（4）计算各切削参数各水平上的信噪比均值:

$$\overline{T_z^m} = \frac{1}{k} \left(\sum_{j=1}^{N} S_j \bigg|_{L(z)=m} \right) \tag{2-35}$$

式中,$\overline{T_z^m}$ 为第 z 个参数第 m 个水平上的信噪比均值。

经计算可求得各切削参数各水平上的信噪比之和的均值,以及各切削参数的波动,如表 2-4 所示。

切削参数敏感性分析及预测 1

表 2-4　各实验参数及水平的信噪比分析

参数标识	水平 1		水平 2		水平 3		水平 4		波动
	和值	均值	和值	均值	和值	均值	和值	均值	
A	4.245	1.061	17.686	4.422	24.916	6.229	19.649	4.912	58.43
B	24.375	6.094	17.681	4.42	12.429	3.107	12.011	3.003	25.38
C	40.047	10.012	24.684	6.171	7.184	1.796	−5.419	−1.355	297.51
D	21.495	5.374	18.617	4.654	15.072	3.768	11.312	2.828	14.94

表 2-4 的最后一列为信噪比波动大小,反应的是 4 个切削参数造成的表面粗糙度波动值,其值越大,说明该切削参数对表面粗糙度的影响越大。波动数据表明,4 个参数对表面粗糙度影响程度为 $f > r_\varepsilon > a_p > v_c$。

想要较为显性地求出其方差波动,首先要计算总体波动值,可通过下式计算:

$$SS_t = \sum_{j=1}^{N} (s_j - \bar{s})^2 \tag{2-36}$$

经计算,总体波动值为 400.83。为进一步确定影响表面粗糙度的显著性因素及各参数对最终表面粗糙度的影响程度,对信噪比进行了方差分析,其分析结果如表 2-5 所示。

表 2-5　表面粗糙度信噪比的方差分析结果

参数	自由度	波动	平均平方和	F 值	贡献率/%
r_ε	3	58.43	19.356	38.624	14.71
a_p	3	25.38	8.339	16.641	6.34
f	3	297.51	99.051	197.651	75.26
v_c	3	14.94	4.860	9.699	3.69
误差	12	6.01	0.501	——	——
总体	15	400.83	——	——	——

根据表 2-5,刀尖圆弧半径、切削深度和进给量的 F 值分别为 38.624、16.641 和 197.651。根据 95% 的置信区间 $F(1.3)$ 是 10.13,因此,对该材料加工时的表面粗糙度而言,刀尖圆弧半径、切削深度和进给量都是显著性因素,而切削速度为非显著性因素,对表面粗糙度的贡献率分别为 14.71%、6.34%、75.26% 和 3.69%。

2.2.3　最优切削参数预测

为确保获得较小的表面粗糙度,需要确定各切削参数的最优值,将表 2-4 中各切削参数在各水平上的信噪比均值和表面粗糙度均值用图 2-3 表示。

切削参数
敏感性分析
及预测 2

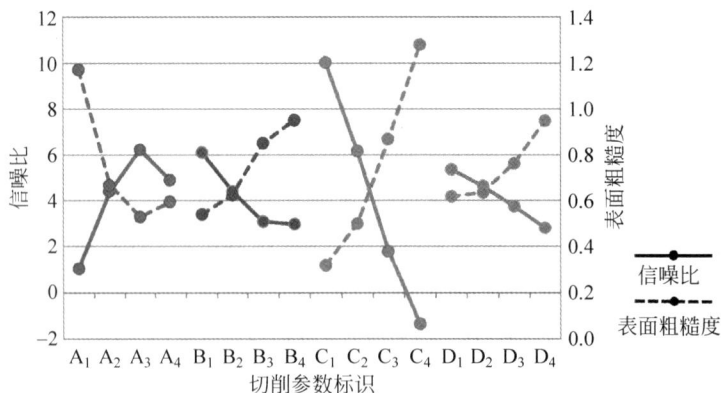

图 2-3　表面粗糙度和信噪比

从图 2-3 中看出,最优参数组合为 $A_3 B_1 C_1 D_1$,在此参数组合条件下能够获得最大信噪比,也就是说,在刀具圆弧半径为 0.6mm、切削深度为 0.1mm、进给量为 0.02mm/rev、切削速度为 150m/min 的条件下,能够获得最小表面粗糙度。

利用田口方法对影响 SiCp/Al 复合材料的切削参数进行显著性分析后,确定了最佳切削参数组合 $A_3B_1C_1D_1$。查询表 2-1、表 2-3 发现,该切削参数组合并不在 16 组正交实验中,因此需要估算其产生的表面粗糙度,其计算过程如下。

最佳参数组合产生的表面粗糙度信噪比可通过下式计算:

$$S_e = \overline{T_A^3} + \overline{T_B^1} + \overline{T_C^1} + \overline{T_D^1} - 3\overline{S} = 15.241(\text{DB}) \tag{2-37}$$

对应的最佳表面粗糙度为

$$\text{Ra}_e = \sqrt{10^{\left[S_e/(-10)\right]}} = 0.173(\mu\text{m}) \tag{2-38}$$

为进一步预测其他切削参数条件下的表面粗糙度,通过线性回归法建立表面粗糙度与切削参数之间的经验公式如下:

$$\text{Ra} = 0.3073 - 0.4454r_\varepsilon + 0.2728a_p + 0.0848v_c + 0.1795r_\varepsilon^2 - 0.0077a_p^2 +$$
$$0.0791f^2 + 0.024v_c^2 - 0.076r_\varepsilon a_p - 0.1226r_\varepsilon f - 0.0432r_\varepsilon v_c +$$
$$0.0364a_p f - 0.0434a_p v_c + 0.0236fv_c^2 \tag{2-39}$$

通过式(2-39)计算 16 次正交实验的表面粗糙度值与实验结果如表 2-6 所示。

表 2-6　表面粗糙度预测值与实验结果

编号	实验结果	预测结果	偏差/%	编号	实验结果	预测结果	偏差/%
1	0.278	0.2692	-3.17	9	0.615	0.6558	6.63
2	0.662	0.7210	8.91	10	0.828	0.8354	0.89
3	1.456	1.3968	-4.07	11	0.273	0.2654	-2.78
4	2.288	2.2966	0.38	12	0.408	0.3674	-9.95
5	0.410	0.3690	-10.00	13	0.860	0.8304	-3.44
6	0.368	0.3768	2.39	14	0.647	0.6836	5.66
7	1.145	1.1358	-0.80	15	0.525	0.4888	-6.90
8	0.754	0.7948	5.41	16	0.356	0.3860	8.43
平均偏差							4.99

从表 2-6 中可以看出,式(2-39)对 16 组正交实验的粗糙度数据拟合偏差大小不等。其中,第 5 组实验拟合偏差最大,达到 -10.00%,第 7 组实验拟合偏差最小,只有 -0.80%,总体来说,该公式能够较准确地预测表面粗糙度。

2.3　基于灰度关联法的多目标切削参数优化

2.3.1　灰度关联分析法

灰度关联分析法是灰色系统理论的重要内容。灰色系统理论由我国学者邓聚龙在国际上首次提出。它在社会各领域尤其是在交叉学科中得到了广泛的应用,取得了良好的经济效益和社会效益。灰色系统理论认为,若一个系统在一定的范围和时间内,其部分信息是已知、部分信息是未知的,则这样的系统称为灰色系统。一个实际运行的系统是一个灰色系统,尽管客观系统表象复杂、数据离散,但必然潜伏着内在规律,系统的各因素总是相互联系的。无论是社会系统、经济系统,还是技术系统,都含有许多因素,这些因素之间哪些是主要的,哪些是次要的,哪些影响大,哪些影响小,哪些需要发展,哪些需要抑制,哪些是明显的,哪些是潜在的,这些都是因素分析的内容。一般地,构成现实问题的实体因素是多种多样的,因素间的实体关系也是多种形式的。灰色关联分析法可用于以下方面:确定主要矛盾、主行为因子,评估,识别,分类,预测,构造多因素控制器,检验灰色模型的精度,灰色决策中的效果精度,等等。

灰色关联分析法的目的在于寻找一种能够衡量各因素间关联度大小的量化方法,以便找出影响系统发展态势的重要因素,从而掌握事物的主要特征。系统发展变化态势的定量描述和比较方法是根据空间理论的数学基础,确定参考数列和若干比较数列之间的关联系数和关联度。灰色关联分析的步骤如下。

步骤 1:确定参考序列和比较序列。

步骤 2:求灰色关联系数。

步骤 3:求灰色关联度。

步骤 4:灰色关联度排序。

2.3.2　基于灰度关联法的切削参数优化

在恒量切削加工的众多指标中,除了加工质量(表面粗糙度、加工精度等)外,加工效率和能耗也是重要指标。因此,本节将以加工质量(表面粗糙度、切削力)、加工效率(材料移除率)为输出特性,构建切削参数多目标优化模型,实现切削参数的多目标优化。在上述切削过程中,除进行表面粗糙度测量外,还进行了切削力的测量,对于车削加工,材料移除率可通过式(2-13)计算,其测量和计算结果如表 2-7 所示。

表 2-7　表面粗糙度、切削力和材料移除率测量和计算结果

编号	A	B	C	D	Ra/μm						切削力 /N	材料移除率 MRR/(mm^3·s^{-1})
					Ra$_1$	Ra$_2$	Ra$_3$	Ra$_4$	Ra$_5$	平均		
1	1	1	1	1	0.308	0.312	0.301	0.300	0.296	0.303	7.76	5.0
2	1	2	2	2	0.727	0.719	0.759	0.742	0.734	0.736	14.11	25.0
3	1	3	3	3	1.786	1.697	1.746	1.739	1.726	1.739	23.18	66.7
4	1	4	4	4	2.933	2.893	2.919	2.899	2.921	2.913	36.76	150.0
5	2	1	2	3	0.336	0.341	0.312	0.337	0.326	0.330	14.31	20.8
6	2	2	1	4	0.251	0.236	0.254	0.240	0.258	0.248	13.53	15.0
7	2	3	4	1	1.378	1.338	1.352	1.346	1.370	1.357	30.92	60.0
8	2	4	3	2	0.497	0.476	0.514	0.469	0.488	0.489	30.56	66.7
9	3	1	3	4	0.588	0.602	0.542	0.558	0.601	0.578	17.73	40.0
10	3	2	4	3	0.808	0.775	0.781	0.809	0.757	0.786	28.42	75.0
11	3	3	1	2	0.329	0.329	0.311	0.333	0.324	0.325	15.93	13.3
12	3	4	2	1	0.423	0.418	0.416	0.413	0.432	0.420	25.57	31.3
13	4	1	4	2	0.762	0.791	0.812	0.756	0.749	0.774	24.51	40.0
14	4	2	3	1	0.445	0.437	0.417	0.412	0.402	0.423	26.49	30.0
15	4	3	2	4	0.268	0.269	0.288	0.288	0.284	0.279	25.35	50.0
16	4	4	1	3	0.266	0.252	0.261	0.263	0.258	0.260	22.85	20.8

通过计算得到各次实验的信噪比,如表 2-8 所示。

表 2-8 信噪比计算结果

编号	信噪比/DB			编号	信噪比/DB		
	表面粗糙度	切削力	材料移除率		表面粗糙度	切削力	材料移除率
1	10.37	−17.8	13.98	9	4.73	−25.0	32.04
2	2.66	−23.0	27.96	10	1.87	−29.1	37.50
3	−4.81	−27.3	36.48	11	8.80	−24.0	22.48
4	−9.29	−31.3	43.52	12	7.54	−28.2	29.91
5	9.12	−23.1	26.36	13	2.23	−27.8	32.04
6	11.84	−22.6	23.52	14	6.43	−28.5	29.54
7	−2.65	−29.8	35.56	15	11.09	−28.1	33.98
8	6.21	−29.7	36.48	16	11.70	−27.2	26.36

同理,对表面粗糙度、切削力和材料移除率进行分类统计,如图 2-4、图 2-5、图 2-6 所示。

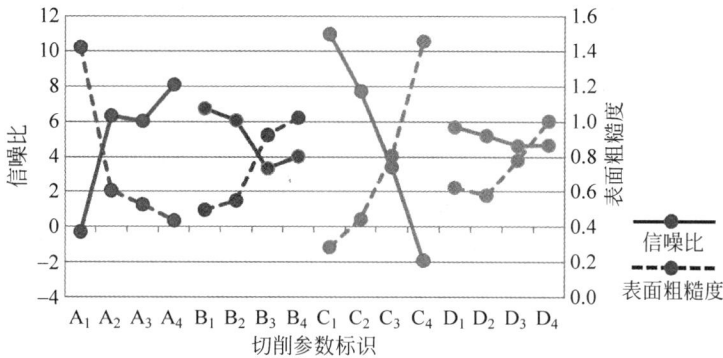

图 2-4 表面粗糙度和信噪比

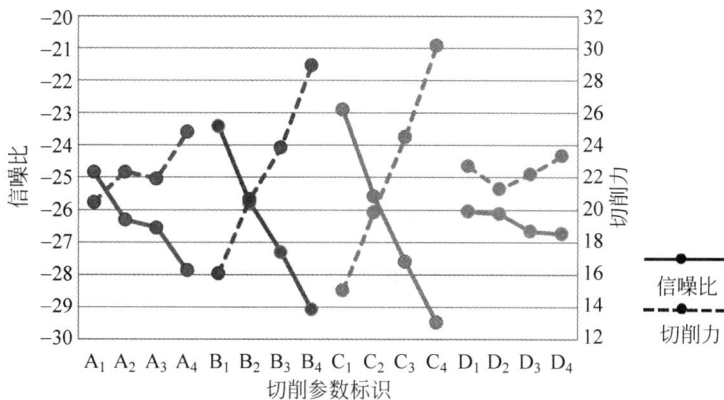

图 2-5 切削力和信噪比

由于表面粗糙度、切削力、材料移除率的单位不统一,综合考虑三个目标的总体优化效果,通过灰度关联法对优化目标进行关联度分析。

首先,实现三个优化目标的无量纲化。无量纲化的方法较多,此处统一采用区间化数据处理方式,但是对于表面粗糙度、切削力而言,其值越小越好;而对于材料移除率而言,其值越大越好。因此,这三个优化目标的区间化数据处理方法不同。表面粗糙度和切削力的区

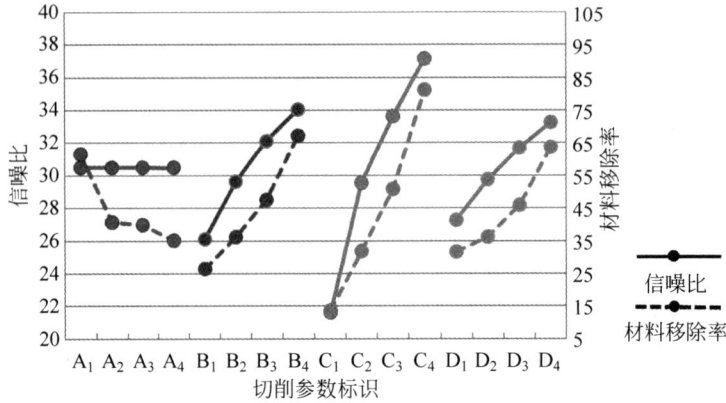

图 2-6　材料移除率和信噪比

间化数据基于望小目标进行处理,可通过下式处理:

$$x_i^Q(k) = \frac{\max\limits_{i \in M} x_i(k) - x_i(k)}{\max\limits_{i \in M} x_i(k) - \min\limits_{i \in M} x_i(k)} \tag{2-40}$$

而材料移除率区间化数据基于望大目标进行处理,可通过下式处理:

$$x_i^Q(k) = \frac{x_i(k) - \min\limits_{i \in M} x_i(k)}{\max\limits_{i \in M} x_i(k) - \min\limits_{i \in M} x_i(k)} \tag{2-41}$$

无量纲化的过程即确定参考序列的过程,对于第 1 组实验数据而言,表面粗糙度、切削力和材料移除率参考序列 $x_1^Q(1)$、$x_1^Q(2)$、$x_i^Q(3)$ 的计算过程如下:

$$x_1^Q(1) = \frac{\max\limits_{i \in M} x_i(1) - x_i(1)}{\max\limits_{i \in M} x_i(1) - \min\limits_{i \in M} x_i(1)} = \frac{2.913 - 0.303}{2.913 - 0.248} = 0.979362 \tag{2-42}$$

$$x_1^Q(2) = \frac{\max\limits_{i \in M} x_i(2) - x_i(2)}{\max\limits_{i \in M} x_i(2) - \min\limits_{i \in M} x_i(2)} = \frac{36.76 - 7.76}{36.76 - 7.76} = 1 \tag{2-43}$$

$$x_i^Q(3) = \frac{x_i(3) - \min\limits_{i \in M} x_i(3)}{\max\limits_{i \in M} x_i(3) - \min\limits_{i \in M} x_i(3)} = \frac{5 - 5}{150 - 5} = 0 \tag{2-44}$$

处理后的参考序列 $x_i^Q(k)$ 如表 2-9 所示。

表 2-9　参考序列 $x_i^Q(k)$

编号	表面粗糙度 $x_i^Q(1)$	切削力 $x_i^Q(2)$	材料移除率 $x_i^Q(3)$
1	0.979362	1.000000	0.000000
2	0.816886	0.781034	0.137931
3	0.440525	0.468276	0.425517
4	0.000000	0.000000	1.000000
5	0.969231	0.774138	0.108966
6	1.000000	0.801034	0.068966
7	0.583865	0.201379	0.379310

编号	表面粗糙度 $x_i^Q(1)$	切削力 $x_i^Q(2)$	材料移除率 $x_i^Q(3)$
8	0.909568	0.213793	0.425517
9	0.876173	0.656207	0.241379
10	0.798124	0.287586	0.482759
11	0.971107	0.718276	0.057241
12	0.935460	0.385862	0.181379
13	0.802627	0.422414	0.241379
14	0.934334	0.354138	0.172414
15	0.988368	0.393448	0.310345
16	0.995497	0.479655	0.108966
$x_0^Q(k)$	1	1	1

其次,根据式(2-45)计算各实验的比较序列,根据式(2-46)计算各实验的关联系数。

$$\Delta_{0i}(k) = \left| x_0^Q(k) - x_i^Q(k) \right| \tag{2-45}$$

$$\xi_i(k) = \frac{\Delta_{\min} + \rho\Delta_{\max}}{\Delta_{0i}(k) + \rho\Delta_{\max}} \tag{2-46}$$

式中,$x_0^Q(k)$ 为输出特性 k 比较序列的最大值,$\xi_i(k)$ 为实验 i 输出特性 k 的关联系数。对于本例来说,$\Delta_{\min}=0$,$\Delta_{\max}=1$,$\rho=0.5$;对于实验 1 来说,其表面粗糙度、切削力、材料移除率的比较序列和关联系数计算过程如下:

$$\Delta_{0i}(1) = \left| x_0^Q(1) - x_i^Q(1) \right| = \left| 1 - 0.979362 \right| = 0.020638 \tag{2-47}$$

$$\xi_i(1) = \frac{\Delta_{\min} + \rho\Delta_{\max}}{\Delta_{0i}(1) + \rho\Delta_{\max}} = \frac{0 + 0.5 \times 1}{0.020638 + 0.5 \times 1} \approx 0.96036 \tag{2-48}$$

$$\Delta_{0i}(2) = \left| x_0^Q(2) - x_i^Q(2) \right| = \left| 1 - 1 \right| = 0 \tag{2-49}$$

$$\xi_i(2) = \frac{\Delta_{\min} + \rho\Delta_{\max}}{\Delta_{0i}(2) + \rho\Delta_{\max}} = \frac{0 + 0.5 \times 1}{0 + 0.5 \times 1} = 1 \tag{2-50}$$

$$\Delta_{0i}(3) = \left| x_0^Q(3) - x_i^Q(3) \right| = \left| 1 - 0 \right| = 1 \tag{2-51}$$

$$\xi_i(3) = \frac{\Delta_{\min} + \rho\Delta_{\max}}{\Delta_{0i}(3) + \rho\Delta_{\max}} = \frac{0 + 0.5 \times 1}{1 + 0.5 \times 1} \approx 0.333 \tag{2-52}$$

比较序列和关联系数计算结果如表 2-10 所示。

表 2-10　比较序列和关联系数计算结果

编号	比较序列 $\Delta_{0i}(k)$			关联系数 $\xi_i(k)$		
	Mean Ra/μm	F/N	MRR/(mm$^3 \cdot$ s^{-1})	Mean Ra/μm	F/N	MRR/(mm$^3 \cdot$ s^{-1})
1	0.020638	0.000000	1.000000	0.960360	1.000000	0.333333
2	0.183114	0.218966	0.862069	0.731942	0.695444	0.367089
3	0.559475	0.531724	0.574483	0.471932	0.484626	0.465340
4	1.000000	1.000000	0.000000	0.333333	0.333333	1.000000
5	0.030769	0.225862	0.891034	0.942029	0.688836	0.359445
6	0.000000	0.198966	0.931034	1.000000	0.715343	0.349398
7	0.416135	0.798621	0.620690	0.545771	0.385024	0.446154

编号	比较序列 $\Delta_{0i}(k)$			关联系数 $\xi_i(k)$		
	Mean Ra/μm	F/N	MRR/(mm³·s⁻¹)	Mean Ra/μm	F/N	MRR/(mm³·s⁻¹)
8	0.090432	0.786207	0.574483	0.846838	0.388740	0.465340
9	0.123827	0.343793	0.758621	0.801504	0.592562	0.397260
10	0.201876	0.712414	0.517241	0.712376	0.412400	0.491525
11	0.028893	0.281724	0.942759	0.945371	0.639612	0.346558
12	0.064540	0.614138	0.818621	0.885676	0.448777	0.379184
13	0.197373	0.577586	0.758621	0.716976	0.464000	0.397260
14	0.065666	0.645862	0.827586	0.883914	0.436353	0.376623
15	0.011632	0.606552	0.689655	0.977264	0.451854	0.420290
16	0.004503	0.520345	0.891034	0.991075	0.490030	0.359445

当确定了各次实验的表面粗糙度、切削力和材料移除率的关联系数后,设计针对不同优化目标的关联度,探索不同切削参数组合对不同目标的影响程度,因此,基于关联系数的关联度可通过下式计算:

$$\gamma_i = \sum_{k=1}^{m} \omega(k)\xi_i(k) \tag{2-53}$$

式中,$\omega(k)$为输出特性k在总体优化目标中的权重系数。对于本例来说,$m=3$。如果进行三目标优化,则第i次实验的关联度可通过下式计算:

$$\gamma_i = \omega(1)\xi_i(1) + \omega(2)\xi_i(2) + \omega(3)\xi_i(3) \tag{2-54}$$

同理,若进行两目标优化,也可采用类似公式计算。为计算表面粗糙度、切削力和材料移除率的权重系数,本节采用关联系数分层极值法,如下式所示:

$$\omega(k) = \sum_{l=1}^{m} R_l(k) \tag{2-55}$$

式中,$R_l(k)$为输出特性k在参数l上的极差,m为参数l的水平数。对于本例,l的取值为A、B、C、D,分别表示刀尖圆弧半径、切削深度、进给量和切削速度。m取值为4,分别表示第1~4水平。$R_l(k)$可通过下式计算:

$$R_l(k) = \max(\overline{\xi_l^m(k)}) - \min(\overline{\xi_l^m(k)}) \tag{2-56}$$

式中,$\overline{\xi_l^m(k)}$为输出特性k在参数l第m个水平上的关联系数平均值。对于本例来说,表面粗糙度在刀尖圆弧半径上的关联系数极差$R_A(1)$计算过程如下:

$$\overline{\xi_A^1(1)} = (0.96036 + 0.731942 + 0.471932 + 0.33333)/4 = 0.624392 \tag{2-57}$$

$$\overline{\xi_A^2(1)} = (0.942029 + 0.1 + 0.545771 + 0.846838)/4 = 0.608660 \tag{2-58}$$

$$\overline{\xi_A^3(1)} = 0.836232 \tag{2-59}$$

$$\overline{\xi_A^4(1)} = 0.892307 \tag{2-60}$$

$$R_A(1) = \overline{\xi_A^4(1)} - \overline{\xi_A^1(1)} = 0.892307 - 0.624392 = 0.267915 \tag{2-61}$$

以此类推,可以计算表面粗糙度在参数B、C、D上的关联系数极差:

$$R_B(1) = 0.120132 \tag{2-62}$$

$$R_C(1) = 0.397088 \tag{2-63}$$

$$R_D(1) = 0.040905 \tag{2-64}$$

所以,表面粗糙度的权重系数 $\omega(k)$ 为

$$\omega(k) = 0.267915 + 0.120132 + 0.397088 + 0.040905 = 0.82604 \tag{2-65}$$

最终表面粗糙度、切削力、材料移除率的权重系数计算结果如表 2-11 所示。

表 2-11　权重系数计算结果

输 出 特 性	水平	刀尖圆弧半径 r_ε	切削深度 a_p	进给量 f	切削速度 v_c
表面粗糙度 Ra	1	0.624392	0.855217	0.974202	0.81893
	2	0.00866	0.832058	0.884228	0.810282
	3	0.836232	0.735085	0.751047	0.779353
	4	0.892307	0.764231	0.577114	0.778025
	$R_l(1)$	0.267915	0.120132	0.397088	0.040905
	$\omega(1)$	0.82604			
切削力 F	1	0.628351	0.68635	0.711246	0.567539
	2	0.544486	0.564885	0.571228	0.546949
	3	0.523338	0.490279	0.47557	0.518973
	4	0.460559	0.41522	0.398689	0.523273
	$R_l(2)$	0.167792	0.27113	0.312557	0.048566
	$\omega(2)$	0.800045			
材料移除率 MRR	1	0.541441	0.371825	0.347183	0.383824
	2	0.405084	0.396159	0.381502	0.394062
	3	0.403632	0.419586	0.426141	0.418939
	4	0.388405	0.550992	0.583735	0.541737
	$R_l(3)$	0.153036	0.179168	0.236551	0.157913
	$\omega(3)$	0.726668			

权重系数计算完成后,便可根据式(2-53)计算不同优化目标下各实验的关联度。以下分别考虑三种情况关联度的计算。

目标 1:只考虑表面粗糙度和切削力时,关联度为

$$\gamma_i = \frac{0.82604}{0.82604 + 0.800045}\xi_i(1) + \frac{0.80045}{0.82604 + 0.800045}\xi_i(2)$$
$$= 0.507993\xi_i(1) + 0.492007\xi_i(2) \tag{2-66}$$

目标 2:只考虑表面粗糙度和材料移除率时,关联度为

$$\gamma_i = 0.532\xi_i(1) + 0.478\xi_i(3) \tag{2-67}$$

目标 3:综合考虑表面粗糙度、切削力和材料移除率时,关联度为

$$\gamma_i = 0.351095\xi_i(1) + 0.340046\xi_i(2) + 0.308859\xi_i(3) \tag{2-68}$$

根据式(2-66)~式(2-68),可分别计算各组实验的关联度,其计算结果如表 2-12 所示。

表 2-12　关联度计算结果

编号	目标 1		目标 2		目标 3	
	关联度 γ_i	排名	关联度 γ_i	排名	关联度 γ_i	排名
1	0.979863	1	0.666911	6	0.780176	1
2	0.713985	7	0.561191	14	0.606843	7

编号	目标 1		目标 2		目标 3	
	关联度 γ_i	排名	关联度 γ_i	排名	关联度 γ_i	排名
3	0.478178	14	0.468847	16	0.474213	15
4	0.333333	16	0.645333	9	0.539239	13
5	0.817456	3	0.669380	4	0.675995	3
6	0.859947	2	0.695518	2	0.702259	2
7	0.466682	15	0.499150	15	0.460342	16
8	0.621451	11	0.668297	5	0.573235	11
9	0.698703	8	0.612318	11	0.605600	8
10	0.564786	13	0.609018	12	0.542159	12
11	0.794935	4	0.665127	7	0.656450	4
12	0.670719	9	0.648638	8	0.580676	9
13	0.592510	12	0.567349	13	0.532205	14
14	0.663711	10	0.646502	10	0.575041	10
15	0.718759	6	0.716600	1	0.626574	5
16	0.744557	5	0.695472	3	0.625612	6

根据灰度关联法的意义，关联度系数越大，表明该组切削参数对应的优化目标越好。由表 2-12 可知，对于目标 1 而言，第 4 组实验数据关联度最小（0.333333），表明在刀尖圆弧半径为 0.2mm、切削深度为 0.25mm、进给量为 0.12mm/rev、切削速度为 300m/min 的条件下，表面粗糙度、切削力的综合优化性能较差，其中，表面粗糙度为 2.913μm，在 16 组数据中排第 16 位；切削力为 36.76N，在 16 组数据中排第 16 位。第 1 组实验数据关联度最大（0.979863），表明在刀尖圆弧半径为 0.2mm、切削深度为 0.1mm、进给量为 0.02mm/rev、切削速度为 150m/min 的条件下，表面粗糙度、切削力综合优化性能较好，其中，表面粗糙度为 0.303μm，在 16 组数据排第 4 位；切削力为 7.76N，在 16 组数据中排第 1 位。

为确定各切削参数对不同优化目标的影响程度，对关联度按照切削参数各水平进行分析，其结果如表 2-13 所示。

表 2-13 关联度分析结果

目标	水平	刀尖圆弧半径 r_ε	切削深度 a_p	进给量 f	切削速度 v_c
目标 1	1	0.62634	0.772133	0.844826	0.695244
	2	0.691384	0.700607	0.730230	0.68072
	3	0.682286	0.614639	0.615511	0.651244
	4	0.679884	0.592515	0.489328	0.652686
	极差	0.065044	0.179618	0.355498	0.044
	排序	3	2	1	4
目标 2	1	0.585571	0.62899	0.680757	0.6153
	2	0.633086	0.628057	0.648952	0.615491
	3	0.633775	0.587431	0.598991	0.610679
	4	0.656481	0.664435	0.580213	0.667442
	极差	0.07091	0.077004	0.100544	0.056763
	排序	3	2	1	4

目标	水平	刀尖圆弧半径 r_ε	切削深度 a_p	进给量 f	切削速度 v_c
	1	0.600118	0.648494	0.691124	0.599059
	2	0.602958	0.606576	0.622522	0.592183
目标 3	3	0.596221	0.554395	0.557022	0.579495
	4	0.589858	0.579691	0.518486	0.618418
	极差	0.0131	0.094099	0.172638	0.038923
	排序	4	2	1	3

由表 2-13 可以看出,切削参数对目标 1 的影响顺序为进给量＞切削深度＞刀尖圆弧半径＞切削速度。刀尖圆弧半径取第 2 水平、切削深度取第 1 水平、进给量取第 1 水平、切削速度取第 1 水平时,优化目标达到最优值。结果表明在刀尖圆弧半径为 0.4mm、切削深度为 0.1mm、进给量为 0.02mm/rev、切削速度为 150m/min 的条件下,表面粗糙度、切削力综合优化性能最优。切削参数对目标 2 的影响顺序与对目标 1 的影响顺序相同。刀尖圆弧半径取第 4 水平、切削深度取第 4 水平、进给量取第 1 水平、切削速度取第 4 水平时,优化目标达到最优值。结果表明在刀尖圆弧半径为 0.8mm、切削深度为 0.25mm、进给量为 0.02mm/rev、切削速度为 300m/min 的条件下,表面粗糙度、材料移除率综合优化性能最优。切削参数对目标 3 的影响顺序为进给量＞切削深度＞切削速度＞刀尖圆弧半径。刀尖圆弧半径取第 1 水平、切削深度取第 1 水平、进给量取第 1 水平、切削速度取第 4 水平时,优化目标达到最优值。表明在刀尖圆弧半径为 0.4mm、切削深度为 0.1mm、进给量为 0.02mm/rev、切削速度为 300m/min 的条件下,表面粗糙度、切削力和材料移除率综合优化性能最优。

2.4　切削力理论建模与计算

切削参数
多目标
优化 2

由于 SiC 颗粒硬度高,进行 SiCp/Al 复合材料切削加工时,往往引起表面粗糙度下降,并造成严重的刀具磨损,增加能源消耗。不同于传统的连续性材料,SiCp/Al 复合材料切削力的研究必须考虑 SiC 颗粒物的影响,而建立 SiCp/Al 复合材料切削力理论模型是准确预测切削力的有效手段。

本节针对 SiCp/Al 复合材料的切削力模型是建立在经典正交切削模型的基础上,并充分考虑了 SiC 颗粒与 Al 基体的综合作用。SiCp/Al 复合材料切削加工时,材料从零件表面分离变成切屑,主要进行剪切变形,该变形区称为剪切变形区,或第 I 变形区,它是由成一定夹角的始滑移线和终滑移线组成的。但是由于高速切削时,SiCp/Al 复合材料的剪切变形非常快,此时夹角很小,第 I 变形区一般简化为一剪切面(又称为剪切层)。AB 代表的剪切面(层)为第 I 变形区,由于零件材料接触刀具切削刃的部分从 B 点开始发生剪切变形,最终成为切屑。切屑形成以后,沿着刀具的前刀面滑行,直到 D 点,切屑从前刀面排出,在滑行过程中,一方面切屑基体的底部和刀具前刀面发生摩擦而产生摩擦力,同时,由于 SiC 颗粒物的存在,也将增大前刀面和切屑底部的摩擦力。从 B 点到 D 点的摩擦面称为第 II 变形区。而 B 点到 C 点的零件材料被刀具切削刃挤压,最终形成零件的已加工表面,该区域称为犁耕区,或者第 III 变形区。如图 2-7 所示。本节使用的切削力模型是建立于上述 3 个变形区基础上的。与传统塑性金属材料相比,本模型中主要考虑 SiC 颗粒物对三个变形区的影响,尤其是 SiC 颗粒对第Ⅱ变形区和第Ⅲ变形区的影响。

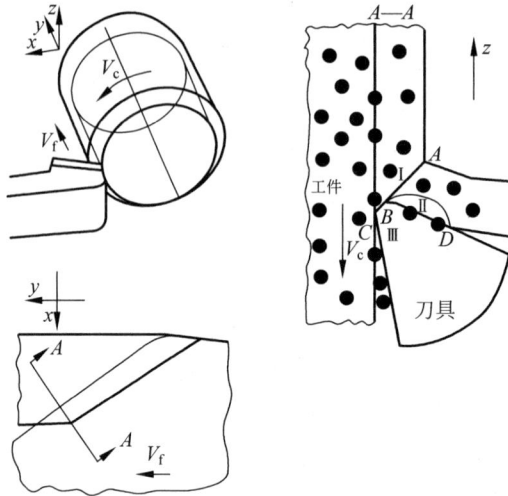

图 2-7　SiC 增强铝复合材料切削的 3 个变形区

1）第Ⅰ变形区受力分析

第Ⅰ变形区发生剪切变形,对第Ⅰ变形区中切屑进行受力分析,其主要受到来自刀具前刀面和材料沿剪切面施加的作用力,为便于分析,将切屑视为刚体,利用静力平衡法求解各个分力,建立的二维正交切削力模型如图 2-8 所示。

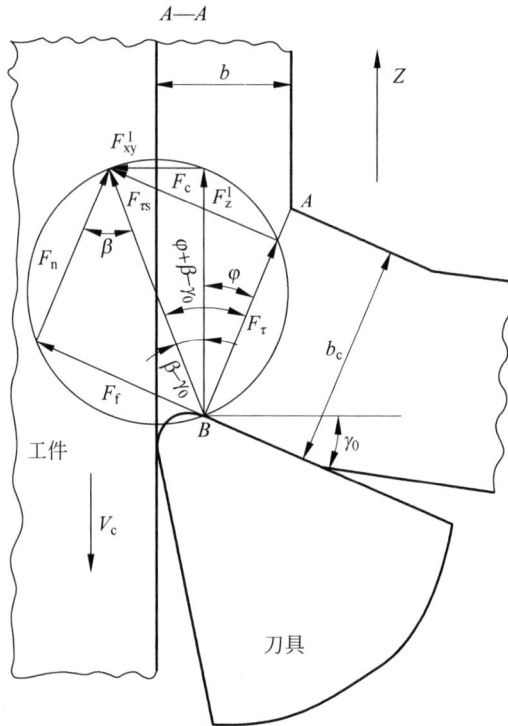

图 2-8　第Ⅰ变形区的受力情况

在图 2-8 中，F_τ 为剪切面 AB 的剪切力，F_c 为作用于剪切面的正压力，F_n 为作用于前刀面的正压力，F_f 为前刀面与切屑铝基体的滑动摩擦力，γ_0 为刀具前角，φ 为剪切角，b 为切削层厚度，b_c 为切屑厚度。

根据图 2-8 所示的几何关系可得

$$F_\tau = \frac{\tau_s[b - r_z(1 + \sin\varphi)]d}{\sin\varphi} \tag{2-69}$$

$$F_c = F_\tau \tan(\varphi + \beta - \gamma_0) \tag{2-70}$$

$$F_n = \frac{F_\tau \cos\beta}{\cos(\varphi + \beta - \gamma_0)} \tag{2-71}$$

$$F_f = \frac{F_\tau \sin\beta}{\cos(\varphi + \beta - \gamma_0)} \tag{2-72}$$

式(2-69)中，τ_s 为材料的剪切强度，r_z 为切削刃钝圆半径，β 为刀具前刀面和 Al 基底部的摩擦角，d 为工件每转一周沿进给方向的切屑宽度，即剪切面(层)宽度，其大小等于进给量 $f \times 1 = f$。

由于材料从零件表面分离变为切屑时，厚度变大，即由 b 变为 b_c。为获得切削层厚度 b 与切屑厚度 b_c 的关系，建立了切屑分离时各几何要素的关系，如图 2-9 所示。

由图 2-9 可知：

$$\frac{b_c \sin\varphi}{\cos(\varphi - \gamma_0)} + r_z(1 + \sin\varphi) = b \tag{2-73}$$

在切削层厚度 b、切屑厚度 b_c、刀具前角 γ_0 和切削刃钝圆半径 r_z 已知的情况下，由式(2-73)可获得剪切角 φ 的大小。

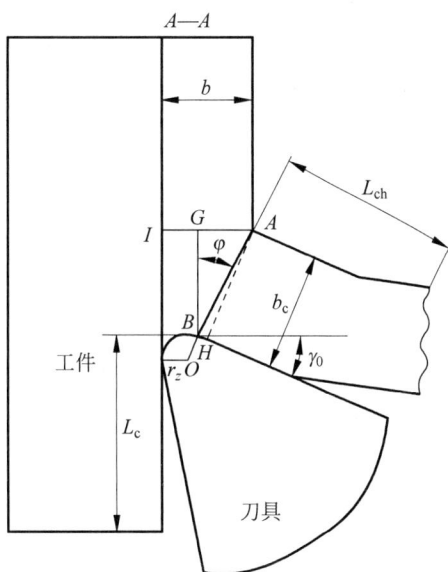

图 2-9　切屑分离时各几何要素的关系

由于在剪切面上发生了金属的滑移变形，最大剪应力发生在剪切面(层)上。根据材料力学平面应力状态理论，主应力方向与最大剪应力方向的夹角为 $\frac{\pi}{4}$。所以，有

$$\varphi = \frac{\pi}{4} - \beta + \gamma_0 \tag{2-74}$$

式中，β 为切屑底部和刀具前刀面滑动摩擦角。在刀具前角 γ_0 和剪切角 φ 已知的情况下，摩擦角 β 可由式(2-74)计算。

综上可求得 F_τ、F_c、F_n、F_f 值。为便于分析，将切削力沿着坐标轴进行分解，坐标轴方向如图 2-10 所示。分解后，来自第 I 变形区的切削力 F^{I} 的 Z 轴分量 F_z^{I} 和垂直于 Z 轴分量 F_{xy}^{I} 可由式(2-75)、式(2-76)计算。

$$F_z^{\mathrm{I}} = \frac{\tau_s[b - r_z(1 + \sin\varphi)]d\cos(\beta - \gamma_0)}{\sin\varphi\cos(\varphi + \beta - \gamma_0)} \tag{2-75}$$

$$F_{xy}^{\mathrm{I}} = \frac{\tau_s[b - r_z(1 + \sin\varphi)]d\sin(\beta - \gamma_0)}{\sin\varphi\cos(\varphi + \beta - \gamma_0)} \tag{2-76}$$

为获得 X、Y 坐标轴方向上的切削力分量 F_x^{I} 和 F_y^{I}，需要对 F_{xy}^{I} 进一步分解，为此建立图 2-10 所示的 XY 坐标平面的切削力模型。

图 2-10 中 k_r 为主偏角，根据图 2-10 的几何关系，切削力分量 F_x^{I} 和 F_y^{I} 为

$$F_x^{\mathrm{I}} = \frac{\tau_s[b - r_z(1 + \sin\varphi)]d\cos(\beta - \gamma_0)}{\sin\varphi\cos(\varphi + \beta - \gamma_0)}\cos k_r \tag{2-77}$$

$$F_y^{\mathrm{I}} = \frac{\tau_s[b - r_z(1 + \sin\varphi)]d\sin(\beta - \gamma_0)}{\sin\varphi\cos(\varphi + \beta - \gamma_0)}\sin k_r \tag{2-78}$$

考虑到刀尖圆弧半径 r_ε 的影响，车刀的实际切削主偏角 $k_{r\varepsilon}$ 比理论主偏角 k_r 小。由于刀尖圆弧半径 r_ε 与切削深度 a_p 的大小不同，会出现不同的情况。本节以最常见的切削深度 a_p 远大于刀尖圆弧半径 r_ε 作为一般情况进行分析。在这种情况下，刀具实际的切削刃 S 与主偏角 $k_{r\varepsilon}$ 如图 2-11 所示。

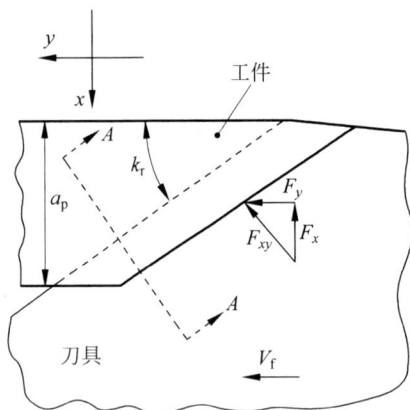

图 2-10　第一变形区 F_{xy}^{I} 在 X、Y 坐标方向的分解

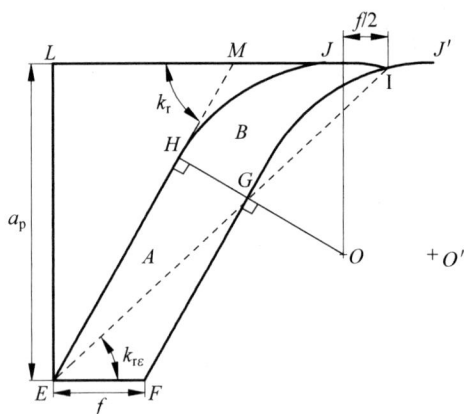

图 2-11　主偏角的变化

根据图 2-11 所示，主偏角 $k_{r\varepsilon}$ 可按式(2-79)计算：

$$k_{r\varepsilon} = \operatorname{arccot}\left(\frac{r_\varepsilon\tan(k_r/2) + f/2}{a_p} + \cot k_r\right) \tag{2-79}$$

由此可知，来自第 I 变形区，切削力 F^{I} 的 X、Y 坐标轴分量 F_x^{I} 和 F_y^{I} 如式(2-80)、式(2-81)所示：

$$F_x^{\mathrm{I}} = \frac{\tau_s[b - r_z(1 + \sin\varphi)]d\cos(\beta - \gamma_0)}{\sin\varphi\cos(\varphi + \beta - \gamma_0)}\cos k_{r\varepsilon} \tag{2-80}$$

$$F_y^{\mathrm{I}} = \frac{\tau_s[b - r_z(1 + \sin\varphi)]d\sin(\beta - \gamma_0)}{\sin\varphi\cos(\varphi + \beta - \gamma_0)}\sin k_{r\varepsilon} \tag{2-81}$$

综上所述，在复合材料剪应力已知的情况下，根据刀具几何参数和切削用量参数等，能够获得第 I 变形区的切削力 F^{I}，而为了便于分析，将 F^{I} 沿坐标轴分解后的 F_x^{I}、F_y^{I}、F_z^{I} 可由式(2-80)、式(2-81)和式(2-75)获得。

2) 第 Ⅱ 变形区受力分析

第 Ⅱ 变形区指前刀面和切屑底部的摩擦区。对于塑性材料而言,在一定的切削条件下,该变形区的摩擦一般认为是滑动摩擦区,因此二者之间存在滑动摩擦力,如图 2-8 所示的 F_f,但是对于 SiC 增强 Al 基复合材料而言,由于切削过程中刀具的作用,SiC 颗粒会出现破碎等情况,其从 Al 基体中分离出来,使 SiC 颗粒与刀具前刀面相互作用,产生滚动摩擦力。该滚动摩擦力使切屑和刀具受到的切削力增大,并造成切削力的异常波动,因此,需要单独建模分析该部分滚动摩擦力。为此建立了图 2-12 所示的正压力 F_n 和滚动摩擦力 F_g 分析图。

图 2-12 中,F_n 为切屑作用于刀具前刀面的正压力,F_g 为 SiC 颗粒作用于刀具前刀面的滚动摩擦力。由于摩擦力是滚动摩擦力,所以其大小可通过下式计算:

$$F_g = K_g F_n i \tag{2-82}$$

式中,F_n 可通过式(2-71)计算,K_g 为滚动摩擦系数,i 为参与滚动摩擦的 SiC 颗粒物的数量,i 可通过下式计算:

$$i = T_A \omega_1 \tag{2-83}$$

式中,ω_1 表示经剪切变形后,分布在第 Ⅱ 变形区参与滚动摩擦的 SiC 颗粒的比例,T_A 表示剪切面(层)AB 包含的 SiC 颗粒数。由于 SiC 颗粒数 T_A 最终分为 3 部分: ①从剪切面(层)拔出分布在第 Ⅱ 变形区,比例为 ω_1; ②经刀具挤压后,经犁耕区分布在第 Ⅲ 变形区,比例为 ω_2; ③经刀具挤压拔出后,散落在非变形区,比例为 ω_3。因此有

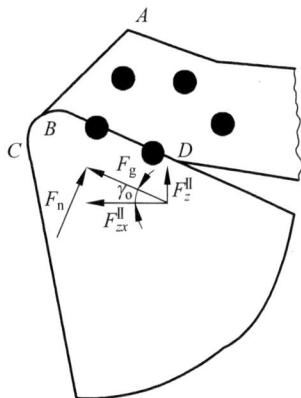

图 2-12 第 Ⅱ 变形区受力情况

$$\omega_1 + \omega_2 + \omega_3 = 1 \tag{2-84}$$

式中,T_A 可由式(2-85)计算:

$$T_A = \frac{\rho A v_c}{\pi R^2} \tag{2-85}$$

式中,ρ 为铝基复合材料中 SiC 中颗粒物百分数,R 为 SiC 颗粒物的半径,v_c 为切削速度,A 为切削层面积,可由式(2-86)计算:

$$A = A_A + A_B \tag{2-86}$$

式中,区域 $A(EFGH)$ 和区域 $B(GHI)$ 如图 2-13 所示,其面积可通过式(2-87)和式(2-88)表示:

$$A_A = f[a_p - r_\varepsilon(1 - \cos k_r)] - \frac{1}{4}f^2 \sin(2k_r) \tag{2-87}$$

$$A_B = \int_{\theta_1}^{\theta_2} \left[r_\varepsilon - f\cos\theta - (r_\varepsilon^2 - f^2\sin^2\theta)^{\frac{1}{2}} \right] d\theta \tag{2-88}$$

式中,r_ε 为刀尖圆弧半径,θ、θ_1、θ_2 如图 2-13 所示。

根据图 2-13 的几何关系,θ_1、θ_2 可由式(2-89)、式(2-90)求出。

$$\theta_1 = \arccos\left(\frac{f}{2r_\varepsilon}\right) \tag{2-89}$$

$$\theta_2 = \pi - \left(\frac{\pi}{2} - k_r\right) = \frac{\pi}{2} + k_r \tag{2-90}$$

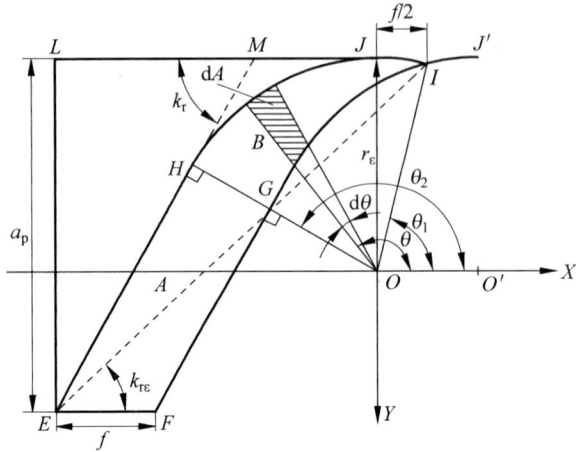

图 2-13 区域 B 的面积计算

因此，根据式(2-88)、式(2-89)和式(2-90)可计算出区域 B 的面积 A_B，根据式(2-83)～式(2-86)可计算出剪切面(层)AB 包含的 SiC 颗粒数 T_A，由此可获得参与前刀面滚动摩擦的 SiC 颗粒的数量 i，该参数确定后，根据式(2-82)，还需要确定滚动摩擦系数 K_g，根据文献资料，其计算过程如下：

$$K_g = \left(\frac{2L}{8\pi} + \frac{\sigma_b + \dfrac{\sigma_s}{2}}{6H_B} \right) \frac{L}{2} \tag{2-91}$$

式中，H_B 为刀具硬度，σ_b 为工件抗拉强度，σ_s 为工件屈服强度，L 为 SiC 颗粒压入刀具前刀面部分的界面直径长度，如图 2-14 所示。

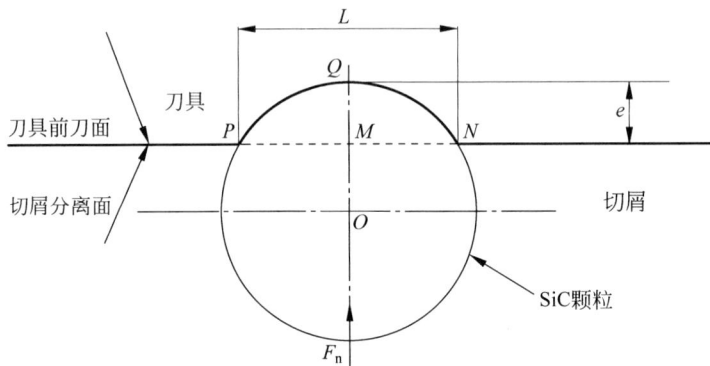

图 2-14 SiC 颗粒与前刀面滚动摩擦

图 2-14 中的 SiC 颗粒压入前刀面部分的截面直径 L，其值可通过式(2-92)计算：

$$L = \frac{1}{2} \left[\frac{3}{4} R \left(\frac{1-\nu_1^2}{E_1} + \frac{1-\nu_2^2}{E_2} \right) F_n \right]^{\frac{1}{3}} \tag{2-92}$$

式中，E_1 为工件弹性模量，ν_1 为工件泊松比，E_2 为刀具弹性模量，ν_2 为刀具泊松比，R 和 F_n 如前所述。因此，可求出第Ⅱ变形区滚动摩擦系数 K_g。综合式(2-71)、式(2-82)、式(2-83)、式(2-91)和式(2-92)，可求出第Ⅱ变形区 SiC 颗粒对前刀面的滚动摩擦力 F_g。同

样,根据坐标轴对 F_g 进行分解,可得

$$F_z^{\mathrm{II}} = F_n K_g i \sin\gamma_0 \tag{2-93}$$

$$F_{xy}^{\mathrm{II}} = F_n K_g i \cos\gamma_0 \tag{2-94}$$

式中,F_{xy}^{II} 在 XOY 坐标平面中按照图 2-10 所示进一步分解,可知:

$$F_x^{\mathrm{II}} = F_{xy}^{\mathrm{II}} \cos k_{\mathrm{re}} \tag{2-95}$$

$$F_y^{\mathrm{II}} = F_{xy}^{\mathrm{II}} \sin k_{\mathrm{re}} \tag{2-96}$$

式中,k_{re} 如式(2-79)所示。

3) 第Ⅲ变形区受力分析

第Ⅲ变形区即犁耕区。由于刀尖钝圆半径的影响,犁耕区表面的金属材料经历了由塑性流动到剪切变形的过程。金属材料逐渐发生剪切的过程中会产生犁耕力。犁耕力分布在整个刀尖钝圆圆弧上,为简化分析犁耕力,将第Ⅲ变形区的受力简化为一个犁耕面的受力,犁耕力分析及分解如图 2-15 所示。

如图 2-15 所示,面 $\overset{\frown}{BC}$ 所受犁耕力 F_u 可由式(2-97)计算:

$$F_u = \tau_s r_z \left(\frac{\pi}{2} + \varphi\right) d \tag{2-97}$$

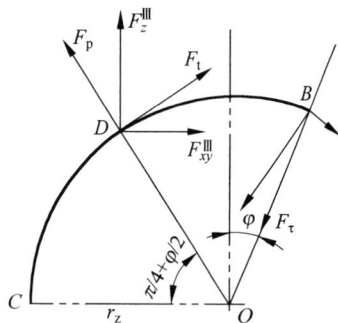

图 2-15　犁耕力分析及分解

F_u 即分布在犁耕区 $\overset{\frown}{BC}$ 上的犁耕力,为便于分析,将该力简化为 D 点受力,可分解为正压力 F_p 和切向力 F_t,其大小如式(2-98)、式(2-99)所示:

$$F_p = \tau_s \cos(\varphi - \gamma_0) r_z \left(\frac{\pi}{2} + \varphi\right) d \tag{2-98}$$

$$F_t = \tau_s \sin(\varphi - \gamma_0) r_z \left(\frac{\pi}{2} + \varphi\right) d \tag{2-99}$$

式中各变量如前所示。将犁耕力 F_u 按照坐标轴分解,可得 Z 轴分量 F_z^{III} 和垂直于 Z 轴分量 F_{xy}^{III} 如式(2-100)、式(2-101)所示:

$$F_{xy}^{\mathrm{III}} = F_p \cos\left(\frac{\pi}{4} + \frac{\varphi}{2}\right) - F_t \sin\left(\frac{\pi}{4} + \frac{\varphi}{2}\right) \tag{2-100}$$

$$F_z^{\mathrm{III}} = F_p \sin\left(\frac{\pi}{4} + \frac{\varphi}{2}\right) + F_t \cos\left(\frac{\pi}{4} + \frac{\varphi}{2}\right) \tag{2-101}$$

式中,F_{xy}^{III} 在 XOY 坐标平面中按照图 2-10 所示进一步分解,可知:

$$F_x^{\mathrm{III}} = F_{xy}^{\mathrm{III}} \cos k_{\mathrm{re}} \tag{2-102}$$

$$F_y^{\mathrm{III}} = F_{xy}^{\mathrm{III}} \sin k_{\mathrm{re}} \tag{2-103}$$

因此,最终车削 SiCp/Al 复合材料 X、Y、Z 轴的三个切削力分量,可由式(2-104)~式(2-106)计算:

$$F_x = F_x^{\mathrm{I}} + F_x^{\mathrm{II}} + F_x^{\mathrm{III}} \tag{2-104}$$

$$F_y = F_y^{\mathrm{I}} + F_y^{\mathrm{II}} + F_y^{\mathrm{III}} \tag{2-105}$$

$$F_z = F_z^{\mathrm{I}} + F_z^{\mathrm{II}} + F_z^{\mathrm{III}} \tag{2-106}$$

　　在干切条件下,使用 75°外圆车刀,分别使用刀尖圆弧半径为 0.6mm 和 0.8mm 的刀具进行了 16 组实验。刀具材料及相关信息如表 2-14 所示,工件材料信息如表 2-15 所示,切削参数及切屑厚度测量结果如表 2-16 所示。以第 1 组实验为例说明切削力理论计算过程。

表 2-14　刀具材料及相关信息

材料	硬度 H /HV	泊松比 ν_2	杨氏模量 E_2 /GPa	钝圆半径 r_z /mm	刀尖圆弧半径 r_ε/mm	前角 γ_0 /(°)	主偏角 k_r /(°)
PCD	8000	0.077	1052	0.01	0.6,0.8	5	75

表 2-15　工件材料信息

零件直径 D/mm	体积百分数 ρ /%	颗粒直径 d_p /μm	屈服强度 σ_s /MPa	剪切强度 τ_s/MPa	泊松比 ν_1	杨氏模量 E_1 /GPa
ϕ40	45	5	342.6	342.6	0.33	220

表 2-16　切削参数及切屑厚度测量结果

编号	刀尖圆弧半径 r_ε /mm	进给量 f /(mm·rev^{-1})	切削速度 v_c /(mm·s^{-1})	切削深度 a_p /mm	切屑厚度 b_c /mm
1	0.6	0.05	120	1	0.074
2	0.6	0.2	120	1	0.259
3	0.6	0.05	120	0.5	0.053
4	0.6	0.2	120	0.5	0.180
5	0.6	0.05	40	1	0.049
6	0.6	0.2	40	1	0.237
7	0.6	0.05	40	0.5	0.052
8	0.6	0.2	40	0.5	0.181
9	0.8	0.05	120	1	0.080
10	0.8	0.2	120	1	0.279
11	0.8	0.05	120	0.5	0.052
12	0.8	0.2	120	0.5	0.197
13	0.8	0.2	40	1	0.078
14	0.8	0.05	40	1	0.256
15	0.8	0.05	40	0.5	0.052
16	0.8	0.2	40	0.5	0.194

步骤 1：计算第 I 变形区切削力

步骤 1.1　计算切削层厚度

切削层厚度 b 为

$$b = h_d = f \sin k_r = 0.05 \times \sin 75° = 0.0483 (\mathrm{mm})$$

步骤 1.2　计算剪切角

剪切角 φ 可由下式计算：

$$\frac{b_c \sin\varphi}{\cos(\varphi - \gamma_0)} + r_z(1 + \sin\varphi) = b$$

切屑厚度 $b_c=0.074\text{mm}$，刀具前角 $\gamma_0=5°$，切削刃钝圆半径 $r_z=0.01\text{mm}$，因此，剪切角 φ 为

$$\varphi=25.49°$$

步骤 1.3　计算摩擦角

由材料力学的纯剪切应力状态理论，主应力方向与最大剪应力方向的夹角为 $\dfrac{\pi}{4}$，所以摩擦角 β 为

$$\beta=\frac{\pi}{4}+\gamma_0-\varphi=45+5-25.49=24.51(°)$$

步骤 1.4　计算剪切力、正压力、滑动摩擦力

材料的剪应强度 $\tau_s=400\text{MPa}$，剪切层宽度 $d=f=0.05\text{mm}$，所以剪切面(层)AB 的剪应力 F_τ 为

$$F_\tau=\frac{\tau_s[b-r_z(1+\sin\varphi)]d}{\sin\varphi}=\frac{400\times[0.0483-0.01\times(1+\sin25.49°)]\times0.05}{\sin25.49°}$$
$$=1.580(\text{N})$$

作用在剪切面上的正压力 F_c、作用在前刀面的正压力 F_n 和前刀面与切屑铝基体的滑动摩擦力 F_f 分别为

$$F_c=F_\tau\tan(\varphi+\beta-\gamma_0)=1.580\tan(25.49°+24.51°-5°)=1.580(\text{N})$$
$$F_n=\frac{F_\tau\cos\beta}{\cos(\varphi+\beta-\gamma_0)}=\frac{1.580\cos24.51°}{\cos(25.49°+24.51°-5°)}=2.033(\text{N})$$
$$F_f=\frac{F_\tau\sin\beta}{\cos(\varphi+\beta-\gamma_0)}=\frac{1.580\sin24.51°}{\cos(25.49°+24.51°-5°)}=0.927(\text{N})$$

将切削力沿坐标轴分解，来自第 I 变形区的切削力 F^{I} 的 z 轴分量 F_z^{I} 和垂直于 z 轴的分量 F_{xy}^{I} 分别为

$$F_z^{\text{I}}=\frac{\tau_s[b-r_z(1+\sin\varphi)]d\cos(\beta-\gamma_0)}{\sin\varphi\cos(\varphi+\beta-\gamma_0)}$$
$$=\frac{400\times[0.0483-0.01\times(1+\sin25.49°)]\times0.05\times\cos(24.51°-5°)}{\sin25.49°\times\cos(25.49°+24.51°-5°)}=2.106(\text{N})$$
$$F_{xy}^{\text{I}}=\frac{\tau_s[b-r_z(1+\sin\varphi)]d\sin(\beta-\gamma_0)}{\sin\varphi\cos(\varphi+\beta-\gamma_0)}$$
$$=\frac{400\times[0.0483-0.01\times(1+\sin25.49°)]\times0.05\times\sin(24.51°-5°)}{\sin25.49°\times\cos(25.49°+24.51°-5°)}=0.746(\text{N})$$

步骤 1.5　计算实际主偏角及切削分力

车刀的实际的主偏角 $k_{r\varepsilon}$ 可由下式求得：

$$\cot k_{r\varepsilon}=\frac{r_\varepsilon\tan\dfrac{k_r}{2}+\dfrac{f}{2}}{a_p}+\cot k_r=\frac{0.6\times\tan\dfrac{75°}{2}+\dfrac{0.05}{2}}{1}+\cot75°=0.753$$
$$k_{r\varepsilon}=53.02°$$

因此,切削力 F^{I} 在 x、y 轴的分量 F_x^{I} 和 F_y^{I} 分别为

$$F_x^{\mathrm{I}} = F_{xy}^{\mathrm{I}} \cos k_{\mathrm{r\epsilon}} = 0.746 \times \cos 53.02° = 0.449(\mathrm{N})$$

$$F_y^{\mathrm{I}} = F_{xy}^{\mathrm{I}} \sin k_{\mathrm{r\epsilon}} = 0.746 \times \sin 53.02° = 0.596(\mathrm{N})$$

步骤 2：计算第 Ⅱ 变形区切削力

步骤 2.1   计算实际切削层面积

切削层面积 A 可通过下式计算：

$$A_A = f[a_{\mathrm{p}} - r_{\epsilon}(1 - \cos k_{\mathrm{r}})] - \frac{1}{4} f^2 \sin(2k_{\mathrm{r}})$$

$$= 0.05 \times [1 - 0.6 \times (1 - \cos 75°)] - \frac{1}{4} \times 0.05^2 \times \sin(2 \times 75°) = 0.0275(\mathrm{mm}^2)$$

$$\theta_1 = \arccos\left(\frac{f}{2r_{\epsilon}}\right) = \arccos \frac{0.05}{2 \times 0.6} = 87.61° = \frac{8761}{18000}\pi$$

$$\theta_2 = \pi - \left(\frac{\pi}{2} - k_{\mathrm{r}}\right) = \frac{\pi}{2} + k_{\mathrm{r}} = 90° + 75° = 165° = \frac{11}{12}\pi$$

$$A_B = \int_{\frac{8761}{18000}\pi}^{\frac{11}{12}\pi} r_{\epsilon} - f\cos\theta - (r_{\epsilon}^2 - f^2\sin^2\theta)^{\frac{1}{2}} \mathrm{d}\theta$$

$$= \int_{\frac{8761}{18000}\pi}^{\frac{11}{12}\pi} 0.6 - 0.05\cos\theta - (0.6^2 - 0.05^2\sin^2\theta)^{\frac{1}{2}} \mathrm{d}\theta = 0.0387(\mathrm{mm}^2)$$

$$A = A_A + A_B = 0.0275 + 0.0387 = 0.0662(\mathrm{mm}^2)$$

步骤 2.2   计算切削层及参与滚动的 SiC 颗粒

复合材料中 SiC 颗粒百分数 $\rho = 0.45$,SiC 颗粒半径 $R = 0.0025\mathrm{mm}$,所以剪切面(层) AB 包含的 SiC 颗粒数 T_A 为

$$T_A = \frac{\rho A}{\pi R^2} = \frac{0.45 \times 0.0662}{\pi \times 0.0025^2} = 1518$$

剪切变形后,分布在第 Ⅱ 变形区参与滚动摩擦的 SiC 颗粒的比例 $\omega_1 = 1/3$,所以参与滚动摩擦的 SiC 数量 i 为

$$i = T_A \omega_1 = 1518 \times \frac{1}{3} = 506$$

步骤 2.3   计算滚动摩擦系数

工件的弹性模量 $E_1 = 220000\mathrm{MPa}$,工件的泊松比 $\nu_1 = 0.33$,刀具的弹性模量 $E_2 = 1052000\mathrm{MPa}$,刀具的泊松比 $\nu_2 = 0.077$,SiC 颗粒压入刀具前刀面部分的界面直径长度 L 为

$$L = \frac{1}{2}\left[\frac{3}{4}R\left(\frac{1-\nu_1^2}{E_1} + \frac{1-\nu_2^2}{E_2}\right)F_{\mathrm{n}}\right]^{\frac{1}{3}}$$

$$= \frac{1}{2} \times \left[\frac{3}{4} \times 0.0025 \times \left(\frac{1-0.33^2}{220000} + \frac{1-0.077^2}{1052000}\right) \times 2.033\right]^{\frac{1}{3}}$$

$$= 1.335 \times 10^{-3}(\mathrm{mm})$$

材料的屈服强度 $\sigma_s = 342.6\mathrm{MPa}$，抗拉强度 $\sigma_b = 400\mathrm{MPa}$，材料的硬度 $H_B = 8000\mathrm{HV}$，滚动摩擦系数 K_g 为

$$K_g = \left(\frac{2L}{8\pi} + \frac{\sigma_b + \frac{\sigma_s}{2}}{6H_B}\right) \times \frac{L}{2} = \left(\frac{2 \times 1.335 \times 10^{-3}}{8\pi} + \frac{400 + \frac{342.6}{2}}{6 \times 8000}\right) \times \frac{1.335 \times 10^{-3}}{2}$$

$$= 8.016 \times 10^{-6}$$

步骤 2.4　计算并分解滚动摩擦力

SiC 颗粒作用于刀具前刀面的滚动摩擦力 F_g 为

$$F_g = K_g F_n i = 8.016 \times 10^{-6} \times 2.033 \times 506 = 0.00825(\mathrm{N})$$

将滚动摩擦力 F_g 沿 x、y、z 轴进行分解：

$$F_z^{\mathrm{II}} = F_g \sin\gamma_0 = 0.00825 \times \sin 5° = 0.000719(\mathrm{N})$$

$$F_{xy}^{\mathrm{II}} = F_g \cos\gamma_0 = 0.00825 \times \cos 5° = 0.00822(\mathrm{N})$$

$$F_x^{\mathrm{II}} = F_{xy}^{\mathrm{II}} \cos k_{r\varepsilon} = 0.00822 \times \cos 53.02° = 0.00494(\mathrm{N})$$

$$F_y^{\mathrm{II}} = F_{xy}^{\mathrm{II}} \sin k_{r\varepsilon} = 0.00822 \times \sin 53.02° = 0.00657(\mathrm{N})$$

步骤 3：计算第Ⅲ变形区切削力

步骤 3.1　计算并分解犁耕力

犁耕力 F_u 为

$$F_u = \tau_s r_z \left(\frac{\pi}{2} + \varphi\right)d = 400 \times 0.01 \times \left(\frac{\pi}{2} + 25.49 \times \frac{\pi}{180}\right) \times 0.05 = 0.403(\mathrm{N})$$

将犁耕力分解为正压力 F_p 和切向力 F_t，其值为

$$F_p = F_u \cos(\varphi - \gamma_0) = 0.403 \times \cos(25.49° - 5°) = 0.378(\mathrm{N})$$

$$F_t = F_u \sin(\varphi - \gamma_0) = 0.403 \times \sin(25.49° - 5°) = 0.141(\mathrm{N})$$

因此，犁耕力 F_u 在 z、x、y 轴上的分量为

$$F_z^{\mathrm{III}} = F_p \sin\left(\frac{\pi}{4} + \frac{\varphi}{2}\right) + F_t \cos\left(\frac{\pi}{4} + \frac{\varphi}{2}\right)$$

$$= 0.378 \times \sin\left(45° + \frac{25.49°}{2}\right) + 0.141 \times \cos\left(45° + \frac{25.49°}{2}\right) = 0.395(\mathrm{N})$$

$$F_{xy}^{\mathrm{III}} = F_p \cos\left(\frac{\pi}{4} + \frac{\varphi}{2}\right) - F_t \sin\left(\frac{\pi}{4} + \frac{\varphi}{2}\right)$$

$$= 0.378 \times \cos\left(45° + \frac{25.49°}{2}\right) - 0.141 \times \sin\left(45° + \frac{25.49°}{2}\right) = 0.0825(\mathrm{N})$$

$$F_x^{\mathrm{III}} = F_{xy}^{\mathrm{III}} \cos k_{r\varepsilon} = 0.0825 \times \cos 53.02° = 0.0496(\mathrm{N})$$

$$F_y^{\mathrm{III}} = F_{xy}^{\mathrm{III}} \sin k_{r\varepsilon} = 0.0825 \times \sin 53.02° = 0.0659(\mathrm{N})$$

步骤 3.2　计算合力及其分力

最终切削力在 x、y、z 轴的分力可由三个变形区的切削分量合成：

$$F_x = F_x^{\mathrm{I}} + F_x^{\mathrm{II}} + F_x^{\mathrm{III}} = 0.449 + 0.00494 + 0.0496 = 0.50354(\mathrm{N})$$

$$F_y = F_y^{\text{I}} + F_y^{\text{II}} + F_y^{\text{III}} = 0.596 + 0.00657 + 0.0659 = 0.66847(\text{N})$$

$$F_z = F_z^{\text{I}} + F_z^{\text{II}} + F_z^{\text{III}} = 2.106 + 0.000719 + 0.395 = 2.501719(\text{N})$$

以上为第 1 组实验数据切削力理论计算过程。第 11 组实验,由于其切削深度小于刀尖圆弧半径,其实际主偏角发生变化,详细的计算过程见本章附录。

切削力
理论建模

习题

1. 通常情况下,切削参数优化的对象和目标包括哪些?

2. 什么是田口法? 其质量管理体系的四大核心要素是什么?

3. 什么是信噪比? 利用田口法进行参数设计包括哪些内容?

4. 试阐述基于望小目标的参数设计方法中信噪比与优化目标的关系。

5. 某次切削实验进行了表面粗糙度、切削力、切削功率和切削温度测量。实验参数水平表如表 2-17 所示,正交实验表如表 2-18 所示,表面粗糙度测量结果如表 2-19 所示,其他输出特性测量结果如表 2-20 所示。请完成以下问题。

(1) 通过信噪比计算,分析各切削参数对输出特性的影响程度。

(2) 通过灰度关联法,进行切削参数多目标优化。

表 2-17　实验参数水平表

参数	标识	水平			
		1	2	3	4
刀尖圆弧半径	A	0.2	0.4	0.6	0.8
切削深度	B	0.1	0.15	0.2	0.25
进给量	C	0.02	0.05	0.08	0.12
切削速度	D	150	200	250	300
主偏角	E	67.5	75	93	107.5

表 2-18　正交实验表

编号	1	2	3	4	5	6	7	8	9	10	11	12	13	14	15	16
A	1	1	1	1	2	2	2	2	3	3	3	3	4	4	4	4
B	1	2	3	4	1	2	3	4	1	2	3	4	1	2	3	4
C	1	2	3	4	2	1	4	3	3	4	1	2	4	3	2	1
D	1	2	3	4	3	4	1	2	4	3	2	1	2	1	4	3
E	1	2	3	4	4	3	2	1	2	1	4	3	3	4	1	2

表 2-19　表面粗糙度测量结果

编号	1	2	3	4	5	6	7	8	9	10	11	12	13	14	15	16
Ra_1	0.261	0.738	1.459	2.291	0.613	0.374	1.352	0.453	0.582	0.849	0.273	0.417	0.868	0.612	0.354	0.269
Ra_2	0.268	0.750	1.451	2.284	0.613	0.365	1.349	0.455	0.578	0.856	0.261	0.410	0.877	0.614	0.364	0.256
Ra_3	0.264	0.731	1.447	2.031	0.613	0.367	1.365	0.452	0.568	0.859	0.271	0.405	0.859	0.598	0.372	0.266
Ra_4	0.270	0.731	1.443	2.300	0.613	0.359	1.359	0.433	0.583	0.861	0.274	0.407	0.857	0.594	0.369	0.258
Ra_5	0.262	0.730	1.480	2.294	0.613	0.375	1.360	0.423	0.589	0.855	0.256	0.401	0.869	0.602	0.361	0.251
Mean	0.265	0.736	1.456	2.294	0.613	0.368	1.357	0.443	0.58	0.856	0.267	0.408	0.866	0.604	0.364	0.260

表 2-20　其他输出特性测量结果

编号	1	2	3	4	5	6	7	8	9	10	11	12	13	14	15	16
切削力 F	5.575	3.376	11.080	11.010	2.134	2.491	6.772	15.950	0.227	10.390	3.984	4.404	1.959	4.101	16.920	4.634
切削功率 P	2.038	1.917	1.941	2.047	1.987	2.137	1.478	1.421	1.950	2.042	1.868	1.675	3.961	1.460	1.802	1.998
切削温度 T	120.3	218.9	187.3	221.9	143.7	198.9	176.5	140.5	220.6	205.9	156.9	186.1	216.8	186.9	203.9	177.8

6. 计算表 2-16 中其他各组实验的理论切削力。

附录

步骤 1：计算第 Ⅰ 变形区切削力

步骤 1.1　计算切削层深度
切削层厚度 b 为
$$b = h_d = f \sin k_r = 0.05 \times \sin 75° = 0.0483(\text{mm})$$

步骤 1.2　计算剪切角
剪切角 φ 可由下式计算：
$$\frac{b_c \sin\varphi}{\cos(\varphi - \gamma_0)} + r_z(1 + \sin\varphi) = b$$

切屑厚度 $b_c = 0.052\text{mm}$，刀具前角 $\gamma_0 = 5°$，切削刃钝圆半径 $r_z = 0.01\text{mm}$，因此，剪切角 φ 为

$$\frac{0.052 \sin\varphi}{\cos(\varphi - 5)} + 0.01(1 + \sin\varphi) = 0.0483$$
$$\varphi = 33.59°$$

步骤 1.3　计算摩擦角

由材料力学的纯剪切应力状态理论，主应力方向与最大剪应力方向的夹角为 $\frac{\pi}{4}$，所以摩擦角 β 为

$$\beta = \frac{\pi}{4} + \gamma_0 - \varphi = 45 + 5 - 33.59 = 16.41(°)$$

步骤 1.4　计算剪切力、正压力、滑动摩擦力
材料的剪应强度 $\tau_s = 400\text{MPa}$，剪切层宽度 $d = f = 0.05\text{mm}$，所以剪切面（层）AB 的剪应力 F_τ 为

$$F_\tau = \frac{\tau_s[b - r_z(1 + \sin\varphi)]d}{\sin\varphi} = \frac{400 \times [0.0483 - 0.01 \times (1 + \sin 33.59°)] \times 0.05}{\sin 33.59°}$$
$$= 1.185(\text{N})$$

作用在剪切面上的正压力 F_c、作用在前刀面的正压力 F_n 和前刀面与切屑铝基体的滑动摩擦力 F_f 分别为
$$F_c = F_\tau \tan(\varphi + \beta - \gamma_0) = 1.185 \tan(33.59° + 16.41° - 5°) = 1.185(\text{N})$$

$$F_{n} = \frac{F_{\tau}\cos\beta}{\cos(\varphi + \beta - \gamma_{0})} = \frac{1.185\cos16.41°}{\cos(33.59° + 16.41° - 5°)} = 1.608(\text{N})$$

$$F_{f} = \frac{F_{\tau}\sin\beta}{\cos(\varphi + \beta - \gamma_{0})} = \frac{1.185\sin16.41°}{\cos(33.59° + 16.41° - 5°)} = 0.473(\text{N})$$

将切削力沿坐标轴分解,来自第 I 变形区的切削力 F^{I} 的 z 轴分量 F_{z}^{I} 和垂直于 z 轴的分量 F_{xy}^{I} 分别为

$$F_{z}^{\text{I}} = \frac{\tau_{s}[b - r_{z}(1 + \sin\varphi)]d\cos(\beta - \gamma_{0})}{\sin\varphi\cos(\varphi + \beta - \gamma_{0})}$$

$$= \frac{400 \times [0.0483 - 0.01 \times (1 + \sin33.59°)] \times 0.05\cos(16.41° - 5°)}{\sin33.59°\cos(33.59° + 16.41° - 5°)} = 1.643(\text{N})$$

$$F_{xy}^{\text{I}} = \frac{\tau_{s}[b - r_{z}(1 + \sin\varphi)]d\sin(\beta - \gamma_{0})}{\sin\varphi\cos(\varphi + \beta - \gamma_{0})}$$

$$= \frac{400 \times [0.0483 - 0.01 \times (1 + \sin33.59°)] \times 0.05\sin(16.41° - 5°)}{\sin33.59°\cos(33.59° + 16.41° - 5°)} = 0.332(\text{N})$$

步骤 1.5　计算实际主偏角及切削分力

由于切削深度小于刀尖圆弧半径,实际主偏角计算公式发生变化,如附图 1 所示。

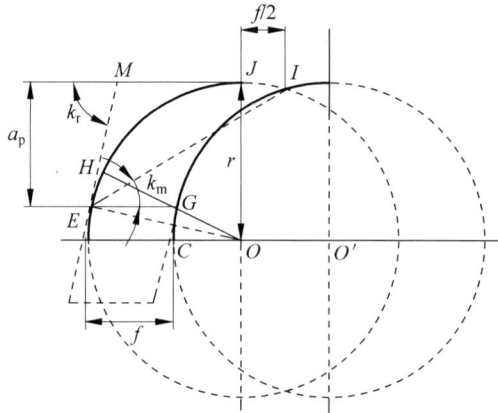

附图 1　实际主偏角的变化

实际主偏角 k_{re} 可由下式求得:

$$\cot k_{\text{re}} = \frac{a_{p}}{\sqrt{\left(2r\sin\frac{k_{r}}{2}\right)^{2} - a_{p}^{2}} + \frac{f}{2}} = \frac{0.5}{\sqrt{\left(2 \times 0.8\sin\frac{75°}{2}\right)^{2} - 0.5^{2}} + \frac{0.05}{2}}$$

$$k_{\text{re}} = 30.15°$$

因此,切削力 F^{I} 在 x、y 轴的分量 F_{x}^{I} 和 F_{y}^{I} 分别为

$$F_{x}^{\text{I}} = F_{xy}^{\text{I}}\cos k_{\text{re}} = 0.332\cos30.15° = 0.287(\text{N})$$

$$F_{y}^{\text{I}} = F_{xy}^{\text{I}}\sin k_{\text{re}} = 0.332\sin30.15° = 0.167(\text{N})$$

步骤 2：计算第 Ⅱ 变形区切削力

步骤 2.1　计算实际切削层面积

切削层面积 A 可通过下式计算：

$$A_A = \frac{f^2 \cos k_r \sin k_r}{2} = \frac{0.05^2 \cos 75 \sin 75}{2} = 0.0003 (\mathrm{mm}^2)$$

$$\theta_1 = \cos^{-1}\left(\frac{f}{2r_\varepsilon}\right) = \cos^{-1}\left(\frac{0.05}{2 \times 0.8}\right) = \frac{882\pi}{1800}$$

$$\theta_2 = \pi - \left(\frac{\pi}{2} - k_r\right) = \pi - \left(\frac{\pi}{2} - \frac{5\pi}{12}\right) = \frac{11\pi}{12}$$

$$A_B = \int_{\theta_1}^{\theta_2} \left[\gamma_\varepsilon - f\cos\theta - (r_\varepsilon^2 - f^2\sin^2\theta)^{\frac{1}{2}}\right]\mathrm{d}\theta$$

$$= \int_{\frac{882\pi}{1800}}^{\frac{11\pi}{12}} \left[0.8 - 0.05\cos\theta - (0.8^2 - 0.05^2\sin^2\theta)^{\frac{1}{2}}\right]\mathrm{d}\theta = 0.0383(\mathrm{mm}^2)$$

$$A = A_A - A_B = 0.0383 + 0.0003 = 0.038(\mathrm{mm}^2)$$

步骤 2.2　计算切削层及参与滚动的 SiC 颗粒

复合材料中 SiC 颗粒百分数 $\rho = 0.45$，SiC 颗粒半径 $R = 0.0025\mathrm{mm}$，所以，剪切面（层）AB 包含的 SiC 颗粒数 T_A 为

$$T_A = \frac{\rho A}{\pi R^2} = \frac{0.45 \times 0.038}{0.0025^2 \pi} = 878$$

经剪切变形后，分布在第 Ⅱ 变形区参与滚动摩擦的 SiC 颗粒的比例 $\omega_1 = 1/3$，所以参与滚动摩擦的 SiC 数量 i 为

$$i = T_A \omega_1 = 878 \times \frac{1}{3} = 293$$

步骤 2.3　计算滚动摩擦系数

工件的弹性模量 $E_1 = 220000\mathrm{MPa}$，工件的泊松比 $\nu_1 = 0.33$，刀具的弹性模量 $E_2 = 1052000\mathrm{MPa}$，刀具的泊松比 $\nu_2 = 0.077$，SiC 颗粒压入刀具前刀面部分的界面直径长度 L 为

$$L = \frac{1}{2}\left[\frac{3}{4}R\left(\frac{1-\nu_1^2}{E_1} + \frac{1-\nu_2^2}{E_2}\right)F_n\right]^{\frac{1}{3}}$$

$$= \frac{1}{2} \times \left[\frac{3}{4} \times 0.0025 \times \left(\frac{1-0.33^2}{220000} + \frac{1-0.077^2}{1052000}\right) \times 1.608\right]^{\frac{1}{3}} = 1.24 \times 10^{-3}(\mathrm{mm})$$

材料的屈服强度 $\sigma_s = 342.6\mathrm{MPa}$，抗拉强度 $\sigma_b = 400\mathrm{MPa}$，材料的维氏硬度 $H_B = 8000\mathrm{HB}$，滚动摩擦系数 K_g 为

$$K_g = \left(\frac{2L}{8\pi} + \frac{\sigma_b + \frac{\sigma_s}{2}}{6H_B}\right) \times \frac{L}{2} = \left(\frac{2 \times 1.24 \times 10^{-3}}{8\pi} + \frac{400 + \frac{342.6}{2}}{6 \times 8000}\right) \times \frac{1.24 \times 10^{-3}}{2}$$

$$= 7.41 \times 10^{-6}$$

步骤 2.4　计算并分解滚动摩擦力

SiC 颗粒作用于刀具前刀面的滚动摩擦力 F_g 为

$$F_g = K_g F_n i = 7.41 \times 10^{-6} \times 1.608 \times 293 = 0.0035(\text{N})$$

将滚动摩擦力 F_g 沿 x、y、z 轴进行分解：

$$F_z^{\text{II}} = F_g \sin\gamma_0 = 0.0035\sin5° = 0.0003(\text{N})$$

$$F_{xy}^{\text{II}} = F_g \cos\gamma_0 = 0.0035\cos5° = 0.00352(\text{N})$$

$$F_x^{\text{II}} = F_{xy}^{\text{II}} \cos k_{\text{re}} = 0.0035\cos30.15° = 0.003(\text{N})$$

$$F_y^{\text{II}} = F_{xy}^{\text{II}} \sin k_{\text{re}} = 0.0035\sin30.15° = 0.0018(\text{N})$$

步骤 3：计算第Ⅲ变形区切削力

步骤 3.1　计算并分解犁耕力

犁耕力 F_u 为

$$F_u = \tau_s r_z \left(\frac{\pi}{2} + \varphi\right) d = 400 \times 0.01 \times \left(\frac{\pi}{2} + 33.59 \times \frac{\pi}{180}\right) \times 0.05 = 0.431(\text{N})$$

将犁耕力分解为正压力 F_p 和切向力 F_t，其值为

$$F_p = F_u \cos(\varphi - \gamma_0) = 0.431\cos(33.59° - 5°) = 0.378(\text{N})$$

$$F_t = F_u \sin(\varphi - \gamma_0) = 0.431\sin(33.59° - 5°) = 0.206(\text{N})$$

因此，犁耕力 F_u 在 z、x、y 轴上的分量为

$$F_z^{\text{III}} = F_p \sin\left(\frac{\pi}{4} + \frac{\varphi}{2}\right) + F_t \cos\left(\frac{\pi}{4} + \frac{\varphi}{2}\right)$$
$$= 0.378\sin\left(45° + \frac{33.59°}{2}\right) + 0.206\cos\left(45° + \frac{33.59°}{2}\right) = 0.430(\text{N})$$

$$F_{xy}^{\text{III}} = F_p \cos\left(\frac{\pi}{4} + \frac{\varphi}{2}\right) - F_t \sin\left(\frac{\pi}{4} + \frac{\varphi}{2}\right)$$
$$= 0.378\cos\left(45° + \frac{33.59°}{2}\right) - 0.206\sin\left(45° + \frac{33.59°}{2}\right) = 0.0029(\text{N})$$

$$F_x^{\text{III}} = F_{xy}^{\text{III}} \cos k_{\text{re}} = 0.0029\cos30.15° = 0.0026(\text{N})$$

$$F_y^{\text{III}} = F_{xy}^{\text{III}} \sin k_{\text{re}} = 0.0029\sin30.15° = 0.0015(\text{N})$$

步骤 3.2　计算合力及其分力

最终切削力在 x、y、z 轴的分力可由三个变形区的切削分量合成：

$$F_x = F_x^{\text{I}} + F_x^{\text{II}} + F_x^{\text{III}} = 0.287 + 0.003 + 0.0026 = 0.2926(\text{N})$$

$$F_y = F_y^{\text{I}} + F_y^{\text{II}} + F_y^{\text{III}} = 0.167 + 0.0018 + 0.0015 = 0.1703(\text{N})$$

$$F_z = F_z^{\text{I}} + F_z^{\text{II}} + F_z^{\text{III}} = 1.643 + 0.0003 + 0.430 = 2.0733(\text{N})$$

第3章

工艺规划建模与智能优化

3.1 工艺规划问题概述

计算机辅助工艺规划的研究始于 20 世纪 60 年代后期,其早期意图是建立包括工艺卡片生成、工艺内容存储及工艺规程检索在内的计算机辅助工艺系统,这样的系统不具有工艺决策能力和排序功能,因而不具有通用性。真正具有通用意义的计算机辅助工艺设计(computer aided process planning,CAPP)系统始于 1969 年挪威开发的 AUTOPROS 系统,其后很多 CAPP 系统都受到此系统的影响。我国 20 世纪 80 年代初期也开始了 CAPP 的研究工作,其中,同济大学开发的 TOFICAP 系统、北京航空航天大学开发的 EXCAPP 系统、南京航空航天大学开发的 NHCAPP 系统和清华大学开发的 THCAPP-1 系统等都有不俗的表现。

依据 CAPP 的工作原理,可以将 CAPP 分成三种类型。

1. 派生式 CAPP 系统

派生式 CAPP 系统是基于成组技术原理,根据零件几何形状和加工工艺等方面的相似性,对零件进行分类,划分零件族,并设计出综合该族所有零件的虚拟典型样件,将此样件设计工艺作为该零件族的典型工艺规程。当设计一个新零件的工艺规程时,首先确定其零件编码,并据此确定其所属零件族,由计算机检索出该零件族的典型工艺规程;其次工艺设计人员根据零件结构及加工工艺要求,采用人机交互的方式,对典型工艺规程进行修改,从而得到所需的工艺规程。

由派生式 CAPP 系统的工作原理可知,派生式 CAPP 系统主要解决三个关键问题。

(1) 零件信息描述问题。在派生式 CAPP 系统中,零件信息以编码的形式输入 CAPP 系统,将零件信息代码化。目前国内派生式 CAPP 系统常见的编码系统为机械零件编码系统(JLBM-1 系统)。

(2) 相似零件族的划分问题。划分零件族前,需要对所有零件的结构特征进行分析,并在此基础上制定划分零件族的标准,即确定若干个特征矩阵,将每个零件族的特征矩阵存储起来,形成特征矩阵文件,以便确定新零件所属零件族。

(3) 零件族的标准工艺规程制定问题。在确定零件族之后,需要设计零件族的标准工艺规程,可以采用复合零件法和复合工艺路线法等生成。标准工艺规程由各种加工工序构成,工序由工步构成,标准工艺规程在计算机中的存储和查询主要依靠工步代码文件实现。

由于派生式 CAPP 系统主要以检索已存在的工艺规程为目标,因此,存在通用性差等问题。同时,由于派生式 CAPP 原理等原因,其难以实现与 CAD 系统的集成,无法满足现代高度集成、智能制造的需要。

2. 创成式 CAPP 系统

创成式 CAPP 系统的软件系统能够综合零件的加工特征,根据系统中的工艺知识库和各种工艺决策逻辑,自动生成该零件的工艺规程。这种工艺系统能够在获取零件的信息以后,自动提取需要的加工特征,并将其转变为系统能够识别的工艺知识,根据工艺知识,从软件系统的工艺知识库中检索相应的标准工艺知识,应用工艺决策规则,进行工艺路线的制定,包括选择机床、刀具、夹具和量具,完成工序制定、切削用量选择和工艺规程优化等工作。最理想的创成式 CAPP 系统是通过决策逻辑效仿人的思维,在无须人工干预的情况下自动生成工艺路线,具有高效的柔性。

因此,要实现完全创成法的 CAPP 系统,必须解决下列两个关键问题:一是零件的信息必须用计算机能识别的形式完全准确地描述,即 CAPP 系统能够自动识别 CAD 系统的设计数据,并将其转化为相应的工艺知识;二是设计大量的工艺知识和工艺规程决策逻辑,选择合适的表达方法,存储在 CAPP 系统中。

零件信息描述是创成式 CAPP 系统首先要解决的问题,零件信息描述是指将零件的几何形状和技术要求转化为计算机能够识别的代码信息。目前,零件信息数据基本都以 CAD 形式表现,不同 CAD 系统的零件表达方式存在一定的差异,导致不同的 CAPP 系统在读取不同 CAD 数据时,经常遇到数据无法识别或者识别混乱等问题。另外,零件上的某些特征信息,CAPP 系统在识别时存在问题,如零件的材料、形位公差等信息,特别是对复杂零件三维模型的识别,也没有完全解决。

工艺知识和工艺规程决策规则是创成式 CAPP 系统要解决的第二个关键问题。工艺知识是一种经验型知识,建立工艺决策模型时,用工艺知识表示相应的决策逻辑,并通过计算机编程语言实现是一件比较困难的事情。理论上,创成式 CAPP 系统包含决策逻辑,系统具有工艺规程设计需要的所有信息,但是代价是需要大量的前期准备工作,如收集生产实践中的工艺知识,并以一定的方式进行存储,由于产品品种的多样化,各种产品的加工过程不同,即便是相同的产品,由于具体加工条件的差异,工艺决策逻辑也不一样。现有的创成式 CAPP 系统大都是针对特定企业的某一类产品专门设计的,创成能力有限。

1978 年 MIT 的 Gossard 教授指导的学士论文"CAD 零件的特征表示"第一次提出特征的概念,而后很多科研工作者研究基于特征的零件信息表述方法。目前,该方法被认为是根本解决 CAD 和 CAPP 集成问题的有效途径。从不同的角度出发,特征有不同的含义。从设计角度出发,特征指的是"与 CIMS 的一个或多个功能相关的几何实体";从制造角度出发,特征指的是"零件上具有显著特性的、对应主要加工操作的几何形体";从广义角度出发,特征指的是"能够抽象描述零件上感兴趣的几何形状及其工程语义的对象"。利用特征建模技术建立零件信息模型是目前流行的方法,国内外的学者对基于特征的零件信息模型表达方法进行了深入的探讨。

另一个问题是工艺规则决策逻辑的创建问题。建立工艺规则决策逻辑是创成式 CAPP 的核心问题。从决策基础看,它又包括逻辑决策、数学计算及创造性决策等方式。建立工艺规则决策逻辑应根据工艺设计的知识和原理,结合具体生产条件,将有关专家和工艺人员的逻辑判断思维结合在一起,建立一整套决策规则。例如,定位基准的选择、加工方法的选择、加工阶段的确定、工装设备及机床的确定、切削用量的选择、工艺方案的选择等。工艺知识、原理、专家人员的设计经验等通过高级编程语言转变为工艺决策逻辑,存储在 CAPP 系统的数据库或软件系统中。工艺规则决策逻辑主要基于决策表和决策树。

3. 智能式 CAPP 系统

CAPP 系统首先要将大量的工艺知识(如刀具、夹具、机床和切削用量等)存储在系统的数据库中;其次将工艺决策的相关逻辑和工艺设计人员的设计经验,以某种形式存储在系统的数据库或相应模块中;最后,针对具体的零件特征和生产条件等信息,检索、生成和优化工艺路线。整个过程中要处理大量的数据,传统的方法难以实现。随着人工智能(artificial intelligence,AI)技术的发展,将人工智能技术与 CAPP 技术结合已经成为 CAPP 系统研究的主要方向。

AI 技术应用于 CAPP 系统主要从两个方面展开:一方面是工艺知识获取和工艺知识挖掘,例如将神经网络技术应用于零件加工特征获取,基于概念学习系统(concept learning system,CLS)算法的工艺决策学习算法;另一方面是工艺路线排序,如模糊决策用于分级工艺规划,遗传算法和蚁群算法等用于工序排序。

20 世纪 90 年代后,国内外推出了一些基于知识的智能化 CAPP 系统。以交互式设计、数据化和集成化为基础,并集成数据库技术和网络技术,是这些智能化 CAPP 的共同特点。

综上所述,自 CAPP 系统诞生起,一直是先进制造领域的研究热点和难点。随着计算机技术、数据库技术等辅助技术的不断成熟,CAPP 系统的相关研究也在不断深入。不难发现,不同时期 CAPP 系统的研究主要围绕以下方面展开。

(1)工艺知识的表达和挖掘方法。传统的零件设计数据以图纸的形式存储,将图纸中零件的加工信息表达为工艺知识,作为 CAPP 系统的原始数据。建立基于柔性编码法、型面描述法和体元素描述法等方法的零件信息描述方法。随着特征建模技术的成熟,基于零件加工特征的零件信息描述方法逐渐应用于 CAPP 系统。对于工艺决策过程中涉及的工艺知识,如工装设备、切削用量等工艺知识,在 CAPP 系统中的表达方法也非常重要。

(2)工艺规划决策。派生式 CAPP 系统通过检索零件族的典型工艺规程,通过人机交换的方式生成零件的工艺路线。创成式 CAPP 系统主要通过决策表或决策树的决策规则,生成零件的典型工艺路线,然后通过人机交互的方式优化。智能式 CAPP 系统则根据制造资源的约束条件,通过基于人工智能的工艺决策规则,生成零件的典型工艺规程。

因此,智能式 CAPP 系统是指利用人工智能技术进行工艺路线的辅助规划。首先,建立工艺知识库,既包括基础的零件基本信息,又将众多经验丰富的专家、学者的知识和经验,以一定的形式存储到数据库中;其次,建立工艺规划决策模块,模拟专家的逻辑思维和工艺推理能力,设计具体零件的工艺路线。智能式 CAPP 系统的体系结构如图 3-1 所示。

本章根据智能式 CAPP 系统的体系结构,从工艺知识表达方法和工艺规划决策方法两个方面进行研究和讨论,重点介绍利用遗传算法和蚁群算法进行智能工艺规划的方法和流程。

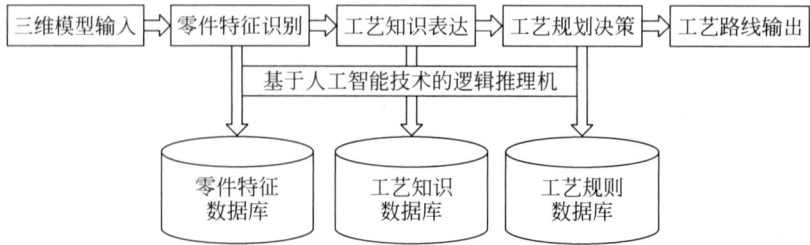

图 3-1　智能式 CAPP 系统的体系结构

3.2　工艺规划问题建模

车间制造系统的工艺规划主要是指工艺路线的规划,包括选择合理的工装设备、切削用量、加工方法和顺序等内容。在基础工艺知识表达的基础上,在满足相关工艺约束的前提下规划工艺路线。根据生产环境的差异,尤其是规划目标的差异,往往能形成满足不同目标的工艺路线,例如最高生产效率的工艺路线、最低生产成本的工艺路线等。随着工艺规划技术的不断发展,智能式 CAPP 系统能够逐渐取代人进行工艺规划。尤其是考虑实际生产状况,将工艺规划与车间作业调度相结合的智能化工艺规划技术已经超过人的工艺规划水平,能够根据车间制造系统的实时变化情况动态地调整工艺路线,实现柔性工艺规划。例如,车间工装设备突然故障,要求能够及时更换工装设备、调整工艺路线,维持正常生产过程。因此,规划工艺路线时,除了能够满足基本的设计要求外,还需要针对不同目标,根据生产现场的实际情况优化工艺路线,实际上工艺路线规划是一个有约束的非线性优化问题,即

$$
\begin{aligned}
&\min f(x) \\
&\text{s.t. } h_i(x)=0, \quad i=1,2,\cdots,n \\
&\quad\quad g_j(x)=0, \quad j=1,2,\cdots,m \\
&\quad\quad x \in R^n
\end{aligned}
\tag{3-1}
$$

式中,x 为状态变量,$f(x)$ 为目标函数,非线性函数 $h_i(x)$、$g_j(x)$ 为约束条件,R^n 为所有状态变量构成的解空间。

所谓工艺路线规划是指在满足约束条件的前提下,使目标函数值最小。工艺路线规划的目标是使加工过程成本最低,或者质量最好,或者效率最高。传统加工方式下,这三者往往是相互影响的,工程实践表明,频繁地装拆零件,更换刀具和机床都会导致效率降低、成本升高,对加工质量也有一定的影响。

3.2.1　工艺知识表达方法

CAPP 系统是计算机集成制造系统的重要组成部分,是连接 CAD 与 CAM 的纽带。传统的 CAPP 系统工艺知识的表述方法大部分是基于成组技术的零件编码法,例如德国的 OPTIZ 系统、日本的 KK.3 系统和我国自主的 JLBM-1 系统。这些零件编码系统在 CAPP 技术发展的不同时期发挥了重要作用。随着 CAPP 智能化的应用要求,智能化的 CAPP 系统工艺知识表述方法是利用 CAD 模型直接将工艺知识转移到 CAPP 系统。本节根据 CAD

技术中的特征建模技术,提出一种基于零件加工特征的工艺知识表述方法,将零件表面复杂的加工特征细化为精简的工艺知识信息。

特征建模技术面向整个设计和制造过程。它针对产品整个生命周期各阶段的不同需求描述产品,不仅包含与生产有关的信息,还描述这些信息之间的关系,使各应用系统可以直接从该零件模型中抽取所需的信息,为设计的后续环节提供完整的零件信息模型。特征建模的思想体现了新的设计方法学,即面向制造的设计。它符合并行工程的概念,既在设计阶段考虑制造问题,又因其具有语义功能,适用于知识处理、设计意图表达,同时也为参数化尺寸驱动设计思想提供新的设计环境。特征建模技术的出现和发展为解决 CAD/CAPP/CAM 集成提供了理论基础和方法。特征的分类与特征定义一样,依赖于应用领域与零件类型。根据产品生产过程阶段不同而将特征区分为设计特征、制造特征、装配特征、检验特征等。根据描述信息内容不同而将特征区分为形状特征、精度特征、材料特征、性能分析特征等。从造型角度说,特征建模不再将抽象的基本几何体(如矩形体、球等)作为拼合零件的对象,而是选用那些具有设计制造意义的特征形体作为基本单元拼合零件,如型腔、刀槽、凸台、壳体、孔和壁等特征。从信息角度说,特征作为产品开发过程中各种信息的载体,不仅包含几何、拓扑信息,还包含设计制造所需的非几何信息,例如材料、尺寸、形状公差、热处理、表面粗糙度、刀具和管理信息等,这样特征就包含了丰富的工程语义,可以在更高的信息层次上形成零部件完整的信息模型。

智能 CAPP 系统中,对零件进行加工工艺的柔性规划需要建立工艺知识的相应表述。如前所述,特征建模技术能够将对象的设计特征、精度特征、材料特征、技术特征等信息集中到统一模型中,可以从 CAD 系统的特征模型中直接获取零件与制造过程相关的信息,根据获取的特征,执行相应的决策策略,完成相应工艺路线的规划。

CAPP 系统工艺规划过程中,工艺知识的表达方法决定了工艺路线的标准化、规范化和工艺路线的规划水平。工艺知识划分越细,其表达的知识量越大。根据零件的加工特征,将工艺路线用一组变量表示,其中每个变量表示一道工序。因此,一个零件的工艺路线可以表示为

$$OL = \{O_1, O_2, \cdots, O_i\} \tag{3-2}$$

式中,OL 表示零件的工艺路线,O_i 表示该工艺路线的第 i 道工序。

每个变量分为两部分,一部分表示零件的形状特征,另一部分表示该零件的制造特征,如定位基准、加工阶段、工装夹具等信息,该部分基于特征模型中的制造特征、材料特征、性能分析特征等信息经由 CAPP 系统的决策机制生成。

零件的形状特征可分为主要形状特征和辅助形状特征。主要形状特征是指零件具有重要制造意义的表面,例如定位基准面、加工支撑面、定位基准孔和圆柱面等。主要形状特征一般具备两个特点:①特征建模时一般表示为基本三维体素、如圆柱、圆锥、长方体和球等信息。②在零件制造过程中肩负着比较重要的任务,如定位面、支撑面和夹紧面等。辅助形状特征是指零件制造过程中作为辅助作用的表面,如螺纹、倒角和工艺孔等。主要形状特征和辅助形状特征根据特征模型中的形状特征、精度特征和技术特征等信息进行判断。

零件的制造特征主要包括两项:形状特征之间的关系及其切削特征。形状特征之间的关系主要包括以下内容。

（1）从属关系。描述的是形状特征之间的相互从属关系。例如,辅助特征从属于主要特征。

（2）邻接关系。描述的是形状特征之间的相互邻接关系。例如,阶梯轴每相邻两个轴段之间的关系,并且每个邻接外圆柱面的状态可共享。

（3）基准关系。如果两个形状特征之间存在位置公差关系,那么其中一个特征就是另外一个特征的基准。

切削特征包括切削速度、进给量、切削深度、机床、刀具、夹具等切削过程因素。

根据上述分析,基于特征建模技术的 CAPP 系统零件信息模型构成如图 3-2 所示。

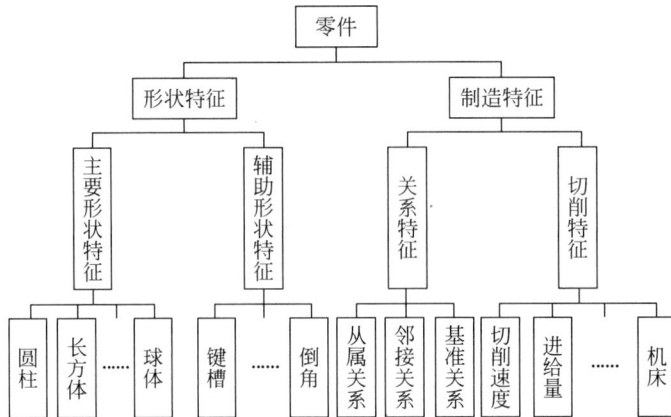

图 3-2　零件信息模型构成

构成工艺路线的每个变量是一道工序,因此,工序 O_i 可由下列简化的 5 维特征向量表示：

$$O_i = \{P, E, C, D, S\} \tag{3-3}$$

式中,P 为形状特征编号；E 为机床编号；C 为刀具编号；D 为定位基准及零件表面特征；S 为加工阶段,分为粗加工、半精加工、精加工、超精加工。

工序 O_i 的每一个组成元素又可独立表示。

零件表面形状表示为

$$P = \{ID, PT\} \tag{3-3}$$

式中,ID 为零件表面形状特征的顺序号,PT 为零件表面具体的形状特征名称。

加工阶段表示为

$$S = \{ID, ST\} \tag{3-5}$$

式中,ID 为加工阶段编号；ST 为粗加工、半精加工、精加工、超精加工 4 种类型。

定位基准表示为

$$D = \{ID, MT\} \tag{3-6}$$

式中,D 为定位基准；ID 为定位基准编号,对应 P 中的 ID。

机床、刀具的表示方法与表面形状的表示方法相同。

由上述 5 种特征向量基本能够表示零件的工序,为进行工艺规划提供了基础。

下面以图 3-3 中所示零件为例,说明上述工艺知识表述方法。

示例零件 1 的形状特征分类如表 3-1 所示。

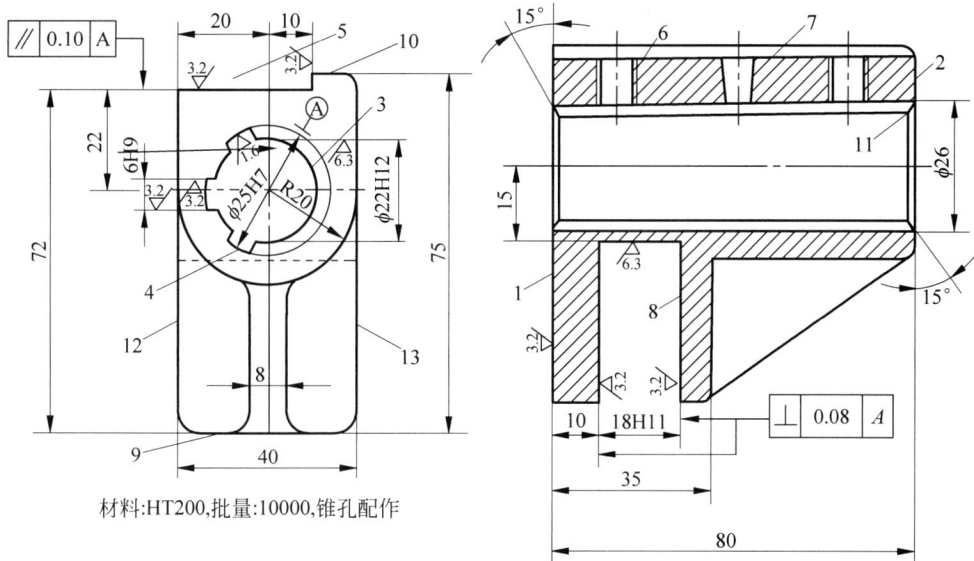

图 3-3　示例零件 1

材料:HT200,批量:10000,锥孔配作

表 3-1　示例零件 1 的形状特征分类

形状特征编号	内　　容	形状特征分类	形状特征编号	内　　容	形状特征分类
1	左侧端面(左视图)	主要形状特征	8	叉口	主要形状特征
2	右侧断面(左视图)	主要形状特征	9	叉口端面	辅助形状特征
3	内孔面	主要形状特征	10	顶部端面	主要形状特征
4	花键孔	主要形状特征	11	15°内倒角	辅助形状特征
5	顶部通槽	辅助形状特征	12	左侧端面(主视图)	主要形状特征
6	螺纹孔	辅助形状特征	13	右侧断面(主视图)	主要形状特征
7	锥孔	辅助形状特征			

示例零件 1 的加工特征如表 3-2 所示。

表 3-2　示例零件 1 的加工特征

形状特征	关系特征	切削特征						设 备 明 细
		加工阶段	加工方法	机床	刀具	表面粗糙度	加工精度	
1	2,3	粗加工	铣	1	1	3.2μm		机床1、4、8:立式铣床1、2、3
		半精加工	铣	1	2			
2	1,3	粗加工	铣	1	1	3.2μm		机床2、5、6:立式钻床1、2、3
		半精加工	铣	1	2			
3	1,2	半精加工	扩	2	3	6.3μm	IT12	机床3:拉床
4	1,3,12	精加工	拉	3	4	1.6μm	IT7	机床7:卧式铣床
5	1,3,12	粗加工	铣	4	5	3.2μm	平行度0.1mm	机床9:车床
		半精加工	铣	4	6			刀具1、2:盘铣刀1、2
6	1,3,12	粗加工	钻	5	7			刀具3:扩孔刀
		半精加工	攻丝	5	8			刀具4:拉刀
7	1,3,12	粗加工	钻	6	9			刀具5、6:槽铣刀1、2
8	1,3,12	粗加工	铣	7	a	底部6.3μm 侧面3.2μm	IT11,垂直度0.08mm	刀具7、9:麻花钻1、2
		半精加工	铣	7	b			

续表

形状特征	关系特征	切削特征						设备明细
		加工阶段	加工方法	机床	刀具	表面粗糙度	加工精度	
9	3,1,12	粗加工	铣	8	1			刀具 8：丝锥
10	3,1,12	粗加工	铣	8	1			刀具 a、b：三面刃铣
11	3,1	粗加工	车	9	c			1、2
12	1,13	粗加工	铣	1	1			刀具 c：外圆车刀
13	1,12	粗加工	铣	1	1			

因此，根据式(3-3)，该零件所有加工特征映射的工序可通过表 3-3 表示。

表 3-3　示例零件 1 的特征向量表示方法

形 状 特 征	工序	特 征 向 量	工 序 内 容
1	O_1	1,1,1,2,1	以端面 2 为粗基准粗铣端面 1，机床编号：1，刀具编号：1
1	O_2	1,1,2,2,2	以端面 2 为精基准精铣端面 1，机床编号：1，刀具编号：2
2	O_3	2,1,1,1,1	以端面 1 为粗基准粗铣端面 2，机床编号：1，刀具编号：1
2	O_4	2,1,2,1,2	以端面 1 为精基准精铣端面 2，机床编号：1，刀具编号：2
3	O_5	3,2,3,1,2	以端面 1 为基准扩孔，机床编号：2，刀具编号：3
4	O_6	4,3,4,1,3	以端面 1 为基准拉花键孔，机床编号：3，刀具编号：4
5	O_7	5,4,5,3,1	以内孔面 3 为基准粗铣凹槽 5，机床编号：4，刀具编号：5
5	O_8	5,4,6,3,2	以内孔面 3 为基准精铣凹槽 5，机床编号：4，刀具编号：6
6	O_9	6,5,7,3,1	以内孔面 3 为基准钻底孔，机床编号：5，刀具编号：7
6	O_{10}	6,5,8,3,2	以内孔面 3 为基准攻丝 6，机床编号：5，刀具编号：8
7	O_{11}	7,6,9,3,1	以内孔面 3 为基准钻圆孔，机床编号：6，刀具编号：9
8	O_{12}	8,7,a,3,1	以内孔面 3 为基准粗铣叉脚 8，机床编号：7，刀具编号：a
8	O_{13}	8,7,b,3,2	以内孔面 3 为基准精铣叉脚 8，机床编号：7，刀具编号：b
9	O_{14}	9,8,1,3,1	以内孔面 3 为基准粗铣端面 9，机床编号：8，刀具编号：1
10	O_{15}	10,8,1,3,1	以内孔面 3 为基准粗铣端面 10，机床编号：8，刀具编号：1
11	O_{16}	11,9,c,3,1	以内孔面 3 为基准倒角，机床编号：9，刀具编号：c
12	O_{17}	12,1,1,13,1	以端面 13 为粗基准粗铣端面 12，机床编号：1，刀具编号：1
13	O_{18}	13,1,1,12,1	以端面 12 为粗基准粗铣端面 13，机床编号：1，刀具编号：1

3.2.2　工艺约束

进行工艺规划时，除了要满足零件表面基本的加工要求外，还要遵循关键工艺知识的约束。通常情况下，将工艺约束分为以下几方面。

（1）先主后次。先加工主要形状特征，再加工次要形状特征。当某个形状特征和其他表面存在形位公差或者说该形状特征是其他形状特征的尺寸基准、形状基准和位置基准时，可判定该形状特征为主要形状特征，优先加工。当某个形状特征的加工影响其他形状特征的装夹时，可判定该形状特征为主要形状特征，优先加工。零件的辅助形状特征应安排在主要形状特征之后加工。例如，对于独立于其他工序的辅助工艺孔、槽和倒角等，应安排在主要形状特征之后加工。

（2）先面后孔。先加工平面，再以平面为定位基准加工孔。既能保证加工孔时有稳定可靠的定位基准，又能保证孔与平面间的位置精度要求。

（3）先粗后精。首先，考虑到铸件、锻件等毛坯件表面层的缺陷，一般应该安排一道或多道工序切除缺陷层；其次，根据零件形状特征的加工精度和表面粗糙度及具体加工方法，确定粗加工和精加工；最后，所谓的先粗后精不是针对某个形状特征，而是针对整个工艺路线。某个形状特征的粗加工阶段不能将其他形状特征的精加工表面作为定位基准，以免破坏已经获得的精加工形状特征。

（4）基准先行。分析零件的形状特征，对于相互之间具有典型位置关系的形状特征优先加工。根据零件特征模型的标注尺寸，确定各形状特征的设计基准，优先加工设计基准，再以该形状特征为定位基准加工其他形状特征。

（5）其他工艺约束，如基于加工效率最高、成本最低等的表面优先加工约束。

根据上述工艺约束描述，图 3-3 中零件的工艺约束如表 3-4 所示。

表 3-4　工艺约束

形 状 特 征	优先形状特征	内　　　容
4	1,3	花键孔 4 的设计基准为底孔 3 和端面 1，因此，加工花键 4 以前，优先加工底孔 3 和端面 1
5	1,3	台阶面 5 的设计基准为内孔面 3 和端面 1，且存在位置精度要求，因此，加工台阶面 5 以前，优先加工内孔面 3 和端面 1
6,7	1,3	孔 6,7 的设计基准为内孔面 3 和端面 1，因此，加工圆孔 7、螺纹孔 6 以前，优先加工端面 1 和内孔面 3
8	1,3	槽 8 的设计基准为内孔面 3 和端面 1，且存在位置精度要求，因此，加工台阶面 5 以前，优先加工端面 1 和内孔面 3

根据上述工艺约束，示例零件 1 的典型工艺路线如表 3-5 所示。

表 3-5　示例零件 1 的典型工艺路线

零　　件	工　　序	工　序　内　容
示例零件 1	O_1	以端面 2 为粗基准粗铣端面 1，机床编号：1，刀具编号：1
	O_2	以端面 2 为精基准精铣端面 1，机床编号：1，刀具编号：2
	O_3	以端面 1 为粗基准粗铣端面 2，机床编号：1，刀具编号：1
	O_4	以端面 1 为精基准精铣端面 2，机床编号：1，刀具编号：2
	O_5	以端面 1 为基准扩孔，机床编号：2，刀具编号：3
	O_6	以端面 1 为基准拉花键孔，机床编号：3，刀具编号：4
	O_7	以内孔面 3 为基准粗铣凹槽 5，机床编号：4，刀具编号：5
	O_8	以内孔面 3 为基准精铣凹槽 5，机床编号：4，刀具编号：6
	O_9	以内孔面 3 为基准钻底孔，机床编号：5，刀具编号：7
	O_{10}	以内孔面 3 为基准攻丝 6，机床编号：5，刀具编号：8
	O_{11}	以内孔面 3 为基准钻圆孔，机床编号：6，刀具编号：9
	O_{12}	以内孔面 3 为基准粗铣叉脚 8，机床编号：7，刀具编号：a
	O_{13}	以内孔面 3 为基准精铣叉脚 8，机床编号：7，刀具编号：b
	O_{14}	以内孔面 3 为基准粗铣端面 9，机床编号：8，刀具编号：1
	O_{15}	以内孔面 3 为基准粗铣端面 10，机床编号：8，刀具编号：1

续表

零　件	工　序	工　序　内　容
示例零件 1	O_{16}	以内孔面 3 为基准倒角,机床编号:9,刀具编号:c
	O_{17}	以端面 13 为粗基准粗铣端面 12,机床编号:1,刀具编号:1
	O_{18}	以端面 12 为粗基准粗铣端面 13,机床编号:1,刀具编号:1

3.2.3　优化目标函数

工艺路线的规划目标往往与车间制造系统的目标一致,因此,其性能评价指标与车间制造系统的评价指标一致。在车间生产的不同阶段,工艺路线规划的目标略有差异,根据客户或订单的要求,按照工艺路线组织生产时效率最高,或者质量最好,或者成本最低,或者碳排放最小,或者服务质量最高,也可能综合考虑上述 5 个方面。

工艺路线规划的最终目标是规划出一个经过合理排序的工艺路线。假定以生产时间最短为工艺路线规划的目标,需要建立零件生产时间的模型。使规划的工艺路线在满足加工质量和生产成本要求的情况下效率最高,即生产时间最短。一般情况下,零件的生产时间主要包括以下方面。

(1) 基本时间 t_b,它是直接用于改变零件尺寸、形状和相互位置,以及表面状态或材料性质等工艺过程耗费的时间。对切削加工来说,就是切除余量耗费的时间,包括刀具的切入和切出时间,又可称为机动时间,可通过切削速度等参数计算确定。

(2) 辅助时间 t_a,它是指各工序中为保证基本工艺工作所需的辅助工作耗费的时间。辅助工作包括装拆零件、开停机床、改变切削用量、进退刀具和测量零件等。辅助时间的确定方法主要有两种:一是在大批量生产中,将各辅助工作分解,然后采用实测或查表的方法确定各分解工作耗费的时间,并进行累加;二是在中小批量生产中,按基本时间的一定百分比进行估算,并在实际生产中进行修改,使其趋于合理。

基本时间和辅助时间之和称为工序操作时间 t_B。生产实际经验表明,零件的生产时间中工序操作时间只占据其中一部分,另一部分时间耗费在零件装拆、刀具更换和刀具零件搬运等辅助时间上。因此,规划工艺路线时,可将规划目标确定为:在满足生产质量和成本的前提下,更换机床、刀具、夹具的次数最少。为实现最终生产时间最小的规划目标,还要对上述优化目标进行处理,根据机床、刀具、夹具更换耗费的时间进行加权处理,将多目标优化问题转变为线性单目标优化问题。

因此,工艺路线 x 的目标函数可表示为

$$\min S(\boldsymbol{x})(\boldsymbol{x} \in R)$$

$$S(\boldsymbol{x}) = \alpha_E S_E(\boldsymbol{x}) + \alpha_C S_C(\boldsymbol{x}) + \alpha_J S_J(\boldsymbol{x}) \tag{3-7}$$

$$S_E(\boldsymbol{x}) = \sum_{i=1}^{n-1} \lambda(O_i(2), O_{i+1}(2)) \tag{3-8}$$

$$S_C(\boldsymbol{x}) = \sum_{i=1}^{n-1} \lambda(O_i(3), O_{i+1}(3)) \tag{3-9}$$

$$S_J(\boldsymbol{x}) = \sum_{i=1}^{n-1}\lambda(O_i(2),O_{i+1}(2)) + \sum_{i=1}^{n-1}\lambda(O_i(4),O_{i+1}(4))\,|\,O_i(2)=O_{i+1}(2) \tag{3-10}$$

式中，$\boldsymbol{x}$ 为工艺路线；$S_E(\boldsymbol{x})$ 为工艺路线 $\boldsymbol{x}$ 的机床更换次数；$S_C(\boldsymbol{x})$ 为工艺路线 $\boldsymbol{x}$ 的刀具更换次数；$S_J(\boldsymbol{x})$ 为工艺路线 $\boldsymbol{x}$ 的夹具更换次数；α_E、α_C、α_J 为机床更换次数、刀具更换次数、夹具更换次数的权重；$O_i(2)$ 为工序 i 的第 2 码位，机床码位；$O_i(3)$ 为工序 i 的第 3 码位，刀具码位；$O_i(4)$ 为工序 i 的第 4 码位，定位基准码位。

$\lambda(x,y)$ 是一个判断函数，表示为

$$\lambda(x,y) = \begin{cases} 1, & x \neq y \\ 0, & x = y \end{cases} \tag{3-11}$$

根据上述公式，假定机床、刀具和夹具变化次数的权重分别为 0.6、0.2、0.2，则表 3-5 中示例零件 1 典型工艺路线的目标函数值如表 3-6 所示。

表 3-6　示例零件 1 典型工艺路线的目标函数值

工序	特征向量	机床更换次数 $S_E(\boldsymbol{x})$	刀具更换次数 $S_C(\boldsymbol{x})$	夹具更换次数 $S_J(\boldsymbol{x})$
O_1	1,1,1,2,1			
O_2	1,1,2,2,2			
O_3	2,1,1,1,1		1	1
O_4	2,1,2,1,2			
O_5	3,2,3,1,2	1	1	
O_6	4,3,4,1,3	1	1	
O_7	5,4,5,3,1	1	1	1
O_8	5,4,6,3,2			
O_9	6,5,7,3,1	1	1	
O_{10}	6,5,8,3,2			
O_{11}	7,6,9,3,1	1	1	
O_{12}	8,7,a,3,1	1	1	
O_{13}	8,7,b,3,2			
O_{14}	9,8,1,3,1	1	1	
O_{15}	10,8,1,3,1			
O_{16}	11,9,c,3,1	1	1	
O_{17}	12,1,1,13,1	1	1	1
O_{18}	13,1,1,12,1		1	1
小计		9	11	4
权重		0.6	0.2	0.2
目标函数值 $S(\boldsymbol{x})$		10.6		

3.3　基于遗传算法的工艺规划方法

3.3.1　遗传算法

遗传算法是模拟达尔文生物进化论中自然选择和遗传学机理的生物进化过程的计算模

工艺知识
表达方法

型,是一种通过模拟自然进化过程搜索最优解的方法。遗传算法是从代表问题可能潜在的解集的一个种群开始的,而一个种群由经过基因编码的一定数量的个体组成。每个个体实际上是染色体带有特征的实体。染色体作为遗传物质的主要载体,即多个基因的集合,其内部表现是某种基因组合,决定了个体形状的外部表现。因此,一开始需要实现从表现型到基因型的映射,即基因编码。由于仿照基因编码的工作很复杂,往往要进行简化,如二进制编码,初代种群产生之后,按照适者生存和优胜劣汰的原理,逐代演化产生越来越好的近似解,每一代根据问题域中个体的适应度选择个体,并借助自然遗传学的遗传算子进行组合交叉和变异,产生代表新解集的种群。这个过程将导致种群像自然进化一样的子代种群比父代更能适应环境,子代种群中的最优个体经过解码,可以作为问题近似最优解。

遗传算法的基本运算过程如下。

(1) 初始化:设置进化代数计数器 $t=0$,设置最大进化代数 T,随机生成 M 个染色体个体,作为初始群体 $P(0)$。

(2) 个体评价:计算群体 $P(t)$ 中各染色体个体的适应度。

(3) 选择运算:将选择算子作用于群体。选择的目的是将优化的个体直接遗传到下一代,或通过配对交叉产生新的个体,再遗传到下一代。选择操作是建立在群体中个体适应度评估的基础上的。

(4) 交叉运算:将交叉算子作用于群体。遗传算法中起核心作用的就是交叉算子。

(5) 变异运算:将变异算子作用于群体。即对群体中个体串某些基因座上的基因值做变动。群体 $P(t)$ 经过选择、交叉、变异运算之后得到下一代群体 $P(t+1)$。

(6) 终止条件判断:若 $t=T$,则将进化过程中得到的具有最大适应度个体作为最优解输出,终止计算。

遗传算法

3.3.2　基因编码

遗传算法解决组合优化问题时,每条染色体代表问题的一个解,而染色体由基因构成。因此,基因的编码方式对染色体的迭代进化有重要影响。在工艺路线规划中每条染色体代表一条工艺路线,那么构成染色体的基因代表工艺路线中的每道工序。假设工艺路线由 n 道工序组成,那么每条染色体可表示为

$$R^n = \{G_1, G_2, \cdots, G_i, \cdots, G_n\} \tag{3-12}$$

其中,第 i 个基因 G_i 表示第 i 道工序 O_i。

基因编码方式是多种多样的,可以非常灵活地按照各种规则进行编码,采用何种编码方式主要取决于规划目标和算法的收敛速度。由于本节将零件的加工时间最短作为优化目标,如何降低总加工时间比重较大的机床、刀具和夹具的更换时间显得尤为重要。因此,为了能在染色体迭代过程中直接体现机床、刀具和夹具的更换次数,可将实际加工中的机床、刀具和夹具编号体现在基因编码中,染色体代表工艺路线,基因代表工序,染色体中相连的两个基因代表工艺路线中相连的两个工序。因此,如果机床编码发生变化,则代表更换机床;如果刀具编码发生变化,则代表更换刀具;如果定位基准编码发生变化,则代表更换夹具。最终可以根据染色体中相连基因的编码情况变化,读出其机床、刀具和夹具的更换次数,估算机床、刀具和夹具每次的更换时间,即可获得该工艺路线更换工装设备耗费的时间。

如 3.2.1 节所述,工序 O_i 可由 5 维特征向量表示,因此,工序基因可由 5 位码组成:

$$G_i = \{p_i, e_i, c_i, d_i, s_i\} \tag{3-13}$$

式中,G_i 为工序 O_i 对应的基因;第 1 码位为形状特征码位 p_i,表示第 i 道工序 O_i 的形状特征编号,取值范围为 0~9,a~z;第 2 码位为机床码位 e_i,表示第 i 道工序 O_i 的机床编号,取值范围为 0~9,a~z;第 3 码位为刀具码位 c_i,表示第 i 道工序 O_i 的刀具编号,取值范围为 0~9,a~z;第 4 码位为定位基准码位 d_i,表示第 i 道工序 O_i 的定位基准形状特征编号,取值范围为 0~9,a~z;第 5 码位为加工阶段码位 s_i,表示第 i 道工序 O_i 的加工阶段编号,1 为粗加工,2 为半精加工,3 为精加工,4 为超精加工。

因此,示例零件 1 的基因编码如表 3-7 所示。

表 3-7　示例零件 1 的基因编码

形状特征	工序	特征向量	基因编码	工 序 内 容
1	O_1	1,1,1,2,1	1,1,1,2,1	以端面 2 为粗基准粗铣端面 1,机床编号:1,刀具编号:1
1	O_2	1,1,2,2,2	1,1,2,2,2	以端面 2 为精基准精铣端面 1,机床编号:1,刀具编号:2
2	O_3	2,1,1,1,1	2,1,1,1,1	以端面 1 为粗基准粗铣端面 2,机床编号:1,刀具编号:1
2	O_4	2,1,2,1,2	2,1,2,1,2	以端面 1 为精基准精铣端面 2,机床编号:1,刀具编号:2
3	O_5	3,2,3,1,2	3,2,3,1,2	以端面 1 为基准扩孔,机床编号:2,刀具编号:3
4	O_6	4,3,4,1,3	4,3,4,1,3	以端面 1 为基准拉花键孔,机床编号:3,刀具编号:4
5	O_7	5,4,5,3,1	5,4,5,3,1	以内孔面 3 为基准粗铣凹槽 5,机床编号:4,刀具编号:5
5	O_8	5,4,6,3,2	5,4,6,3,2	以内孔面 3 为基准精铣凹槽 5,机床编号:4,刀具编号:6
6	O_9	6,5,7,3,1	6,5,7,3,1	以内孔面 3 为基准钻底孔,机床编号:5,刀具编号:7
6	O_{10}	6,5,8,3,2	6,5,8,3,2	以内孔面 3 为基准攻丝 6,机床编号:5,刀具编号:8
7	O_{11}	7,6,9,3,1	7,6,9,3,1	以内孔面 3 为基准钻圆孔,机床编号:6,刀具编号:9
8	O_{12}	8,7,a,3,1	8,7,a,3,1	以内孔面 3 为基准粗铣叉脚 8,机床编号:7,刀具编号:a
8	O_{13}	8,7,b,3,2	8,7,b,3,2	以内孔面 3 为基准精铣叉脚 8,机床编号:7,刀具编号:b
9	O_{14}	9,8,1,3,1	9,8,1,3,1	以内孔面 3 为基准粗铣端面 9,机床编号:8,刀具编号:1
10	O_{15}	10,8,1,3,1	10,8,1,3,1	以内孔面 3 为基准粗铣端面 10,机床编号:8,刀具编号:1
11	O_{16}	11,9,c,3,1	11,9,c,3,1	以内孔面 3 为基准倒角,机床编号:9,刀具编号:c
12	O_{17}	12,1,1,13,1	12,1,1,13,1	以端面 13 为粗基准粗铣端面 12,机床编号:1,刀具编号:1
13	O_{18}	13,1,1,12,1	13,1,1,12,1	以端面 12 为粗基准粗铣端面 13,机床编号:1,刀具编号:1

3.3.3　种群初始化

通常情况下,染色体种群初始化是随机进行的。但是由于存在工艺约束,染色体种群中的每条染色体必须经过工艺约束的检验,满足工艺约束的染色体才能进入初始种群。因此,种群初始化的算法流程如图 3-4 所示。

检验程序检查染色体的基因编码是否满足关键工艺知识的约束。检验程序可采用循环遍历法,对种群中的每条染色体进行检查。具体检测过程如下。

步骤 1:获取某条染色体作为当前染色体,并获取其基因长度 n。

步骤 2:令 G_n 为当前基因,令 $m = n$。

步骤 3:令 $m = m - 1$。

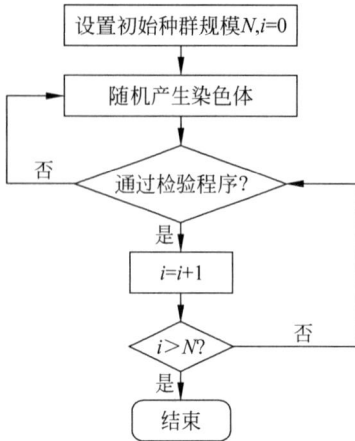

图 3-4　种群初始化的算法流程

步骤 4：判断 m 是否大于 1，如果 $m > 1$，则获取该染色体第 m 个基因 G_m，否则转到步骤 6。

步骤 5：检查 G_n 与 G_m 是否满足关键工艺知识的约束。如果不满足，则返回否，检测过程结束；如果满足关键工艺知识的约束，则转到步骤 3。

步骤 6：令 $n = n - 1$。

步骤 7：判断 n 是否小于 1，如果 $n < 1$，则返回是，检测过程结束；否则转到步骤 2。

经过关键工艺知识检验后，染色体构成初始种群。染色体检验流程如图 3-5 所示。对于初始种群的大小，实际应用中依据经验或实验确定，一般建议的取值范围为 20～100 条染色体。

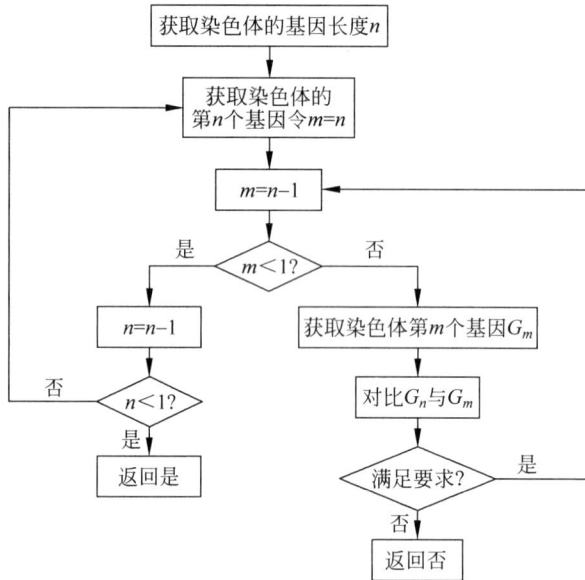

图 3-5　染色体检验流程

根据上述流程，生成两条满足工艺约束的染色体 A，如图 3-6 所示，染色体 B 如图 3-7 所示。

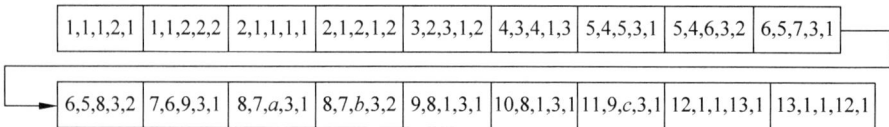

图 3-6　染色体 A

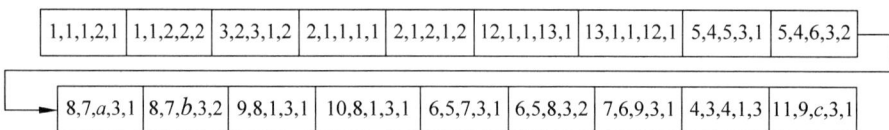

图 3-7　染色体 B

上述染色体 A 表示的工艺路线如表 3-8 所示。

表 3-8　染色体 A 表示的工艺路线

工　序	基 因 编 码	工　序　内　容
O_1	1,1,1,2,1	以端面 2 为粗基准粗铣端面 1,机床编号：1,刀具编号：1
O_2	1,1,2,2,2	以端面 2 为精基准精铣端面 1,机床编号：1,刀具编号：2
O_3	2,1,1,1,1	以端面 1 为粗基准粗铣端面 2,机床编号：1,刀具编号：1
O_4	2,1,2,1,2	以端面 1 为精基准精铣端面 2,机床编号：1,刀具编号：2
O_5	3,2,3,1,2	以端面 1 为基准扩孔,机床编号：2,刀具编号：3
O_6	4,3,4,1,3	以端面 1 为基准拉花键孔,机床编号：3,刀具编号：4
O_7	5,4,5,3,1	以内孔面 3 为基准粗铣凹槽 5,机床编号：4,刀具编号：5
O_8	5,4,6,3,2	以内孔面 3 为基准精铣凹槽 5,机床编号：4,刀具编号：6
O_9	6,5,7,3,1	以内孔面 3 为基准钻底孔,机床编号：5,刀具编号：7
O_{10}	6,5,8,3,2	以内孔面 3 为基准攻丝 6,机床编号：5,刀具编号：8
O_{11}	7,6,9,3,1	以内孔面 3 为基准钻圆孔,机床编号：6,刀具编号：9
O_{12}	8,7,a,3,1	以内孔面 3 为基准粗铣叉脚 8,机床编号：7,刀具编号：a
O_{13}	8,7,b,3,2	以内孔面 3 为基准精铣叉脚 8,机床编号：7,刀具编号：b
O_{14}	9,8,1,3,1	以内孔面 3 为基准粗铣端面 9,机床编号：8,刀具编号：1
O_{15}	10,8,1,3,1	以内孔面 3 为基准粗铣端面 10,机床编号：8,刀具编号：1
O_{16}	11,9,c,3,1	以内孔面 3 为基准倒角,机床编号：9,刀具编号：c
O_{17}	12,1,1,13,1	以端面 13 为粗基准粗铣端面 12,机床编号：1,刀具编号：1
O_{18}	13,1,1,12,1	以端面 12 为粗基准粗铣端面 13,机床编号：1,刀具编号：1

3.3.4　适应度函数

如 3.2.3 节所述,工艺优化问题目标函数 $S(x)$ 是机床、刀具和夹具更换次数的加权处理。目标函数越小,意味着机床、刀具和夹具次数越少,对应该批零件的辅助时间越少,加工效率越高。因此,目标函数值和染色体的适应度值对染色体优劣的评价是负相关的,即工艺路线的目标值越小,染色体的适应度值越大,染色体越优。因此,适应度函数可通过下式表示：

$$F(x) = 1/S(x) \tag{3-14}$$

式中,$S(x)$ 是工艺路线 x 的目标值,$F(x)$ 是工艺路线 x 对应染色体的适应度值。$F(x)$ 越大,意味着染色体 x 越优,越有可能进入下一代染色体种群。根据式(3-7)和式(3-14),染色体 A 表示的工艺路线的目标函数值和适应度值如表 3-9 所示。

表 3-9　染色体 A 表示的工艺路线的目标函数和适应度值

工序	基因编码	机床更换次数 $S_E(x)$	刀具更换次数 $S_C(x)$	夹具更换次数 $S_J(x)$
O_1	1,1,1,2,1			
O_2	1,1,2,2,2		1	
O_3	2,1,1,1,1		1	1
O_4	2,1,2,1,2		1	
O_5	3,2,3,1,2	1	1	1

续表

工序	基 因 编 码	机床更换 次数 $S_E(\boldsymbol{x})$	刀具更换 次数 $S_C(\boldsymbol{x})$	夹具更换 次数 $S_J(\boldsymbol{x})$
O_6	4,3,4,1,3	1	1	1
O_7	5,4,5,3,1	1	1	1
O_8	5,4,6,3,2		1	
O_9	6,5,7,3,1	1	1	1
O_{10}	6,5,8,3,2		1	
O_{11}	7,6,9,3,1	1	1	1
O_{12}	8,7,a,3,1	1	1	1
O_{13}	8,7,b,3,2		1	
O_{14}	9,8,1,3,1	1		1
O_{15}	10,8,1,3,1			1
O_{16}	11,9,c,3,1	1	1	1
O_{17}	12,1,1,13,1	1	1	1
O_{18}	13,1,1,12,1			1
小计		9	15	11
权重		0.6	0.2	0.2
目标函数值			10.6	
适应度值			0.094	

3.3.5　复制、交叉、变异

复制运算是遗传算法的基本算子,将一代种群中适应度值较大的染色体直接复制到下一代种群中,即精英染色体保留策略。常用的方法有线性排序选择、轮盘赌和锦标赛选择等。为避免陷入局部最优,对于精英染色体中适应度值相同或接近的染色体设置复制概率,一般为 10%～20%,使下一代种群既能保留精英染色体,又能避免陷入局部最优。

交叉运算是从种群中随机选择父代染色体,经过一定操作、组合后产生新个体,在尽量降低有效染色体被破坏概率的基础上,对解空间进行高效搜索。交叉操作是遗传算法的主要遗传操作,交叉操作的执行方法直接决定遗传算法的运算性能和全局搜索能力。遗传算法中常见的交叉操作有单点交叉(single point crossover,SPX)、多点交叉(multiple point crossover,MPX)、均匀交叉(uniform crossover,UX)、次序交叉(order crossover,OX)、循环交叉(cycle crossover,CX)等。针对 CAPP 问题的特点,可采用双点交叉,具体交叉运算步骤如下。

步骤 1:对种群中所有染色体以事先设定的交叉概率判断是否进行交叉操作,确定进行交叉操作的两个染色体 A、B。

步骤 2:随机产生两个交叉点 p、q。

步骤 3:在其中一个染色体 A 中取出两个交叉点 p、q 之间的基因,交叉点外的基因保持不变。

步骤 4:在另一个父代染色体 B 中寻找第一个染色体 A 交叉点外缺少的基因。按照染色体 B 原来的排列顺序插入染色体 A 两个交叉点之间的位置,形成一个新的染色体。

步骤 5:检验新染色体是否满足工艺约束要求。如果满足,则进入下一代染色体;否则,舍弃。

以染色体 A 和染色体 B 为例,取染色体 B 的交叉点 $p=6$ 和 $q=10$,经过交叉运算,形成一个新的子代染色体 C,如图 3-8 所示。

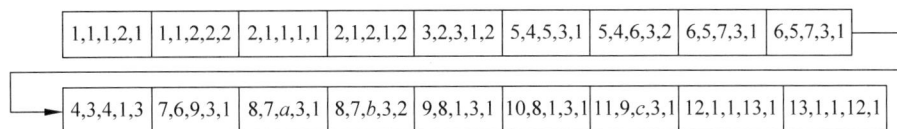

| 1,1,1,2,1 | 1,1,2,2,2 | 2,1,1,1,1 | 2,1,2,1,2 | 3,2,3,1,2 | 5,4,5,3,1 | 5,4,6,3,2 | 6,5,7,3,1 | 6,5,7,3,1 |

| 4,3,4,1,3 | 7,6,9,3,1 | 8,7,a,3,1 | 8,7,b,3,2 | 9,8,1,3,1 | 10,8,1,3,1 | 11,9,c,3,1 | 12,1,1,13,1 | 13,1,1,12,1 |

图 3-8　染色体 C

取染色体 A 的交叉点 $p=6$ 和 $q=10$,经过交叉运算,形成一个新的子代染色体 D,如图 3-9 所示。

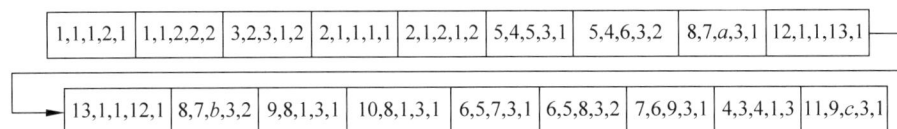

| 1,1,1,2,1 | 1,1,2,2,2 | 3,2,3,1,2 | 2,1,1,1,1 | 2,1,2,1,2 | 5,4,5,3,1 | 5,4,6,3,2 | 8,7,a,3,1 | 12,1,1,13,1 |

| 13,1,1,12,1 | 8,7,b,3,2 | 9,8,1,3,1 | 10,8,1,3,1 | 6,5,7,3,1 | 6,5,8,3,2 | 7,6,9,3,1 | 4,3,4,1,3 | 11,9,c,3,1 |

图 3-9　染色体 D

经过双点交叉运算生成染色体 C 和染色体 D,分别如图 3-8 和图 3-9 所示。生成的染色体不能直接进入下一代种群,需要对染色体的有效性进行检查,检验新染色体代表的工艺路线是否满足关键工艺知识,即工艺约束的要求。使用图 3-5 所示的染色体校验算法,检验染色体 C、D 是否满足表 3-3 提出的工艺约束,经过检验,染色体 C、D 满足工艺约束要求。交叉操作是提高 GA 进化性能、扩大最优解搜索范围的重要操作。同样,为保证下一代种群的完整性和适应性,需要设置交叉概率,通常情况下,交叉概率的设置范围一般选择种群规模的 50%～90%。交叉概率越大,执行交叉操作的染色体越多,解空间的范围越广,代价是搜索时间会变长。交叉概率的大小和求解问题的规模也有关系,如果构成染色体的基因数较少,则通常代表由这些基因形成的染色体数量较少,此时可以设置较小的交叉概率,经过工艺约束的检验,某些染色体不满足要求,需要重新执行交叉操作,此时交叉概率可以设置得较大。

针对 CAPP 问题的特点,变异操作采用实值变异。其基本步骤如下。

步骤 1:对种群中所有个体以事先设定的变异概率判断是否进行变异,确定进行变异操作的染色体。

步骤 2:随机产生两个变异点 p、q。

步骤 3:将两个变异点的基因互换。

步骤 4:检验新染色体是否满足工艺约束要求,如果满足,则进入下一代染色体;否则,舍弃。

本例中,对染色体 A 和染色体 D 进行变异操作,取变异点 $p=6$ 和 $q=15$,将变异点的基因位置互换,进行变异操作,形成的新染色体 E(图 3-10)和染色体 F(图 3-11)。

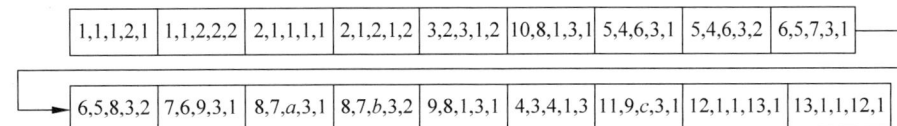

| 1,1,1,2,1 | 1,1,2,2,2 | 2,1,1,1,1 | 2,1,2,1,2 | 3,2,3,1,2 | 10,8,1,3,1 | 5,4,6,3,1 | 5,4,6,3,2 | 6,5,7,3,1 |

| 6,5,8,3,2 | 7,6,9,3,1 | 8,7,a,3,1 | 8,7,b,3,2 | 9,8,1,3,1 | 4,3,4,1,3 | 11,9,c,3,1 | 12,1,1,13,1 | 13,1,1,12,1 |

图 3-10　染色体 E

1,1,1,2,1	1,1,2,2,2	3,2,3,1,2	2,1,1,1,1	2,1,2,1,2	6,5,8,3,2	5,4,6,3,2	8,7,*a*,3,1	12,1,1,13,1

13,1,1,12,1	8,7,*b*,3,2	9,8,1,3,1	10,8,1,3,1	6,5,7,3,1	5,4,5,3,1	7,6,9,3,1	4,3,4,1,3	11,9,*c*,3,1

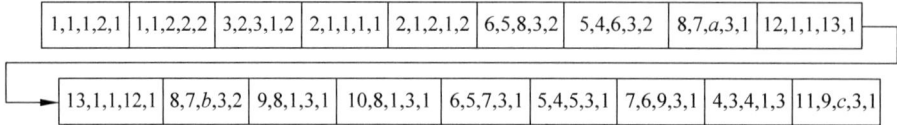

图 3-11　染色体 F

通过图 3-5 所示的染色体校验算法,检验染色体 E、F 是否满足表 3-4 提出的工艺约束要求,如果满足要求,则进入下一代染色体种群;如果不满足,则舍弃。经过检验,图 3-11 所示的染色体 F 对于形状特征 5 和 6 不满足"先粗后精"的工艺约束要求,因此予以舍弃。

遗传算法中,交叉算子因其全局搜索能力而被作为主要算子,变异算子因其局部搜索能力而被作为辅助算子。遗传算法通过交叉和变异这两种相互配合又相互竞争的操作使其具备兼顾全局和局部均衡搜索能力。变异概率的选取一般受种群大小、染色体长度等因素影响,通常选取很小的值,一般取 0.001~0.1。

遗传算法的终止条件一般有两个:①评价个体适应度值时,最优染色体的适应度值基本不变或变化很小,或者适应度值已达到设定的目标值。②迭代次数超过设定的迭代次数,或算法执行时间达到设定的规定时间等。

以图 3-3 中示例零件 1 为例,最后得到最优染色体如图 3-12 所示,其表示的工艺路线如表 3-10 所示。

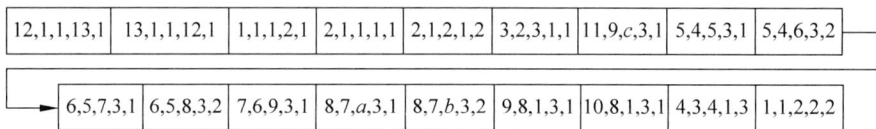

12,1,1,13,1	13,1,1,12,1	1,1,1,2,1	2,1,1,1,1	2,1,2,1,2	3,2,3,1,1	11,9,*c*,3,1	5,4,5,3,1	5,4,6,3,2

6,5,7,3,1	6,5,8,3,2	7,6,9,3,1	8,7,*a*,3,1	8,7,*b*,3,2	9,8,1,3,1	10,8,1,3,1	4,3,4,1,3	1,1,2,2,2

图 3-12　最优染色体

表 3-10　最优染色体表示的工艺路线

工　序	基因编码	工序内容
O_{17}	12,1,1,13,1	以端面 13 为粗基准粗铣端面 12,机床编号:1,刀具编号:1
O_{18}	13,1,1,12,1	以端面 12 为粗基准粗铣端面 13,机床编号:1,刀具编号:1
O_1	1,1,1,2,1	以端面 2 为粗基准粗铣端面 1,机床编号:1,刀具编号:1
O_3	2,1,1,1,1	以端面 1 为粗基准粗铣端面 2,机床编号:1,刀具编号:1
O_4	2,1,2,1,2	以端面 1 为精基准精铣端面 2,机床编号:1,刀具编号:2
O_5	3,2,3,1,2	以端面 1 为基准扩孔,机床编号:2,刀具编号:3
O_{16}	11,9,*c*,3,1	以内孔面 3 为基准倒角,机床编号:9,刀具编号:*c*
O_7	5,4,5,3,1	以内孔面 3 为基准粗铣凹槽 5,机床编号:4,刀具编号:5
O_8	5,4,6,3,2	以内孔面 3 为基准精铣凹槽 5,机床编号:4,刀具编号:6
O_{10}	6,5,7,3,1	以内孔面 3 为基准钻底孔,机床编号:5,刀具编号:7
O_{11}	6,5,8,3,2	以内孔面 3 为基准攻丝 6,机床编号:5,刀具编号:8
O_{12}	7,6,9,3,1	以内孔面 3 为基准钻圆孔,机床编号:6,刀具编号:9
O_{13}	8,7,*a*,3,1	以内孔面 3 为基准粗铣叉脚 8,机床编号:7,刀具编号:*a*
O_{14}	8,7,*b*,3,2	以内孔面 3 为基准精铣叉脚 8,机床编号:7,刀具编号:*b*

工 序	基因编码	工 序 内 容
O_{15}	9,8,1,3,1	以内孔面 3 为基准粗铣端面 9,机床编号：8,刀具编号：1
O_{16}	10,8,1,3,1	以内孔面 3 为基准粗铣端面 10,机床编号：8,刀具编号：1
O_{17}	4,3,4,1,3	以端面 1 为基准拉花键孔,机床编号：3,刀具编号：4
O_{18}	1,1,2,2,2	以端面 2 为精基准精铣端面 1,机床编号：1,刀具编号：2

本节涉及的染色体 B—染色体 E 表示的工艺路线,其目标函数和适应度值见附录 3-1。

本节内容主要讨论了应用遗传算法进行工艺规划的方法和过程。首先,将零件特征建模中的形状信息、制造信息和其他辅助加工信息,作为计算机辅助工艺规划的数据源,通过知识向量的形式,将特征模型中的工艺信息表述为计算机能够识别的工艺知识信息。其次,将工艺知识以合理的基因编码方式表述为染色体,每一条染色体代表一种工艺路线。通过对工艺路线中的机床、刀具、夹具更换次数进行加权处理,定义工艺规划的目标函数,并以此确定适应度函数。最后,设计选择、交叉、变异算子,利用遗传算法进行工艺路线的智能规划。

3.4 改进的工艺规划问题建模

3.4.1 改进的工艺知识表达方法

如 3.2.1 节所述,工艺规划问题建模主要解决了 3 个问题：①零件的工艺路线可由确定的工序组成,如式(3-2)所示；②工序可由 5 维特征向量组成,如式(3-3)～式(3-6)所示；③工序间存在工艺约束。基于上述工艺知识表达,利用遗传算法进行了工艺路线的智能规划。但是上述工艺知识表述方法与加工现场的实际情况有出入,因此,本节改进工艺知识表述方法,使之与实际情况更接近,在此基础上进行工艺规划则更接近工程实践。

如式(3-2)所示,某零件的工艺路线可表示为 OL,其由 i 个工序 O_i 组成。而工序 O_i 从 m 个可选工序中确定,可表示为

$$O_i \in \{\text{OT}_{i1}, \text{OT}_{i2}, \cdots, \text{OT}_{ij}\} \tag{3-15}$$

式中,OT_{ij} 指的是工序 O_i 的可选工序集合。如 3.2.1 节所述,OT_{ij} 可由五维特征向量组成,包含形状特征信息、机床信息、刀具信息、定位基准信息和加工阶段信息。工序中的定位基准信息可由进刀方向表示。因不同加工阶段使用的机床和刀具有差别,所以工序特征向量中可不含加工阶段信息。因此,可选工序 OT_{ij} 可表示为

$$\text{OT}_{ij} = \{M_{ij}, T_{ij}, \text{TAD}_{ij}\} \tag{3-16}$$

式中,M_{ij} 指第 i 道工序的机床,T_{ij} 指第 i 道工序的刀具,TAD_{ij} 指第 i 道工序的进刀方向。

最终零件的制造特征与工序的映射关系如图 3-13 所示。

示例零件 2 如图 3-14 所示。该零件具有 6 个加工特征,分别以 F1～F6 表示,其中 F1 为台阶面,F2 为两个螺纹孔,F3 为大直径通孔,F4 为槽,F5 为斜面,F6 为两个小直径通孔,坐标系如图 3-14 所示,针对示例零件 2,其工艺知识表达如表 3-11 所示。

遗传算法
求解工艺
规划问题 2

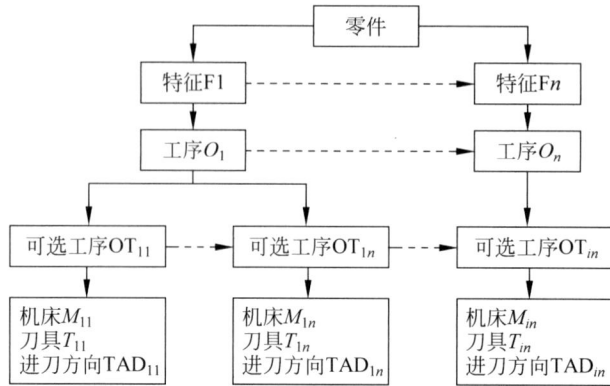

图 3-13　零件的制造特征与工序的映射关系

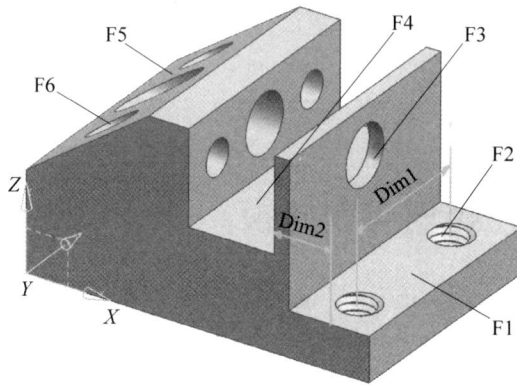

图 3-14　示例零件 2

表 3-11　示例零件 2 的工艺知识表达

加工特征	工序	机床	刀具	进刀方向	备　　注
F1	铣台阶面(O_1)	M_1	T_1	$+X,+Z$	M_1：钻铣中心，M_2：钻床 T_1：立铣刀，T_2：麻花钻 1 T_3：丝锥，T_4：麻花钻 2 T_5：扩孔刀 1，T_6：槽刀 T_7：角度铣刀，T_8：麻花钻 3 T_9：扩孔刀 2
F2	钻孔(O_2)	M_1,M_2	T_2	$-Z$	
F2	攻丝(O_3)	M_1,M_2	T_3	$-Z$	
F3	钻孔(O_4)	M_1,M_2	T_4	$-X$	
F3	扩孔(O_5)	M_1,M_2	T_5	$-X$	
F4	铣槽(O_6)	M_1	T_6	$+Z$	
F5	铣斜面(O_7)	M_1	T_7	$-Z,+Y$	
F6	钻孔(O_8)	M_1,M_2	T_8	$+X$	
F6	扩孔(O_9)	M_1,M_2	T_9	$+X$	

每道工序 O_i 对应的可选工序集合如表 3-12 所示。

表 3-12　实例零件 2 的可选工序集合

工　　序	可选工序	机　　床	刀　　具	进刀方向
O_1	OT_{11}	M_1	T_1	$+X$
O_1	OT_{12}	M_1	T_1	$+Z$

工　序	可选工序	机　床	刀　具	进刀方向
O_2	OT_{21}	M_1	T_2	$-Z$
	OT_{22}	M_2	T_2	$-Z$
O_3	OT_{31}	M_1	T_3	$-Z$
	OT_{32}	M_2	T_3	$-Z$
O_4	OT_{41}	M_1	T_4	$-X$
	OT_{42}	M_2	T_4	$-X$
O_5	OT_{51}	M_1	T_5	$-X$
	OT_{52}	M_2	T_5	$-X$
O_6	OT_{61}	M_1	T_6	$+Z$
O_7	OT_{71}	M_1	T_7	$-Z$
	OT_{72}	M_1	T_7	$+Y$
O_8	OT_{81}	M_1	T_8	$+X$
	OT_{82}	M_2	T_8	$+X$
O_9	OT_{91}	M_1	T_9	$+X$
	OT_{92}	M_2	T_9	$+X$

3.4.2　改进的工艺约束

如 3.2.2 节所述,工艺约束包括 5 类规则:①先主后次;②先面后孔;③先粗后精;④基准先行;⑤其他工艺约束。约束性质分为两大类:硬约束和软约束。硬约束是指工艺规划过程中严格不能违反的约束条件,如果违反了该工艺约束,则最终达不到零件的加工要求。软约束是指工艺规划过程中可以违反的约束,但违反了该约束可能会产生少量不合格产品或导致后续的加工难度增大。因此,示例零件 2 的工艺约束及其性质如表 3-13 所示。

表 3-13　示例零件 2 的工艺约束及其性质

加工特征	工　序	工艺约束	规　　则	约束性质
F_1	O_1	O_1 优先于 O_2,O_3	②	硬约束
F_2	O_2	O_2 优先于 O_3	③	硬约束
	O_2,O_3	O_2,O_3 优先于 O_6	④	硬约束
F_3	O_4	O_4 优先于 O_5	③	硬约束
	O_4,O_5	O_4,O_5 优先于 O_6	⑤	软约束
F_6	O_8	O_8 优先于 O_9	③	硬约束
	O_8,O_9	O_8,O_9 优先于 O_7	①	硬约束

3.4.3　改进的优化目标函数

零件加工过程中产生的成本来自多方面,为简化模型,可将工艺路线的成本分为三大类,即静态成本、动态成本和惩罚成本。其中静态成本包括机床损耗成本和刀具损耗成本,动态成本包括机床更换成本、刀具更换成本和装夹成本;惩罚成本是指违反了工艺约束中的软约束而触发的成本。

对于某工艺路线而言,其机床损耗总成本 TMC 为

$$TMC = \sum_{i=1}^{n} MC_i \qquad (3\text{-}17)$$

式中,MC_i 表示机床 M_i 的成本。

刀具损耗总成本为

$$TTC = \sum_{i=1}^{n} TC_i \qquad (3\text{-}18)$$

式中,TC_i 表示刀具 T_i 的成本。

在零件加工过程中,不同工序间涉及机床和刀具的更换。更换机床和刀具时,需要搬运零件、开停机床、装夹刀具和零件,由此产生了附加成本,即机床更换成本、刀具更换成本和装夹成本。其中,机床更换总成本为

$$TMCC = MCC \cdot NMC \qquad (3\text{-}19)$$

式中,MCC 表示单次机床更换成本,NMC 为整个工艺路线过程中产生的机床更换次数,可通过式(3-20)表示:

$$NMC = \sum_{i=1}^{n-1} \Omega_1(M_{i+1}, M_i) \qquad (3\text{-}20)$$

式中,$\Omega_1(x, y)$ 是判断函数,可通过式(3-21)表示:

$$\Omega_1(x, y) = \begin{cases} 1, & x \neq y \\ 0, & x = y \end{cases} \qquad (3\text{-}21)$$

而刀具更换总成本为

$$TTCC = TCC \cdot NTC \qquad (3\text{-}22)$$

式中,TCC 表示单次刀具更换成本,NTC 为整个工艺路线过程中产生的刀具更换次数,可通过式(3-23)表示:

$$NTC = \sum_{i=1}^{n-1} \Omega_2 [\Omega_1(M_{i+1}, M_i), \Omega_1(T_{i+1}, T_i)] \qquad (3\text{-}23)$$

式中,$\Omega_2(x, y)$ 是判断函数,可通过式(3-24)表示:

$$\Omega_2(x, y) = \begin{cases} 0, & x = y = 0 \\ 1, & 其他 \end{cases} \qquad (3\text{-}24)$$

装夹总成本为

$$TSCC = SCC(NSC + 1) \qquad (3\text{-}25)$$

式中,SCC 表示单次夹具更换成本,NSC 为整个工艺路线过程中产生的夹具更换次数,可通过式(3-26)表示:

$$NSC = \sum_{i=1}^{n-1} \Omega_2 [\Omega_1(M_{i+1}, M_i), \Omega_1(TAD_{i+1}, TAD_i)] \qquad (3\text{-}26)$$

惩罚成本为

$$TAPC = APC \cdot NPC \qquad (3\text{-}27)$$

式中,APC 为单次违反工艺约束产生的成本,NPC 为工艺路线中所有违反软约束的次数,可通过式(3-28)表示:

$$\text{NPC} = \sum_{i=1}^{n-1} \sum_{j=i+1}^{n} \Omega_3(O_i, O_j) \tag{3-28}$$

式中,$\Omega_3(x,y)$ 是判断函数,可通过式(3-29)表示:

$$\Omega_3(x,y) = \begin{cases} 1, & \text{工序 } x,y \text{ 违背工艺约束} \\ 0, & \text{工序 } x,y \text{ 满足工艺约束} \end{cases} \tag{3-29}$$

综上所述,则第 i 个工序的静态成本为

$$\text{SC}_i = \omega_1 \text{MC}_i + \omega_2 \text{TC}_i \tag{3-30}$$

第 i 个工序的动态成本为

$$\text{DC}_i = \omega_3 \text{MCC}_{i-1,i} + \omega_4 \text{TCC}_{i-1,i} + \omega_5 \text{SCC}_{i-1,i} + \omega_6 \text{APC}_{i-1,i} \tag{3-31}$$

综上所述,某零件工艺路线的总成本 TPC 可表示为

$$\text{TPC} = \sum_{i=1}^{n} (\omega_1 \text{MC}_i + \omega_2 \text{TC}_i) + \sum_{i=2}^{n} (\omega_3 \text{MCC}_{i-1,i} + \omega_4 \text{TCC}_{i-1,i} + \omega_5 \text{SCC}_{i-1,i} + \omega_6 \text{APC}_{i-1,i}) \tag{3-32}$$

或者表示为

$$\text{TPC} = \omega_1 \text{TMC} + \omega_2 \text{TTC} + \omega_3 \text{TMCC} + \omega_4 \text{TSCC} + \omega_5 \text{TTCC} + \omega_6 \text{TAPC} \tag{3-33}$$

式中,$\omega_1 \sim \omega_6$ 为权重系数,一方面,当某种或几种损耗成本占机器总成本的比重很小,相对于总成本可忽略不计时,可取值为 0,表示不计该项成本。例如,当 $\omega_2 = 0$,$\omega_1 = \omega_3 = \omega_4 = \omega_5 = \omega_6 = 1$ 时,表示刀具损耗成本相对于总成本较小,可不考虑。当 $\omega_6 = 0$,表示不计惩罚成本,也就是说,在进行工艺规划时,不考虑软约束,全部为硬约束,即所有的工艺约束都不能违背。另一方面,可通过设置 $\omega_1 \sim \omega_6$ 权重系数,表示各成本在总成本中所占的比重。例如,如果在某种工况条件下,认为机床损耗成本在总成本中更为重要,则可将 ω_1 调整为大于 1 的权重系数。

根据式(3-23)和式(3-26),关于刀具更换次数和夹具更换次数的说明如表 3-14、表 3-15 所示。

表 3-14　刀具更换次数

相连两个工序	是否计算刀具更换次数
机床和刀具都没变更	否
机床变更,刀具不变	是
机床不变,刀具变更	是
机床和刀具都变更	是

表 3-15　夹具更换次数

相连两个工序	是否计算夹具更换次数
机床和进刀方向都没变更	否
机床变更,进刀方向不变	是
机床不变,进刀方向变更	是
机床和进刀方向都变更	是

基于上述成本说明,工艺规划问题的优化目标就是确定合适的工艺路线,使该工艺路线最终的总成本最小。

对图 3-14 中的示例零件 2 设置成本参数如表 3-16 所示。

表 3-16　示例零件 2 的成本参数

MC		TC									MCC	TCC	SCC
M_1	M_2	T_1	T_2	T_3	T_4	T_5	T_6	T_7	T_8	T_9			
40	10	10	3	7	3	8	10	10	3	8	300	60	20

因此，在假定机床成本系数 ω_1 和刀具成本系数 ω_2 为 1 的情况下，可获得各工序的静态成本，如表 3-17 所示。

表 3-17   各工序的静态成本

工序	可选工序	机床	刀具	进刀方向	静态成本 SC
O_1	OT_{11}	M_1	T_1	$+X$	50
	OT_{12}	M_1	T_1	$+Z$	50
O_2	OT_{21}	M_1	T_2	$-Z$	43
	OT_{22}	M_2	T_2	$-Z$	13
O_3	OT_{31}	M_1	T_3	$-Z$	47
	OT_{32}	M_2	T_3	$-Z$	17
O_4	OT_{41}	M_1	T_4	$-X$	43
	OT_{42}	M_2	T_4	$-X$	13
O_5	OT_{51}	M_1	T_5	$-X$	48
	OT_{52}	M_2	T_5	$-X$	18
O_6	OT_{61}	M_1	T_6	$+Z$	50
O_7	OT_{71}	M_1	T_7	$-Z$	50
	OT_{72}	M_1	T_7	$+Y$	50
O_8	OT_{81}	M_1	T_8	$+X$	43
	OT_{82}	M_2	T_8	$+X$	13
O_9	OT_{91}	M_1	T_9	$+X$	48
	OT_{92}	M_2	T_9	$+X$	18

而假定某条可行工艺路线成本计算如表 3-18 所示，各权重系数 $\omega_1 \sim \omega_6 = 1$，其总成本计算结果如下：

表 3-18   某条可行工艺路线成本计算

工艺路线	工序	可选工序	机床	刀具	进刀方向	静态成本 SC		动态成本 DC		
						机床成本	刀具成本	机床更换成本	刀具更换成本	装夹成本
1	O_1	OT_{11}	M_1	T_1	$+X$	40	10			20
2	O_2	OT_{22}	M_2	T_2	$-Z$	10	3	300	60	20
3	O_3	OT_{31}	M_1	T_3	$-Z$	40	7	300	60	20
4	O_4	OT_{41}	M_1	T_4	$-X$	40	3		60	20
5	O_5	OT_{52}	M_2	T_5	$-X$	10	8	300	60	20
6	O_6	OT_{61}	M_1	T_6	$+Z$	40	10	300	60	20
8	O_8	OT_{81}	M_1	T_8	$+X$	40	3		60	20
9	O_9	OT_{92}	M_2	T_9	$+X$	10	8	300	60	20
7	O_7	OT_{71}	M_1	T_7	$-Z$	40	10	300	60	20
小计						270	62	1800	480	180
小计						332		2400		
合计						2792				

3.5　基于蚁群算法的工艺规划方法

3.5.1　蚁群算法

蚁群系统是由意大利学者 Dorigo、Maniezzo 等于 20 世纪 90 年代提出的。他们在研究蚂蚁觅食的过程中,发现单个蚂蚁的行为比较简单,但是蚁群整体却可以体现一些智能行为。例如,蚁群可以在不同环境下,寻找最短到达食物源的路径。这是因为蚁群内的蚂蚁可以通过某种信息机制实现信息的传递。经进一步研究发现,蚂蚁会在其经过的路径释放一种名为"信息素"的物质,蚁群内的蚂蚁对"信息素"具有感知能力,它们会沿着"信息素"浓度较高的路径行走,而每只路过的蚂蚁都会在路上留下"信息素",这就形成一种类似正反馈的机制,经过一段时间后,整个蚁群就会沿着最短路径到达食物源。

将蚁群算法应用于解决优化问题的基本思路为:用蚂蚁的行走路径表示待优化问题的可行解,整个蚂蚁群体的所有路径构成待优化问题的解空间。路径较短的蚂蚁释放的信息素较多,随着时间的推进,较短路径上累积的信息素浓度逐渐增高,选择该路径的蚂蚁个数也越来越多。最终整个蚁群会在正反馈的作用下集中到最短路径上,此时对应的便是待优化问题的最优解。

蚂蚁找到最短路径要归功于信息素和环境。假设有两条路可从蚁窝通向食物,开始时两条路上的蚂蚁数量差不多,蚂蚁到达终点之后会立即返回,距离短的路上的蚂蚁往返一次时间短,重复频率快,单位时间里往返蚂蚁的数量就多,留下的信息素也多,会吸引更多蚂蚁过来,留下更多的信息素。而距离长的路正好相反,因此,越来越多的蚂蚁聚集到最短路径上。

基本蚁群算法的实现步骤如下。

步骤 1:参数初始化。时间 $t=0$,循环次数 $N_C=0$;设置最大循环次数 $N_{C_{max}}$;随机将 m 个蚂蚁放置到蚁窝中,每条路径(i,j)的初始信息量都为 $\tau_{ij}(t)=a$。

步骤 2:循环次数 $N_C \leftarrow N_C+1$。

步骤 3:蚂蚁的禁忌表为空,即 tabu_k 中指针 $K=1$。

步骤 4:蚂蚁数量 $K \leftarrow K+1$。

步骤 5:计算出路径选择的转移概率,选出下一步的目标路径 $j \notin \{c-\mathrm{tabu}_k\}$ 并前行。

步骤 6:对禁忌表中的指针按蚂蚁的移动进行修改,即当蚂蚁移动到新的路径之后,就将这个路径放入该蚂蚁的禁忌表中。

步骤 7:如果没有完成对集合 C 中所有路径的访问,则跳回步骤 4;否则进入下一步骤。

步骤 8:更新每条路径上的信息素。

步骤 9:查看循环次数是否满足结束条件 $N_C \geqslant N_{C_{max}}$,如果满足,则结束该循环,输出程序的计算结果;否则清空禁忌表并跳回步骤 2。

智能工艺
规划:蚁群
算法

3.5.2　加权有向图

在利用蚁群算法求解工艺规划问题之前,应将零件工艺路线表示为一种有向加权图。

对于图 3-14 中的示例零件 2,其部分工艺路线可通过图 3-15 所示的有向加权图表示。

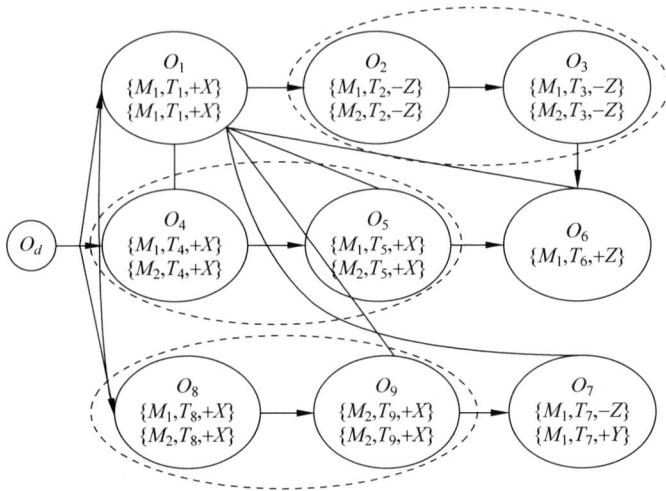

图 3-15　有向加权图

该有向加权图由一个集合 $D=(O,U,V)$ 构成,表示零件的某条工艺路线。其中 O 为节点集,表示该零件所有的可选工序。对于每一工序节点 O,根据其不同的构成机床、刀具、TAD,存在不同的可选工序。如图 3-15 所示,对于工序 O_5 而言,在其节点内存在 OT_{51} 和 OT_{52} 两个可选工序,分别为 $\{M_1,T_5,+X\}$ 和 $\{M_2,T_5,+X\}$。

U 是有向弧集,表示工序之间的优先级约束,根据表 3-13 中的工艺约束,图 3-15 应该包含 7 条有向弧。如图 3-15 所示,O_4 和 O_5 之间存在的有向弧表示工序 O_4 先于工序 O_5 加工。除此之外,还包括 6 条有向弧,即 $O_1 \to O_2$、$O_2 \to O_3$、$O_3 \to O_6$、$O_5 \to O_6$、$O_8 \to O_9$、$O_9 \to O_7$。

V 是无向弧集,表示工序之间不存在优先级约束。例如,工序 O_1 与 O_6 之间存在的无向弧表示工序 O_1 与 O_6 之间不存在加工的先后次序。因该图中工序节点较多,为简单起见,图 3-15 中只标示了工序 O_1 涉及的无向弧。从图中可以看出,工序 O_1 引出了 6 条无向弧,分别为 $O_1 \to O_4$、$O_1 \to O_5$、$O_1 \to O_6$、$O_1 \to O_7$、$O_1 \to O_8$、$O_1 \to O_9$。

综上所述,对于工序 O_1 来说,存在 1 条有向弧、6 条无向弧。它与工序 O_3 之间不存在直接访问关系。另外,在图 3-15 中增加了非工序节点 O_d。该有向加权图能够表示该零件所有可行的工艺路线。

而利用蚁群算法求解工艺规划问题时,工序之间的有向弧和无向弧存在加权信息,是蚂蚁在有向加权图中进行工艺规划的参考信息。

3.5.3　基于蚁群算法的工艺规划方法

初始状态下,某数量 K 的蚂蚁群位于非工序节点 O_d。根据提前设置的工序间优先级关系,获得该节点下一步所有可能访问的节点,并设为集合 G_i(对于本例来说,$i=9$),表示第 i 个节点所有可访问节点的集合。例如,当蚂蚁当前处于第 1 个工序节点时,其理论上可访问除 O_1 以外的所有工序节点。根据优先级关系,其可访问的节点集合为 $G_1=\{O_2,O_4,O_8\}$。除了需设置可访问节点集合 G_i 以外,还需设计禁忌节点集合。由于蚂蚁在有向加权图上进行工艺路线寻优时,其访问节点的顺序是随机的。所以,对于蚂蚁 k 来说,其在不同节点的可访问节点是动态变化的。例如,当蚂蚁 k 处于第 5 个工序节点时,工艺路线为 1→2→3→4→8→5,本来可访问的节点集合为 $G_5=\{O_6,O_2,O_8\}$。但是,由于蚂蚁 k 已经访问了节点 O_2 和 O_8,所以其禁忌节点集合 $L_k=\{O_2,O_8\}$,可访问节点集合 G_i 和禁忌节点集合 L_k 决定了蚂蚁 k 下一步可能访问的工序节点。

蚂蚁根据信息素引导和启发式信息两种原则,从下一步可访问节点中选取目标节点。当蚁群中所有蚂蚁根据此原则遍历所有工序节点时,形成完整的 K 条工艺路线。在蚂蚁遍历所有工序节点的过程中,工序节点之间的有向弧和无向弧成为信息素的携带者,工序节点的静态成本则成为蚂蚁选择下一步工序的启发式信息。假设 u 表示源节点、v 表示目标节点,对蚂蚁 k 来说,目标节点 v 的选择权重为

$$\eta_{uv}=\frac{E}{\mathrm{SC}} \tag{3-34}$$

式中,E 为常数,取决于要解决问题的规模;SC 为节点 v 的启发式信息,即该节点的静态成本,如式(3-30)所示。如果设定 $E=50$,假定蚂蚁 k 当前处于盲节点 O_d,由有向加权图可知,其可访问的节点集合为 $G_0=\{O_1,O_4,O_8\}$,禁忌节点集合 L_k 为空,各工序节点选择权重如表 3-19 所示。

表 3-19　各工序节点选择权重

工序	可选工序	机床	刀具	进刀方向	选择权重 η_{1v}
O_1	OT_{11}	M_1	T_1	$+X$	50/50=1
	OT_{12}	M_1	T_1	$+Z$	50/50=1
O_4	OT_{41}	M_1	T_4	$-X$	50/43=1.163
	OT_{42}	M_2	T_4	$-X$	50/13=3.846
O_8	OT_{81}	M_1	T_8	$+X$	50/43=1.163
	OT_{82}	M_2	T_8	$+X$	50/13=3.846

由表 3-19 可知,静态成本越低,其节点选择权重越高,蚂蚁在遍历各工序节点时,选择该节点的概率就越大。而对节点间的有向弧和无向弧而言,随着蚂蚁数量和蚂蚁访问次数的增加,其节点间路径上会堆积越来越多的信息素。虽然随着蚂蚁遍历时间的变长,信息素按照一定的比例挥发,但是蚂蚁在选择下一节点时,除要考虑节点的启发式信息外,还要考虑节点间路径的信息素。此时蚂蚁访问下一节点的概率可通过式(3-35)计算:

$$p_{uv}^k=\begin{cases}\dfrac{[\tau_{uv}^k]^\alpha[\eta_{uv}]^\beta}{\sum\limits_{w\in S_k}[\tau_{uw}^k]^\alpha[\eta_{uv}]^\beta},&v\in S_k\\0,&v\notin S_k\end{cases} \tag{3-35}$$

式中,S_k 为蚂蚁 k 下一步可访问节点集合,τ_{uv}^k 为工序节点 u 与工序节点 v 间路径上的信息素,α 为信息素 τ_{uv}^k 的指数,β 为启发式信息 η_{uv} 的指数。其中,信息素 τ_{uv}^k 的浓度一方面随着该路径被蚂蚁访问次数的增加而增大,另一方面随着信息素的挥发而减小。因此,对于蚂蚁访问次数多的路径,其信息素堆积越来越多;而对于蚂蚁访问次数少的路径,其信息素越来越少,直至为零。根据式(3-35),信息素浓度越大,蚂蚁 k 访问该路径的概率 p_{uv}^k 就越大。而信息素 τ_{uv}^k 可通过式(3-36)更新:

$$\tau_{uv}^k = (1-\rho)\tau_{uv}^k + \Delta\tau_{uv}^k \tag{3-36}$$

式中, ρ 为挥发系数, $\Delta\tau_{uv}^k$ 为信息素增量,每只蚂蚁完成一次搜寻任务后获得的工艺路线成本决定了信息素的增量。显然,形成的工艺路线成本越低,其对后续蚂蚁的吸引力就越大,相应的信息素增量也就越大。因此信息素增量 $\Delta\tau_{uv}^k$ 可通过式(3-37)表示:

$$\Delta\tau_{uv}^k = \begin{cases} \dfrac{Q}{L_k}, & L_k \leqslant L_{avg}, \text{且 } k \text{ 通过圆弧} \overset{\frown}{uv} \\ 0, & \text{其他} \end{cases} \tag{3-37}$$

式中, Q 为常数,与解决问题的规模相关;而 L_k 表示蚂蚁 k 完成迭代后,获得工艺路线的总成本 TPC。式(3-38)表示,若蚂蚁 k 完成迭代形成工艺路线的总 TPC 小于历史平均成本,则更新蚂蚁 k 在本次遍历过程中经历的所有路径中的信息素,所以 L_{avg} 为自算法启动后获得的工艺路线的平均 TPC,可表示为

$$L_{avg} = \frac{\sum\limits_{i=1}^{R_{ite}} L_i}{R_{ite}} \tag{3-38}$$

利用蚁群算法求解工艺规划问题1

式中, R_{ite} 为迭代次数。

初次迭代时,蚂蚁选择下一工序节点只考虑节点的启发式信息。蚂蚁完成整个工序节点的遍历后,工序间路径将开始累积信息素。此时蚂蚁再次遍历工序节点,既要考虑启发式信息,又要考虑信息素。

初始状态下,根据表 3-19,假定 $\alpha=\beta=1$ 时,则计算各工序节点访问概率如表 3-20 所示。

表 3-20   各工序节点访问概率

工序	可选工序	机床	刀具	进刀方向	启发式信息 η_{0v}	访问概率 $p_{uv}^k/\%$
O_1	OT_{11}	M_1	T_1	$+X$	$50/50=1$	8.32
	OT_{12}	M_1	T_1	$+Z$	$50/50=1$	8.32
O_4	OT_{41}	M_1	T_4	$-X$	$50/43=1.163$	9.68
	OT_{42}	M_2	T_4	$-X$	$50/13=3.846$	32
O_8	OT_{81}	M_1	T_8	$+X$	$50/43=1.163$	9.68
	OT_{82}	M_2	T_8	$+X$	$50/13=3.846$	32

由表 3-20 可以看出,在 3 个工序节点的 6 个可选工序中,OT_{42}、OT_{82} 具有相同的访问概率(32%),高于其他 4 个可选工序节点的访问概率。按照随机选择原则,假定选择工序节点 O_4 的 OT_{42},则下一步可访问的节点集合为 $G_4=\{O_1, O_5, O_8\}$。此时禁忌节点集合为 $L_k=\{O_4\}$,计算工序节点 O_4 的可访问节点的访问概率如表 3-21 所示。

表 3-21   工序节点 O_4 的可访问节点的访问概率

工序	可选工序	机床	刀具	进刀方向	启发式信息 η_{4v}	访问概率 $p_{uv}^k/\%$
O_1	OT_{11}	M_1	T_1	$+X$	$50/50=1$	9.23
	OT_{12}	M_1	T_1	$+Z$	$50/50=1$	9.23
O_5	OT_{51}	M_1	T_5	$-X$	$50/48=1.042$	9.62
	OT_{52}	M_2	T_5	$-X$	$50/18=2.778$	25.65

工序	可选工序	机床	刀具	进刀方向	启发式信息 η_{4v}	访问概率 $p_{uv}^k/\%$
O_8	OT_{81}	M_1	T_8	$+X$	$50/43=1.163$	10.74
	OT_{82}	M_2	T_8	$+X$	$50/13=3.846$	35.52

同理,取访问概率较高的工序节点 $O_8(OT_{82})$ 作为 O_4 的访问节点,则下一步可访问的节点集合为 $G_8=\{O_1,O_5,O_9\}$。此时禁忌节点集合为 $L_k=\{O_4,O_8\}$,计算工序节点 O_8 的可访问节点的访问概率如表 3-22 所示。

表 3-22　工序节点 O_8 的可访问节点的访问概率

工序	可选工序	机床	刀具	进刀方向	启发式信息 η_{8v}	访问概率 $p_{uv}^k/\%$
O_1	OT_{11}	M_1	T_1	$+X$	$50/50=1$	10.37
	OT_{12}	M_1	T_1	$+Z$	$50/50=1$	10.37
O_5	OT_{51}	M_1	T_5	$-X$	$50/48=1.042$	10.81
	OT_{52}	M_2	T_5	$-X$	$50/18=2.778$	28.82
O_9	OT_{91}	M_1	T_9	$+X$	$50/48=1.042$	10.81
	OT_{92}	M_2	T_9	$+X$	$50/18=2.778$	28.82

在相同访问概率的情况下,按照随机选择的原则,假定选择工序节点 $O_9(OT_{92})$ 作为 O_8 的访问节点,则下一步的可访问节点集合 $G_9=\{O_1,O_5\}$,此时禁忌节点集合为 $L_k=\{O_4,O_8,O_9\}$,计算工序节点 O_9 的可访问节点的访问概率如表 3-23 所示。

表 3-23　工序节点 O_9 的可访问节点的访问概率

工序	可选工序	机床	刀具	进刀方向	启发式信息 η_{9v}	访问概率 $p_{uv}^k/\%$
O_1	OT_{11}	M_1	T_1	$+X$	$50/50=1$	17.18
	OT_{12}	M_1	T_1	$+Z$	$50/50=1$	17.18
O_5	OT_{51}	M_1	T_5	$-X$	$50/48=1.042$	17.90
	OT_{52}	M_2	T_5	$-X$	$50/18=2.778$	47.73

同理,取工序节点 $O_5(OT_{52})$ 作为 O_9 的访问节点,则下一步可访问的节点集合为 $G_5=\{O_1,O_7\}$。此时禁忌节点集合为 $L_k=\{O_4,O_8,O_9,O_5\}$,计算工序节点 O_5 的可访问节点的访问概率如表 3-24 所示。

表 3-24　工序节点 O_5 的可访问节点的访问概率

工序	可选工序	机床	刀具	进刀方向	启发式信息 η_{5v}	访问概率 $p_{uv}^k/\%$
O_1	OT_{11}	M_1	T_1	$+X$	$50/50=1$	20
	OT_{12}	M_1	T_1	$+Z$	$50/50=1$	20
O_7	OT_{71}	M_1	T_7	$-Z$	$50/50=1$	20
	OT_{72}	M_1	T_7	$+Y$	$50/50=1$	20

同理,按照随机原则,假定取工序节点 $O_1(OT_{11})$,则下一步可访问的节点集合为 $G_1=\{O_2,O_7\}$。此时禁忌节点集合为 $L_k=\{O_4,O_8,O_9,O_5,O_1\}$,计算节点 O_1 的可访问节点的访问概率如表 3-25 所示。

表 3-25 工序节点 O_1 的可访问节点的访问概率

工序	可选工序	机床	刀具	进刀方向	启发式信息 η_{1v}	访问概率 $p_{uv}^k/\%$
O_2	OT_{21}	M_1	T_2	$-Z$	$50/43=1.163$	19.98
	OT_{22}	M_2	T_2	$-Z$	$50/13=3.846$	66.08
O_7	OT_{71}	M_1	T_7	$-Z$	$50/50=1$	17.18
	OT_{72}	M_1	T_7	$+Y$	$50/50=1$	17.18

同理,取工序节点 $O_2(OT_{22})$,则下一步可访问的节点集合为 $G_2=\{O_3,O_7\}$。此时禁忌节点集合为 $L_k=\{O_4,O_8,O_9,O_5,O_1,O_2\}$,计算工序节点 O_2 的可访问节点的访问概率如表 3-26 所示。

表 3-26 工序节点 O_2 的可访问节点的访问概率

工序	可选工序	机床	刀具	进刀方向	启发式信息 η_{2v}	访问概率 $p_{uv}^k/\%$
O_3	OT_{31}	M_1	T_3	$-Z$	$50/47=1.064$	18.28
	OT_{32}	M_2	T_3	$-Z$	$50/17=2.941$	50.53
O_7	OT_{71}	M_1	T_7	$-Z$	$50/50=1$	17.18
	OT_{72}	M_1	T_7	$+Y$	$50/50=1$	17.18

同理,取工序节点 $O_3(OT_{32})$,则下一步可访问的节点集合为 $G_3=\{O_6,O_7\}$。此时禁忌节点集合为 $L_k=\{O_4,O_8,O_9,O_5,O_1,O_2,O_3\}$,计算工序节点 O_3 的可访问节点的访问概率如表 3-27 所示。

表 3-27 工序节点 O_3 的可访问节点的访问概率

工序	可选工序	机床	刀具	进刀方向	启发式信息 η_{3v}	访问概率 $p_{uv}^k/\%$
O_6	OT_{61}	M_1	T_6	$+Z$	$50/50=1$	33.33
O_7	OT_{71}	M_1	T_7	$-Z$	$50/50=1$	33.33
	OT_{72}	M_1	T_7	$+Y$	$50/50=1$	33.33

因为工序 O_6 与 O_7 具有相同的访问概率,随机取工序节点 $O_6(OT_{61})$ 作为 O_3 的访问节点,然后选工序 $O_7(OT_{71})$ 作为最后一道工序。因此最终工艺路线及其成本如表 3-28 所示。

表 3-28 最终工艺路线及其成本

工艺路线	工序	可选工序	机床	刀具	进刀方向	静态成本 SC		动态成本 DC		
						机床成本	刀具成本	机床更换成本	刀具更换成本	装夹成本
4 ↓	O_4	OT_{42}	M_2	T_4	$-X$	10	3	—	—	20
8 ↓	O_8	OT_{82}	M_2	T_8	$+X$	10	3	—	60	20
9 ↓	O_9	OT_{92}	M_2	T_9	$+X$	10	8	—	60	—
5 ↓	O_5	OT_{52}	M_2	T_5	$-X$	10	8	—	60	20
1 ↓	O_1	OT_{11}	M_1	T_1	$+X$	40	10	300	60	20
2	O_2	OT_{22}	M_2	T_2	$-Z$	10	3	300	60	20

续表

工艺路线	工序	可选工序	机床	刀具	进刀方向	静态成本 SC		动态成本 DC		
						机床成本	刀具成本	机床更换成本	刀具更换成本	装夹成本
↓ 3 ↓ 6 ↓ 7	O_3	OT_{32}	M_2	T_3	$-Z$	10	7	—	60	
	O_6	OT_{61}	M_1	T_6	$+Z$	40	10	300	60	20
	O_7	OT_{71}	M_1	T_7	$-Z$	40	10	—	60	20
小计						180	62	900	480	140
小计						242		1520		
合计						1762				

当 Q 取 2000 时,信息素增量如式(3-39)所示:

$$\Delta\tau_{uv}^k = \frac{Q}{L_k} = \frac{2000}{1762} = 1.135 \tag{3-39}$$

初始状态下,所有路径中信息素初值为 $\tau_0 = 0$,当蚂蚁 k 完成所有工序节点的遍历,形成工艺路线 $4\rightarrow8\rightarrow5\rightarrow9\rightarrow1\rightarrow2\rightarrow3\rightarrow6\rightarrow7$ 时,此工艺路线的所有路径中信息素的增量为 1.135。蚁群中的所有蚂蚁完成一次工序节点的遍历后,相应路径中的信息素量也出现了差异。在后续的迭代过程中,路径中的信息素动态变化,将直接影响蚂蚁对下一节点的选择概率。

假定蚁群规模 $K = 10$,蚁群首次迭代时考虑到解的多样性,没有完全按照启发式信息的大小计算选择概率,那么 10 只蚂蚁第 1 轮迭代结束后,形成的 10 条工艺路线及成本如表 3-29 所示,各工艺路线成本的详细计算过程见附录 3-2。

表 3-29　10 条工艺路线及成本

工序顺序	工艺路线									
	1	2	3	4	5	6	7	8	9	10
1	OT_{42}	OT_{42}	OT_{11}	OT_{82}	OT_{11}	OT_{12}	OT_{41}	OT_{82}	OT_{41}	OT_{12}
2	OT_{82}	OT_{82}	OT_{42}	OT_{42}	OT_{22}	OT_{22}	OT_{82}	OT_{42}	OT_{82}	OT_{42}
3	OT_{92}	OT_{52}	OT_{22}	OT_{92}	OT_{82}	OT_{42}	OT_{52}	OT_{52}	OT_{92}	OT_{82}
4	OT_{52}	OT_{92}	OT_{82}	OT_{52}	OT_{42}	OT_{82}	OT_{92}	OT_{92}	OT_{52}	OT_{22}
5	OT_{11}	OT_{71}	OT_{32}	OT_{11}	OT_{32}	OT_{32}	OT_{71}	OT_{71}	OT_{11}	OT_{32}
6	OT_{22}	OT_{11}	OT_{52}	OT_{22}	OT_{52}	OT_{52}	OT_{11}	OT_{11}	OT_{22}	OT_{52}
7	OT_{32}	OT_{22}	OT_{92}	OT_{32}	OT_{92}	OT_{92}	OT_{22}	OT_{22}	OT_{32}	OT_{92}
8	OT_{61}	OT_{32}	OT_{61}	OT_{71}	OT_{72}	OT_{61}	OT_{32}	OT_{32}	OT_{61}	OT_{61}
9	OT_{71}	OT_{61}	OT_{71}	OT_{61}	OT_{61}	OT_{72}	OT_{61}	OT_{61}	OT_{71}	OT_{71}
成本	1762	1782	1502	1782	1502	1502	2112	1762	2092	1482

根据式(3-38),10 条工艺路线平均成本为

$$L_{avg} = (L_1 + L_2 + L_3 + L_4 + L_5 + L_6 + L_7 + L_8 + L_9 + L_{10})/10 = 1728$$

成本低于平均成本 L_{avg} 的只有工艺路线 3、5、6、10。因此,这些工艺路线涉及的所有有向弧

和无向弧,其路径上的信息素增量如表 3-30 所示。

表 3-30　4 条工艺路线信息素增量

工艺路线	工序顺序									信息素增量
	1	2	3	4	5	6	7	8	9	
3	OT_{11}	OT_{42}	OT_{22}	OT_{82}	OT_{32}	OT_{52}	OT_{92}	OT_{61}	OT_{71}	1.332
5	OT_{11}	OT_{22}	OT_{82}	OT_{42}	OT_{32}	OT_{52}	OT_{92}	OT_{72}	OT_{61}	1.332
6	OT_{12}	OT_{22}	OT_{42}	OT_{82}	OT_{32}	OT_{52}	OT_{92}	OT_{61}	OT_{72}	1.332
10	OT_{12}	OT_{42}	OT_{82}	OT_{22}	OT_{32}	OT_{52}	OT_{92}	OT_{61}	OT_{71}	1.35

　　当蚁群算法第 2 次循环时,假定蚂蚁 k 从工序节点 O_1(OT_{11})开始,其各工序节点访问概率如表 3-31 所示。

表 3-31　各工序节点访问概率

工序	可选工序	机床	刀具	进刀方向	启发式信息 η_{1v}	信息素 τ_{1v}	访问概率 $p_{uv}^k / \%$
O_2	OT_{21}	M_1	T_2	$-Z$	$50/43=1.163$	1	4.60
	OT_{22}	M_1	T_2	$-Z$	$50/13=3.846$	2.332	35.49
O_4	OT_{41}	M_1	T_4	$-X$	$50/43=1.163$	1	4.60
	OT_{42}	M_2	T_4	$-X$	$50/13=3.846$	2.332	35.49
O_8	OT_{81}	M_1	T_8	$+X$	$50/43=1.163$	1	4.60
	OT_{82}	M_2	T_8	$+X$	$50/13=3.846$	1	15.22

表 3-32　4 条典型工艺路线

蚂蚁 1	蚂蚁 2	蚂蚁 3	蚂蚁 4
OT_{11}	OT_{11}	OT_{11}	OT_{11}
OT_{42}	OT_{22}	OT_{22}	OT_{22}
OT_{82}	OT_{42}	OT_{82}	OT_{82}
OT_{22}	OT_{82}	OT_{32}	OT_{32}
OT_{32}	OT_{32}	OT_{42}	OT_{42}
OT_{52}	OT_{52}	OT_{92}	OT_{52}
OT_{92}	OT_{92}	OT_{72}	OT_{92}
OT_{61}	OT_{61}	OT_{52}	OT_{61}
OT_{71}	OT_{71}	OT_{61}	OT_{71}
1482	1502	2102	1482

利用蚁群算法求解工艺规划问题 2

　　由表 3-31 可以看出,OT_{22}、OT_{42} 具有相同的选择概率(35.49%),假定选择 OT_{42} 作为 OT_{11} 的下一个访问节点。以此类推,能够计算所有节点的访问概率,计算过程见附录 3-3。最终第 2 轮迭代形成了 4 条典型工艺路线,如表 3-32 所示。

　　在应用蚁群算法求解工艺规划问题时,需要确定众多参数,包括蚁群规模 K、常数 E、Q、挥发系数 ρ、信息素初值 τ_0、信息素指数 α、启发式信息指数 β 等。一般情况下,需要通过重复性实验确定上述参数。

3.6　工艺规划问题典型案例分析

　　示例零件 3 如图 3-16 所示。

　　图 3-16 的示例零件 3 具有 14 个特征 14 道工序,其具体的特征和工序信息如表 3-33 所示,工艺约束如表 3-34 所示,成本如表 3-35 所示。

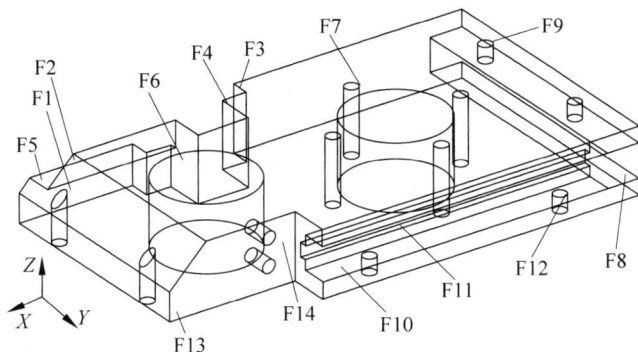

图 3-16 示例零件 3

表 3-33 示例零件 3 具体的特征、工序信息表

特征	特征描述	工序	机床	刀具	TAD
F1	两个对称通孔	钻 O_1	M_1,M_2,M_3	T_1	$+Z,-Z$
F2	斜面	铣 O_2	M_2,M_3	T_8	$-X,+Y,-Y,-Z$
F3	凹槽	铣 O_3	M_2,M_3	T_5,T_6	$+Y$
F4	凹槽	铣 O_4	M_2	T_5,T_6	$+Y$
F5	台阶面	铣 O_5	M_2,M_3	T_5,T_6	$+Y,-Z$
F6	两个对称通孔	钻 O_6	M_1,M_2,M_3	T_2	$+Z,-Z$
F7	四个对称通孔	钻 O_7	M_1,M_2,M_3	T_1	$+Z,-Z$
F8	凹槽	铣 O_8	M_2,M_3	T_5,T_6	$+X$
F9	两个对称通孔	钻 O_9	M_1,M_2,M_3	T_1	$-Z$
F10	凹槽	铣 O_{10}	M_2,M_3	T_5,T_6	$-Y$
F11	凹槽	铣 O_{11}	M_2,M_3	T_5,T_7	$-Y$
F12	两个对称通孔	钻 O_{12}	M_1,M_2,M_3	T_1	$+Z,-Z$
F13	台阶面	铣 O_{13}	M_2,M_3	T_5,T_6	$-X,-Y$
F14	两个对称通孔	钻 O_{14}	M_1,M_2,M_3	T_1	$-Y$

表 3-34 示例零件 3 的工艺约束

约束	规则	约束性质
O_1 优先于 O_2	①	硬约束
O_6 优先于 O_7	④	硬约束
O_{10} 优先于 O_{11}	④	硬约束
O_{13} 优先于 O_{14}	④	硬约束
O_9 优先于 O_8	⑤	软约束
O_{12} 优先于 O_{10}	⑤	软约束
O_8 优先于 O_9	⑤	软约束
O_{10} 优先于 O_{12}	⑤	软约束
O_{13} 优先于 O_{14}	⑤	软约束
O_3 优先于 O_4	⑤	软约束

表 3-35 示例零件 3 的成本

编号	名称	成本（MC/TC）
M_1	钻床	10
M_2	铣床	35
M_3	3 轴立铣加工中心	60
T_1	麻花钻	3
T_2	麻花钻	3
T_3	扩孔刀	8
T_4	铰孔刀	15
T_5	立铣刀	10
T_6	立铣刀	15
T_7	槽铣刀	10
T_8	角度铣刀	10

MCC＝300，SCC＝120，TCC＝15

针对示例零件 3 设定了两种切削条件：①$\omega_1=\omega_2=\omega_3=\omega_4=\omega_5=\omega_6=1$；②不考虑刀具成本和刀具更换成本，即 $\omega_2=\omega_5=0,\omega_1=\omega_3=\omega_4=\omega_6=1$。两种工况条件下，获得较优工艺路线及相关的 MATLAB 代码见章后二维码。

图 3-17 为示例零件 4，该零件具有 14 个特征，最终形成 20 道工序，其具体的特征和工序信息如表 3-36 所示，工艺约束如表 3-37 所示，成本如表 3-38 所示。

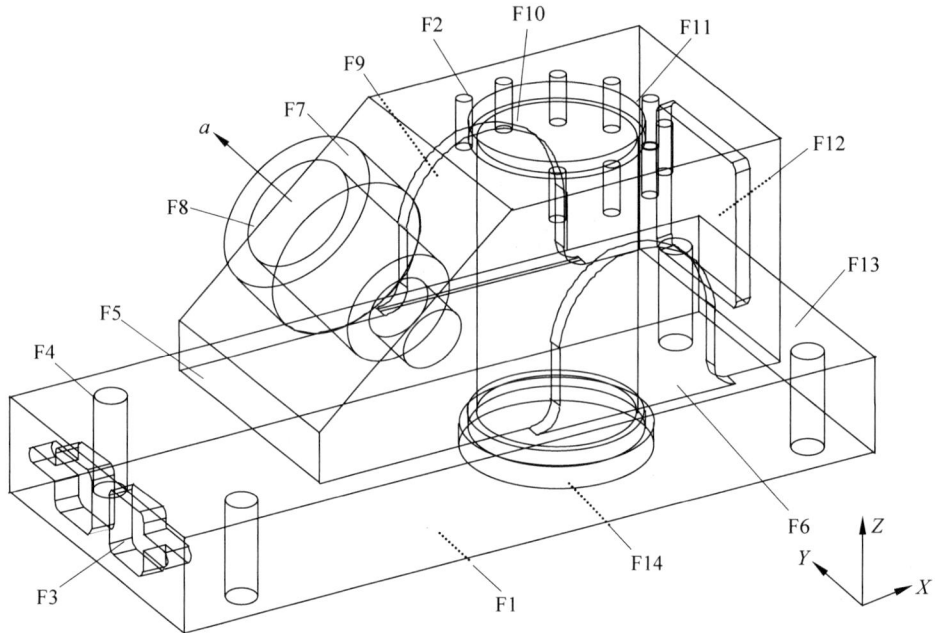

图 3-17 示例零件 4

表 3-36 示例零件 4 具体的特征、工序信息表

特　　征	特征描述	工　　序	进刀方向	机　　床	刀　　具
F1	平面	铣平面(O_1)	$+Z$	M_2,M_3	T_6,T_7,T_8
F2	平面	铣平面(O_2)	$-Z$	M_2,M_3	T_6,T_7,T_8
F3	两个型腔	铣型腔(O_3)	$+X$	M_2,M_3	T_6,T_7,T_8
F4	四个对称通孔	钻孔(O_4)	$+Z,-Z$	M_1,M_2,M_3	T_2
F5	台阶面	铣台阶面(O_5)	$+X,-Z$	M_2,M_3	T_6,T_7
F6	凸台	铣凸台(O_6)	$+Y,-Z$	M_2,M_3	T_7,T_8
F7	支管台	铣削(O_7)	$-a$	M_2,M_3	T_7,T_8
		钻孔(O_8)	$-a$	M_1,M_2,M_3	T_2,T_3,T_4
F8	沉头孔	扩孔(O_9)	$-a$	M_1,M_2,M_3	T_9
		镗孔(O_{10})	$-a$	M_2,M_3	T_{10}
F9	凸台	铣削(O_{11})	$-Y,-Z$	M_2,M_3	T_7,T_8
		钻孔(O_{12})	$-Z$	M_1,M_2,M_3	T_2,T_3,T_4
F10	沉头孔	扩孔(O_{13})	$-Z$	M_1,M_2,M_3	T_9
		镗孔(O_{14})	$-Z$	M_3,M_4	T_{10}

特　征	特征描述	工　序	进刀方向	机　床	刀　具
F11	9个均布盲孔	钻孔(O_{15})	$-Z$	M_1,M_2,M_3	T_1
		攻丝(O_{16})	$-Z$	M_1,M_2,M_3	T_5
F12	凹槽	铣槽(O_{17})	$-X$	M_2,M_3	T_7,T_8
F13	台阶面	铣台阶面(O_{18})	$-X,-Z$	M_2,M_3	T_6,T_7
F14	沉头孔	扩孔(O_{19})	$+Z$	M_1,M_2,M_3	T_9
		镗孔(O_{20})	$+Z$	M_3,M_4	T_{10}

表 3-37　示例零件 3 的工艺约束

特　征	工　序	优先级约束	规则	约束性质
F1	铣平面(O_1)	F1(O_1)是基准面,应该在所有特征加工之前	①	硬约束
F2	铣平面(O_2)	F2(O_2)优先于 F10(O_{12},O_{13},O_{14})、F11(O_{15},O_{16})	②	硬约束
F3	铣型腔(O_3)			
F4	钻孔(O_4)			
F5	铣台阶面(O_5)	F5(O_5)优先于 F4(O_4)、F7(O_7)	③	硬约束
F6	铣凸台(O_6)	F6(O_6)优先于 F10(O_{12},O_{13},O_{14})	④	硬约束
F7	铣削(O_7)	F7(O_7)优先于 F8(O_8,O_9,O_{10})	⑤	硬约束
F8	钻孔(O_8)	O_8 优先于(O_9和O_{10}),O_9 优先于 O_{10}	③	硬约束
	扩孔(O_9)			
	镗孔(O_{10})			
F9	铣削(O_{11})	F9(O_{11})优先于 F10(O_{12},O_{13},O_{14})	④	硬约束
		O_{12} 优先于 O_{13},O_{14};O_{13} 优先于 O_{14};	③	硬约束
F10	钻孔(O_{12})	F10(O_{12},O_{13},O_{14})优先于 F11(O_{15},O_{16});	④	硬约束
		F10(O_{12})优先于 F14(O_{19},O_{20})		
	扩孔(O_{13})			
	镗孔(O_{14})			
F11	钻孔(O_{15})	O_{15} 优先于 O_{16}	③	硬约束
	攻丝(O_{16})			
F12	铣槽(O_{17})			
F13	铣台阶面(O_{18})	F13(O_{18})优先于 O_4、O_{17}	②①	硬约束
F14	扩孔(O_{19})	O_{19} 优先于 O_{20}	③	硬约束
	镗孔(O_{20})			

　　针对示例零件 3 设定了三种切削条件：①$\omega_1=\omega_2=\omega_3=\omega_4=\omega_5=\omega_6=1$；②不考虑刀具成本和刀具更换成本,即 $\omega_2=\omega_5=0,\omega_1=\omega_3=\omega_4=\omega_6=1$；③不考虑刀具成本和刀具更换成本,即 $\omega_2=\omega_5=0,\omega_1=\omega_3=\omega_4=\omega_6=1$,同时,机床 2 和刀具 7 损坏,不能使用。三种

工况条件下较优工艺路线见左侧二维码附录 A。

示例零件 5、6、7、8 的零件信息见附录 3-4。

附录 A

表 3-38 示例零件 4 的成本

编 号	类 型	成 本	编 号	类 型	成 本
机床			T_3	麻花钻 3	3
M_1	钻床	10	T_4	麻花钻 4	8
M_2	3 轴立铣机床	40	T_5	丝锥	7
M_3	数控 3 轴立铣机床	100	T_6	铣刀 1	10
M_4	镗床	60	T_7	铣刀 2	15
刀具		TC	T_8	铣刀 2	30
T_1	麻花钻 1	7	T_9	铰刀	15
T_2	麻花钻 2	5	T_{10}	镗刀	20

MCC=160,SCC=100,TCC=20

工艺规划
问题通用
算例

习题

1. 根据工作原理,CAPP 系统可分为哪些类型?

2. 试描述智能 CAPP 系统的体系结构。

3. 试描述遗传算法和蚁群算法的基本运算过程。

4. 工艺规划中常见的工艺约束包括哪些? 何为硬约束? 何为软约束?

5. 成本最小化是工艺规划中常见的优化目标,工艺规划建模中常见的三项成本包括哪些?

6. 试描述基于上述三项成本的工艺规划目标函数。

7. 试说明工艺规划优化目标函数和遗传算法适应度函数的关系。

8. 试举例说明双点交叉算法。

9. 与原有的工艺知识表示方法相比,试描述 3.4.1 节工艺知识表示方法的改进之处。

10. 试计算图 3-6 染色体 A、图 3-7 染色体 B、图 3-8 染色体 C、图 3-9 染色体 D、图 3-10 染色体 E、图 3-11 染色体 F、图 3-12 最优染色体的 $S_J(x)$、$S_C(x)$、$S_E(x)$;假定其 α_J、α_C、α_E 分别设置为 0.2、0.2、0.6,试计算其适应度 $S(x)$。

11. 已知某零件 A 的可选工序集和成本参数如表 3-39、表 3-40 所示,试根据式(3-17)~式(3-33),计算表 3-41~表 3-43 工艺路线的成本。

表 3-39 某零件 A 的可选工序集

工 序	可选工序集合	机 床	刀 具	进刀方向
O_1	OT_{11}	M_1	T_1	$+X$
	OT_{12}	M_1	T_1	$+Z$
O_2	OT_{21}	M_1	T_2	$-Z$
	OT_{32}	M_2	T_2	$-Z$

工　　序	可选工序集合	机　　床	刀　　具	进 刀 方 向
O_3	OT_{31}	M_1	T_3	$-Z$
	OT_{32}	M_2	T_3	$-Z$
O_4	OT_{41}	M_1	T_4	$-X$
	OT_{42}	M_2	T_4	$-X$
O_5	OT_{51}	M_1	T_5	$-X$
	OT_{52}	M_2	T_5	$-X$
O_6	OT_{61}	M_1	T_6	$+Z$
O_7	OT_{71}	M_1	T_7	$-Z$
	OT_{72}	M_1	T_7	$+Y$
O_8	OT_{81}	M_1	T_8	$+X$
	OT_{82}	M_2	T_8	$+X$
O_9	OT_{91}	M_1	T_9	$+X$
	OT_{92}	M_2	T_9	$+X$

表 3-40　零件 A 的成本参数

MC		TC										MCC	TCC	SCC
M_1	M_2	T_1	T_2	T_3	T_4	T_5	T_6	T_7	T_8	T_9				
40	10	10	3	7	3	8	10	10	3	8		300	60	20

表 3-41　工艺路线 1

O_1	O_2	O_3	O_4	O_5	O_6	O_8	O_9	O_7
OT_{11}	OT_{22}	OT_{31}	OT_{41}	OT_{52}	OT_{61}	OT_{81}	OT_{92}	OT_{71}

表 3-42　工艺路线 2

O_1	O_4	O_2	O_8	O_3	O_5	O_9	O_6	O_7
OT_{11}	OT_{42}	OT_{22}	OT_{82}	OT_{32}	OT_{52}	OT_{92}	OT_{61}	OT_{71}

表 3-43　工艺路线 3

O_1	O_8	O_9	O_4	O_5	O_6	O_7	O_2	O_3
OT_{11}	OT_{81}	OT_{91}	OT_{41}	OT_{51}	OT_{61}	OT_{71}	OT_{21}	OT_{31}

12. 假定 $E=60$, $Q=2000$, $\alpha=\beta=1$, 并假定蚁群中只存在一只蚂蚁 k, 试计算习题 11 中的工艺路线 1, 蚂蚁 k 在第一次迭代和第二次迭代过程中各工序节点的访问概率, 假定信息素初值 $\tau_0=0$。

13. 实例零件的相关信息如表 3-44 所示,试计算表 3-45、表 3-46 中两条工艺路线的成本。

表 3-44　示例零件 2 的成本

编号	名　　称	成本(MC/TC)	编号	名　　称	成本(MC/TC)
M_1	钻床	10	T_4	铰孔刀	15
M_2	钻铣加工中心	35	T_5	立铣刀	10
M_3	3 轴立铣加工中心	60	T_6	立铣刀	15
T_1	麻花钻	3	T_7	槽铣刀	10
T_2	麻花钻	3	T_8	角度铣刀	10
T_3	扩孔刀	8			

机床更换成本 MMC:200,刀具更换成本 TCC:15,装夹成本 SCC:120

表 3-45　示例零件 2 的工艺路线 1

序号	工艺路线 1			
	工序	机床	刀具	进刀方向
1	6	2	2	$-Z$
2	1	2	1	$-Z$
3	7	2	1	$-Z$
4	9	2	1	$-Z$
5	12	2	1	$-Z$
6	5	2	5	$-Z$
7	3	2	5	$+Y$
8	4	2	5	$+Y$
9	8	2	5	$+X$
10	10	2	5	$-Y$
11	11	2	5	$-Y$
12	13	2	5	$-Y$
13	14	2	1	$-Y$
14	2	2	8	$-Y$

表 3-46　示例零件 2 的工艺路线 2

序号	工艺路线 2			
	工序	机床	刀具	进刀方向
1	6	2	2	$-Z$
2	1	2	1	$-Z$
3	7	2	1	$-Z$
4	9	2	1	$-Z$
5	12	2	1	$-Z$
6	2	2	8	$-Z$

续表

| 序号 | 工艺路线 2 | | | |
	工序	机床	刀具	进刀方向
7	5	2	6	$-Z$
8	3	2	5	$+Y$
9	4	2	5	$+Y$
10	8	2	5	$+X$
11	10	2	5	$-Y$
12	13	2	5	$-Y$
13	11	2	5	$-Y$
14	14	2	1	$-Y$

14. 根据图 3-20 实例零件 4 的相关信息,试计算以下工艺路线的成本。

表 3-47　示例零件 4 的工艺路线 1

工序	1	2	18	11	6	12	13	19	17	3	5	7	8	9	10	20	14	4	15	16
机床	2	2	2	2	2	2	2	2	2	2	2	2	2	2	2	4	4	1	1	1
刀具	7	7	7	7	7	3	9	9	7	7	7	7	3	9	10	10	10	2	1	5
进刀方向	$+Z$	$-Z$	$-Z$	$-Z$	$-Z$	$-Z$	$-Z$	$+Z$	$-X$	$+X$	$+X$	$-a$	$-a$	$-a$	$-a$	$+Z$	$-Z$	$-Z$	$-Z$	$-Z$

表 3-48　示例零件 4 的工艺路线 2

工序	1	6	2	5	11	12	13	14	18	17	7	8	9	10	19	20	3	4	15	16
机床	3	3	3	3	3	3	3	3	3	3	3	3	3	3	3	3	1	1	1	1
刀具	6	6	6	6	8	2	9	10	6	8	2	9	10	9	10	6	2	1	5	
进刀方向	$+Z$	$-Z$	$-Z$	$-Z$	$-Z$	$-Z$	$-Z$	$-Z$	$-X$	$-X$	$-a$	$-a$	$-a$	$-a$	$+Z$	$+Z$	$+X$	$-Z$	$-Z$	$-Z$

附录 3-1

表 3-49　染色体 B 的目标函数值和适应度值

工序	基因编码	机床更换次数 $S_E(x)$	刀具更换次数 $S_C(x)$	夹具更换次数 $S_J(x)$
O_1	1,1,1,2,1			
O_2	1,1,2,2,2		1	
O_5	3,2,3,1,2	1	1	1
O_3	2,1,1,1,1	1	1	
O_4	2,1,2,1,2		1	
O_{17}	12,1,1,13,1		1	1
O_{18}	13,1,1,12,1			1
O_7	5,4,5,3,1	1	1	1
O_8	5,4,6,3,2		1	

工　序	基 因 编 码	机床更换次数 $S_E(x)$	刀具更换次数 $S_C(x)$	夹具更换次数 $S_J(x)$
O_{12}	8,7,a,3,1	1	1	1
O_{13}	8,7,b,3,2		1	
O_{14}	9,8,1,3,1	1	1	1
O_{15}	10,8,1,3,1			
O_9	6,5,7,3,1	1	1	1
O_{10}	6,5,8,3,2		1	
O_{11}	7,6,9,3,1	1	1	1
O_6	4,3,4,1,3	1	1	1
O_{16}	11,9,c,3,1	1	1	1
小计		9	15	11
权重		0.6	0.2	0.2
目标函数值			10.6	
适应度值			0.094	

表 3-50　染色体 C 的目标函数值和适应度值

工　序	基 因 编 码	机床更换次数 $S_E(x)$	刀具更换次数 $S_C(x)$	夹具更换次数 $S_J(x)$
O_1	1,1,1,2,1			
O_2	1,1,2,2,2		1	
O_3	2,1,1,1,1		1	1
O_4	2,1,2,1,2		1	
O_5	3,2,3,1,2	1	1	1
O_7	5,4,5,3,1	1	1	1
O_8	5,4,6,3,2		1	
O_9	6,5,7,3,1	1	1	1
O_{10}	6,5,7,3,1			
O_6	4,3,4,1,3	1	1	1
O_{11}	7,6,9,3,1	1	1	1
O_{12}	8,7,a,3,1	1	1	1
O_{13}	8,7,b,3,2		1	
O_{14}	9,8,1,3,1	1	1	1
O_{15}	10,8,1,3,1			
O_{16}	11,9,c,3,1	1	1	1
O_{17}	12,1,1,13,1	1	1	1
O_{18}	13,1,1,12,1			1
小计		9	14	11
权重		0.6	0.2	0.2
目标函数值			10.4	
适应度值			0.096	

表 3-51　染色体 D 的目标函数值和适应度值

工　序	基 因 编 码	机床更换次数 $S_E(x)$	刀具更换次数 $S_C(x)$	夹具更换次数 $S_J(x)$
O_1	1,1,1,2,1			
O_2	1,1,2,2,2		1	
O_5	3,2,3,1,2	1	1	1
O_3	2,1,1,1,1	1	1	1
O_4	2,1,2,1,2		1	
O_7	5,4,5,3,1	1	1	1
O_8	5,4,6,3,2		1	
O_{12}	8,7,a,3,1	1	1	
O_{17}	12,1,1,13,1	1	1	1
O_{18}	13,1,1,12,1			1
O_{13}	8,7,b,3,2	1	1	
O_{14}	9,8,1,3,1	1	1	1
O_{15}	10,8,1,3,1			
O_9	6,5,7,3,1	1	1	1
O_{10}	6,5,8,3,2		1	
O_{11}	7,6,9,3,1	1	1	1
O_6	4,3,4,1,3	1	1	1
O_{16}	11,9,c,3,1	1	1	1
	小计	11	15	12
	权重	0.6	0.2	0.2
	目标函数值		12	
	适应度值		0.083	

表 3-52　染色体 E 的目标函数值和适应度值

工　序	基 因 编 码	机床更换次数 $S_E(x)$	刀具更换次数 $S_C(x)$	夹具更换次数 $S_J(x)$
O_1	1,1,1,2,1			
O_2	1,1,2,2,2		1	
O_3	2,1,1,1,1		1	1
O_4	2,1,2,1,2		1	
O_5	3,2,3,1,2	1	1	1
O_{15}	10,8,1,3,1	1	1	1
O_7	5,4,5,3,1	1	1	1
O_8	5,4,6,3,2		1	
O_9	6,5,7,3,1	1	1	1
O_{10}	6,5,8,3,2		1	
O_{11}	7,6,9,3,1	1	1	1
O_{12}	8,7,a,3,1	1	1	1
O_{13}	8,7,b,3,2		1	
O_{14}	9,8,1,3,1	1	1	1
O_6	4,3,4,1,3	1	1	1
O_{16}	11,9,c,3,1	1	1	1

续表

工　序	基 因 编 码	机床更换次数 $S_E(x)$	刀具更换次数 $S_C(x)$	夹具更换次数 $S_J(x)$
O_{17}	12,1,1,13,1	1	1	1
O_{18}	13,1,1,12,1			1
	小计	10	16	12
	权重	0.6	0.2	0.2
	目标函数值		11.6	
	适应度值		0.086	

表 3-53　染色体 F 的目标函数值和适应度值

工　序	基 因 编 码	机床更换次数 $S_E(x)$	刀具更换次数 $S_C(x)$	夹具更换次数 $S_J(x)$
O_1	1,1,1,2,1			
O_2	1,1,2,2,2		1	
O_5	3,2,3,1,2	1	1	1
O_3	2,1,1,1,1	1	1	1
O_4	2,1,2,1,2		1	
O_{10}	6,5,8,3,2	1	1	1
O_8	5,4,6,3,2	1	1	1
O_{12}	8,7,a,3,1	1	1	1
O_{17}	12,1,1,13,1	1	1	1
O_{18}	13,1,1,12,1			1
O_{13}	8,7,b,3,2	1	1	1
O_{14}	9,8,1,3,1	1	1	1
O_{15}	10,8,1,3,1			
O_9	6,5,7,3,1	1	1	1
O_7	5,4,5,3,1	1	1	1
O_{11}	7,6,9,3,1	1	1	1
O_6	4,3,4,1,3	1	1	1
O_{16}	11,9,c,3,1	1	1	1
	小计	13	15	14
	权重	0.6	0.2	0.2
	目标函数值		13.6	
	适应度值		0.074	

表 3-54　最优染色体的目标函数值和适应度值

工　序	基 因 编 码	机床更换次数 $S_E(x)$	刀具更换次数 $S_C(x)$	夹具更换次数 $S_J(x)$
O_{17}	12,1,1,13,1			
O_{18}	13,1,1,12,1			1
O_1	1,1,1,2,1			1
O_3	2,1,1,1,1			1
O_4	2,1,2,1,2		1	

续表

工　序	基因编码	机床更换 次数 $S_E(x)$	刀具更换 次数 $S_C(x)$	夹具更换 次数 $S_J(x)$
O_5	3,2,3,1,1	1	1	1
O_{16}	11,9,c,3,1	1	1	1
O_7	5,4,5,3,1	1	1	1
O_8	5,4,6,3,2		1	
O_9	6,5,7,3,1		1	1
O_{10}	6,5,8,3,2		1	
O_{11}	7,6,9,3,1	1	1	1
O_{12}	8,7,a,3,1	1	1	1
O_{13}	8,7,b,3,2		1	
O_{14}	9,8,1,3,1	1	1	1
O_{15}	10,8,1,3,1			
O_6	4,3,4,1,3	1	1	1
O_2	1,1,2,2,2	1	1	1
	小计	9	13	12
	权重	0.6	0.2	0.2
	目标函数值		10.4	
	适应度值		0.096	

附录 3-2

表 3-55　工艺路线 1 成本计算

工艺路线	工序	可选工序集合	机床	刀具	进刀方向	静态成本 SC		动态成本 DC		
						机床成本	刀具成本	机床更换成本	刀具更换成本	装夹成本
4 ↓	O_4	OT_{42}	M_2	T_4	$-X$	10	3			20
8 ↓	O_8	OT_{82}	M_2	T_8	$+X$	10	3		60	20
9 ↓	O_9	OT_{92}	M_2	T_9	$+X$	10	8		60	
5 ↓	O_5	OT_{52}	M_2	T_5	$-X$	10	8		60	20
1 ↓	O_1	OT_{11}	M_1	T_1	$+X$	40	10	300	60	20
2 ↓	O_2	OT_{22}	M_2	T_2	$-Z$	10	3	300	60	20
3 ↓	O_3	OT_{32}	M_2	T_3	$-Z$	10	7		60	
6 ↓	O_6	OT_{61}	M_1	T_6	$+Z$	40	10	300	60	20
7	O_7	OT_{71}	M_1	T_7	$-Z$	40	10		60	20
小计						180	62	900	480	140
小计						242		1520		
合计						1762				

表 3-56　工艺路线 2 成本计算

工艺路线	工序	可选工序集合	机床	刀具	进刀方向	静态成本 SC		动态成本 DC		
						机床成本	刀具成本	机床更换成本	刀具更换成本	装夹成本
4	O_4	OT_{42}	M_2	T_4	$-X$	10	3			20
8	O_8	OT_{82}	M_2	T_8	$+X$	10	3		60	20
5	O_5	OT_{52}	M_2	T_5	$-X$	10	8		60	20
9	O_9	OT_{92}	M_2	T_9	$+X$	10	8		60	20
7	O_7	OT_{71}	M_1	T_7	$-Z$	40	10	300	60	20
1	O_1	OT_{11}	M_1	T_1	$+X$	40	10		60	20
2	O_2	OT_{22}	M_2	T_2	$-Z$	10	3	300	60	20
3	O_3	OT_{32}	M_2	T_3	$-Z$	10	7		60	
6	O_6	OT_{61}	M_1	T_6	$+Z$	40	10	300	60	20
小计						180	62	900	480	160
小计						242		1540		
合计						1782				

表 3-57　工艺路线 3 成本计算

工艺路线	工序	可选工序集合	机床	刀具	进刀方向	静态成本 SC		动态成本 DC		
						机床成本	刀具成本	机床更换成本	刀具更换成本	装夹成本
1	O_1	OT_{11}	M_1	T_1	$+X$	40	10			20
4	O_4	OT_{42}	M_2	T_4	$-X$	10	3	300	60	20
2	O_2	OT_{22}	M_2	T_2	$-Z$	10	3		60	20
8	O_8	OT_{82}	M_2	T_8	$+X$	10	3		60	20
3	O_3	OT_{32}	M_2	T_3	$-Z$	10	7		60	20
5	O_5	OT_{52}	M_2	T_5	$-X$	10	8		60	20
9	O_9	OT_{92}	M_2	T_9	$+X$	10	8		60	20
6	O_6	OT_{61}	M_1	T_6	$+Z$	40	10	300	60	20
7	O_7	OT_{71}	M_1	T_7	$-Z$	40	10		60	20
小计						180	62	600	480	180
小计						242		1260		
合计						1502				

表 3-58　工艺路线 4 成本计算

工艺路线	工序	可选工序集合	机床	刀具	进刀方向	静态成本 SC		动态成本 DC		
						机床成本	刀具成本	机床更换成本	刀具更换成本	装夹成本
8↓4↓9↓5↓1↓2↓3↓7↓6	O_8	OT_{82}	M_2	T_8	$+X$	10	3			20
	O_4	OT_{42}	M_2	T_4	$-X$	10	3		60	20
	O_9	OT_{92}	M_2	T_9	$+X$	10	8		60	20
	O_5	OT_{52}	M_2	T_5	$-X$	10	8		60	20
	O_1	OT_{11}	M_1	T_1	$+X$	40	10	300	60	20
	O_2	OT_{22}	M_2	T_2	$-Z$	10	3	300	60	20
	O_3	OT_{32}	M_2	T_3	$-Z$	10	7		60	
	O_7	OT_{71}	M_1	T_7	$-Z$	40	10	300	60	20
	O_6	OT_{61}	M_1	T_6	$+Z$	40	10		60	20
小计						180	62	900	480	160
小计						242		1540		
合计						1782				

表 3-59　工艺路线 5 成本计算

工艺路线	工序	可选工序集合	机床	刀具	进刀方向	静态成本 SC		动态成本 DC		
						机床成本	刀具成本	机床更换成本	刀具更换成本	装夹成本
1↓2↓8↓4↓3↓5↓9↓7↓6	O_1	OT_{11}	M_1	T_1	$+X$	40	10			20
	O_2	OT_{22}	M_2	T_2	$-Z$	10	3	300	60	20
	O_8	OT_{82}	M_2	T_8	$+X$	10	3		60	20
	O_4	OT_{42}	M_2	T_4	$-X$	10	3		60	20
	O_3	OT_{32}	M_2	T_3	$-Z$	10	7		60	20
	O_5	OT_{52}	M_2	T_5	$-X$	10	8		60	20
	O_9	OT_{92}	M_2	T_9	$+X$	10	8		60	20
	O_7	OT_{72}	M_1	T_7	$+Y$	40	10	300	60	20
	O_6	OT_{61}	M_1	T_6	$+Z$	40	10		60	20
小计						180	62	600	480	180
小计						242		1260		
合计						1502				

表 3-60　工艺路线 6 成本计算

工艺路线	工序	可选工序集合	机床	刀具	进刀方向	静态成本 SC		动态成本 DC		
						机床成本	刀具成本	机床更换成本	刀具更换成本	装夹成本
1	O_1	OT_{12}	M_1	T_1	$+Z$	40	10			20
2	O_2	OT_{22}	M_2	T_2	$-Z$	10	3	300	60	20
4	O_4	OT_{42}	M_2	T_4	$-X$	10	3		60	20
8	O_8	OT_{82}	M_2	T_8	$+X$	10	3		60	20
3	O_3	OT_{32}	M_2	T_3	$-Z$	10	7		60	20
5	O_5	OT_{52}	M_2	T_5	$-X$	10	8		60	20
9	O_9	OT_{92}	M_2	T_9	$+X$	10	8		60	20
6	O_6	OT_{61}	M_1	T_6	$+Z$	40	10	300	60	20
7	O_7	OT_{72}	M_1	T_7	$+Y$	40	10		60	20
小计						180	62	600	480	180
小计						242		1260		
合计						1502				

表 3-61　工艺路线 7 成本计算

工艺路线	工序	可选工序集合	机床	刀具	进刀方向	静态成本 SC		动态成本 DC		
						机床成本	刀具成本	机床更换成本	刀具更换成本	装夹成本
4	O_4	OT_{41}	M_1	T_4	$-X$	40	3			20
8	O_8	OT_{82}	M_2	T_8	$+X$	10	3	300	60	20
5	O_5	OT_{52}	M_2	T_5	$-X$	10	8		60	20
9	O_9	OT_{92}	M_2	T_9	$+X$	10	8		60	20
7	O_7	OT_{71}	M_1	T_7	$-Z$	40	10	300	60	20
1	O_1	OT_{11}	M_1	T_1	$+X$	40	10		60	20
2	O_2	OT_{22}	M_2	T_2	$-Z$	10	3	300	60	20
3	O_3	OT_{32}	M_2	T_3	$-Z$	10	7		60	
6	O_6	OT_{61}	M_1	T_6	$+Z$	40	10	300	60	20
小计						210	62	1200	480	160
小计						272		1840		
合计						2112				

表 3-62　工艺路线 8 成本计算

工艺路线	工序	可选工序集合	机床	刀具	进刀方向	静态成本 SC		动态成本 DC		
						机床成本	刀具成本	机床更换成本	刀具更换成本	装夹成本
8 ↓	O_8	OT_{82}	M_2	T_8	$+X$	10	3			20
4 ↓	O_4	OT_{42}	M_2	T_4	$-X$	10	3		60	20
5 ↓	O_5	OT_{52}	M_2	T_5	$-X$	10	8		60	
9 ↓	O_9	OT_{92}	M_2	T_9	$+X$	10	8		60	20
7 ↓	O_7	OT_{71}	M_1	T_7	$-Z$	40	10	300	60	20
1 ↓	O_1	OT_{11}	M_1	T_1	$+X$	40	10		60	
2 ↓	O_2	OT_{22}	M_2	T_2	$-Z$	10	3	300	60	20
3 ↓	O_3	OT_{32}	M_2	T_3	$-Z$	10	7		60	
6	O_6	OT_{61}	M_1	T_6	$+Z$	40	10	300	60	20
小计						180	62	900	480	140
小计						242		1520		
合计						1762				

表 3-63　工艺路线 9 成本计算

工艺路线	工序	可选工序集合	机床	刀具	进刀方向	静态成本 SC		动态成本 DC		
						机床成本	刀具成本	机床更换成本	刀具更换成本	装夹成本
4 ↓	O_4	OT_{41}	M_1	T_4	$-X$	40	3			20
8 ↓	O_8	OT_{82}	M_2	T_8	$+X$	10	3	300	60	20
9 ↓	O_9	OT_{92}	M_2	T_9	$+X$	10	8		60	
5 ↓	O_5	OT_{52}	M_2	T_5	$-X$	10	8		60	20
1 ↓	O_1	OT_{11}	M_1	T_1	$+X$	40	10	300	60	20
2 ↓	O_2	OT_{22}	M_2	T_2	$-Z$	10	3	300	60	20
3 ↓	O_3	OT_{32}	M_2	T_3	$-Z$	10	7		60	
6 ↓	O_6	OT_{61}	M_1	T_6	$+Z$	40	10	300	60	20
7	O_7	OT_{71}	M_1	T_7	$-Z$	40	10		60	20
小计						210	62	1200	480	140
小计						272		1820		
合计						2092				

表 3-64 工艺路线 10 成本计算

工艺路线	工序	可选工序集合	机床	刀具	进刀方向	静态成本 SC		动态成本 DC		
						机床成本	刀具成本	机床更换成本	刀具更换成本	装夹成本
1 ↓	O_1	OT_{12}	M_1	T_1	$+Z$	40	10			20
4 ↓	O_4	OT_{42}	M_2	T_4	$-X$	10	3	300	60	20
8 ↓	O_8	OT_{82}	M_2	T_8	$+X$	10	3		60	20
2 ↓	O_2	OT_{22}	M_2	T_2	$-Z$	10	3		60	20
3 ↓	O_3	OT_{32}	M_2	T_3	$-Z$	10	7		60	
5 ↓	O_5	OT_{52}	M_2	T_5	$-X$	10	8		60	20
9 ↓	O_9	OT_{92}	M_2	T_9	$+X$	10	8		60	20
6 ↓	O_6	OT_{61}	M_1	T_6	$+Z$	40	10	300	60	20
7	O_7	OT_{71}	M_1	T_7	$-Z$	40	10		60	20
小计						180	62	600	480	160
小计						242		1240		
合计						1482				

附录 3-3

表 3-65 $OT_{11} \rightarrow OT_{42}$ 的下个可访问节点

工序	可选工序集合	机床	刀具	进刀方向	启发式信息 η_{1v}	信息素 τ_{1v}	访问概率 $p_{uv}^k / \%$
O_2	OT_{21}	M_1	T_2	$-Z$	$50/43 \approx 1.163$	1	3.97
	OT_{22}	M_2	T_2	$-Z$	$50/13 \approx 3.846$	2.332	30.64
O_5	OT_{51}	M_1	T_5	$-X$	$50/48 \approx 1.042$	1	3.56
	OT_{52}	M_2	T_5	$-X$	$50/18 \approx 2.778$	1	9.49
O_8	OT_{81}	M_1	T_8	$+X$	$50/43 \approx 1.163$	1	3.97
	OT_{82}	M_2	T_8	$+X$	$50/13 \approx 3.846$	3.682	48.37

表 3-66 $OT_{11} \rightarrow OT_{42} \rightarrow OT_{82}$ 的下个可访问节点

工序	可选工序集合	机床	刀具	进刀方向	启发式信息 η_{1v}	信息素 τ_{1v}	访问概率 $p_{uv}^k / \%$
O_2	OT_{21}	M_1	T_2	$-Z$	$50/43 \approx 1.163$	1	6.52
	OT_{22}	M_2	T_2	$-Z$	$50/13 \approx 3.846$	2.35	50.66
O_5	OT_{51}	M_1	T_5	$-X$	$50/48 \approx 1.042$	1	5.84
	OT_{52}	M_2	T_5	$-X$	$50/18 \approx 2.778$	1	15.57
O_9	OT_{91}	M_1	T_9	$+X$	$50/48 \approx 1.042$	1	5.84
	OT_{92}	M_2	T_9	$+X$	$50/18 \approx 2.778$	1	15.57

表 3-67　$OT_{11} \rightarrow OT_{42} \rightarrow OT_{82} \rightarrow OT_{22}$ 的下个可访问节点

工序	可选工序集合	机床	刀具	进刀方向	启发式信息 η_{1v}	信息素 τ_{1v}	访问概率 p_{uv}^k/%
O_3	OT_{31}	M_1	T_3	$-Z$	$50/47 \approx 1.064$	1	9.50
	OT_{32}	M_2	T_3	$-Z$	$50/17 \approx 2.941$	2.35	52.48
O_5	OT_{51}	M_1	T_5	$-X$	$50/48 \approx 1.042$	1	9.50
	OT_{52}	M_2	T_5	$-X$	$50/18 \approx 2.778$	1	9.50
O_9	OT_{91}	M_1	T_9	$+X$	$50/48 \approx 1.042$	1	9.50
	OT_{92}	M_2	T_9	$+X$	$50/18 \approx 2.778$	1	9.50

表 3-68　$OT_{11} \rightarrow OT_{42} \rightarrow OT_{82} \rightarrow OT_{22} \rightarrow OT_{32}$ 的下个可访问节点

工序	可选工序集合	机床	刀具	进刀方向	启发式信息 η_{1v}	信息素 τ_{1v}	访问概率 p_{uv}^k/%
O_5	OT_{51}	M_1	T_5	$-X$	$50/48 \approx 1.042$	1	10.70
	OT_{52}	M_2	T_5	$-X$	$50/18 \approx 2.778$	6.346	67.90
O_9	OT_{91}	M_1	T_9	$+X$	$50/48 \approx 1.042$	1	10.70
	OT_{92}	M_2	T_9	$+X$	$50/18 \approx 2.778$	1	10.70

表 3-69　$OT_{11} \rightarrow OT_{42} \rightarrow OT_{82} \rightarrow OT_{22} \rightarrow OT_{32} \rightarrow OT_{52}$ 的下个可访问节点

工序	可选工序集合	机床	刀具	进刀方向	启发式信息 η_{1v}	信息素 τ_{1v}	访问概率 p_{uv}^k/%
O_6	OT_{61}	M_1	T_6	$+Z$	$50/50 \approx 1$	1	11.98
O_9	OT_{91}	M_1	T_9	$+X$	$50/48 \approx 1.042$	1	11.98
	OT_{92}	M_2	T_9	$+X$	$50/18 \approx 2.778$	6.346	76.04

表 3-70　$OT_{11} \rightarrow OT_{42} \rightarrow OT_{82} \rightarrow OT_{22} \rightarrow OT_{32} \rightarrow OT_{52} \rightarrow OT_{92}$ 的下个可访问节点

工序	可选工序集合	机床	刀具	进刀方向	启发式信息 η_{3v}	信息素 τ_{1v}	访问概率 p_{uv}^k/%
O_6	OT_{61}	M_1	T_6	$+Z$	$50/50 = 1$	5.014	60.08
O_7	OT_{71}	M_1	T_7	$-Z$	$50/50 = 1$	1	11.98
	OT_{72}	M_1	T_7	$+Y$	$50/50 = 1$	2.332	27.94

表 3-71　$OT_{11} \rightarrow OT_{42} \rightarrow OT_{82} \rightarrow OT_{22} \rightarrow OT_{32} \rightarrow OT_{52} \rightarrow OT_{92} \rightarrow OT_{61}$ 的下个可访问节点

工序	可选工序集合	机床	刀具	进刀方向	启发式信息 η_{3v}	信息素 τ_{1v}	访问概率 p_{uv}^k/%
O_7	OT_{71}	M_1	T_7	$-Z$	$50/50 = 1$	3.682	61.22
	OT_{72}	M_1	T_7	$+Y$	$50/50 = 1$	2.332	38.78

最终工艺路线：

$$OT_{11} \rightarrow OT_{42} \rightarrow OT_{82} \rightarrow OT_{22} \rightarrow OT_{32} \rightarrow OT_{52} \rightarrow OT_{92} \rightarrow OT_{61} \rightarrow OT_{71}$$

附录 3-4

示例零件 5 如图 3-18 示例，包含 13 个加工特征。

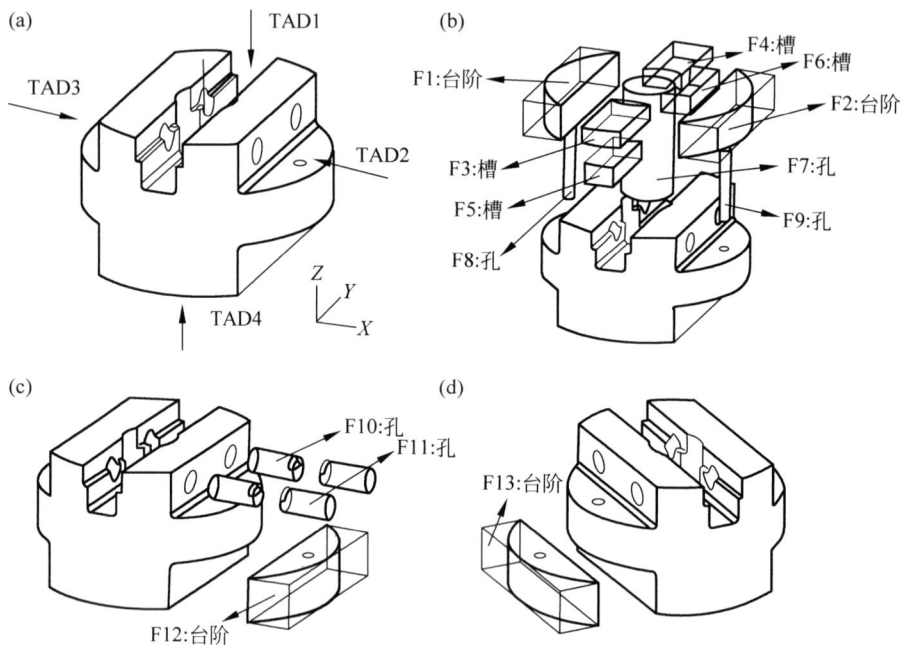

图 3-18　示例零件 5

示例零件 5 的特征、工序及加工资源信息如表 3-72 所示，13 个特征划分为 18 道工序，其加工资源包括钻床等 5 种机床、麻花钻等 16 种加工刀具、6 种进刀方向。

表 3-72　示例零件 5 的特征、工序及加工资源信息

特征	特征描述	工序	机　床	刀　具	进刀方向
F1	台阶面	O_1	M_1,M_2,M_4,M_5	T_1,T_2,T_3,T_4,T_5	$+X,-Z$
F2	台阶面	O_2	M_1,M_2,M_4,M_5	T_1,T_2,T_3,T_4,T_5	$-X,-Z$
F3	槽	O_3	M_1,M_2	T_1,T_3	$-Z$
F4	槽	O_4	M_1,M_2	T_1,T_3	$-Z$
F5	槽	O_5	M_1,M_2	T_1,T_3	$-Z$
F6	槽	O_6	M_1,M_2	T_1,T_3	$-Z$
F7	孔（中心）	O_7	M_1,M_2,M_3,M_4,M_5	T_{14}	$+Z,-Z$
		O_8	M_1,M_2,M_3,M_4,M_5	T_{11}	$+Z,-Z$
F8	孔（竖直）	O_9	M_1,M_2,M_3,M_4,M_5	T_{14}	$+Z,-Z$
		O_{10}	M_1,M_2,M_3,M_4,M_5	T_6	$+Z,-Z$
F9	孔（竖直）	O_{11}	M_1,M_2,M_3,M_4,M_5	T_{14}	$+Z,-Z$
		O_{12}	M_1,M_2,M_3,M_4,M_5	T_6	$+Z,-Z$

续表

特征	特征描述	工序	机　床	刀　具	进刀方向
F10	孔（水平）	O_{13}	M_1,M_2,M_3,M_4,M_5	T_{14}	$+X,-X$
		O_{14}	M_1,M_2,M_3,M_4,M_5	T_9	$+X,-X$
F11	孔（水平）	O_{15}	M_1,M_2,M_3,M_4,M_5	T_{14}	$+X,-X$
		O_{16}	M_1,M_2,M_3,M_4,M_5	T_9	$+X,-X$
F12	台阶面	O_{17}	M_1,M_2,M_4,M_5	T_1,T_2,T_3,T_4,T_5	$-X,+Z$
F13	台阶面	O_{18}	M_1,M_2,M_4,M_5	T_1,T_2,T_3,T_4,T_5	$+X,+Z$

示例零件 5 的工艺约束如表 3-73 所示。

示例零件 5 的各项加工资源的使用成本信息如表 3-74 所示。

表 3-73　示例零件 5 的工艺约束

约束前	约束后	约束性质
O_7	O_3	硬约束
O_{13}		硬约束
O_7	O_4	硬约束
O_{15}		硬约束
O_3		硬约束
O_7	O_5	硬约束
O_{15}		硬约束
O_4		硬约束
O_7	O_6	硬约束
O_{13}		硬约束
O_7	O_8	硬约束
O_1	O_9	硬约束
O_{18}		硬约束
O_9	O_{10}	硬约束
O_2	O_{11}	硬约束
O_{17}		硬约束
O_{11}	O_{12}	硬约束
O_1	O_{13}	硬约束
O_2		硬约束
O_{13}	O_{14}	硬约束
O_1	O_{15}	硬约束
O_2		硬约束
O_{15}	O_{16}	硬约束

表 3-74　示例零件 5 的各项加工资源的使用成本信息

编号	资源名称（加工直径）	成本（MC/TC）
M_1	V 铣床	20
M_2	V 加工中心	50
M_3	钻床	40
M_4	H 铣床	25
M_5	H 加工中心	55
T_1	端铣刀（10）	3
T_2	端铣刀（20）	4
T_3	端铣刀（30）	5
T_4	端铣刀（40）	6
T_5	侧铣刀（40）	7
T_6	钻刀（6）	3
T_7	钻刀（8）	3
T_8	钻刀（10）	4
T_9	钻刀（14）	6
T_{10}	钻刀（20）	7
T_{11}	钻刀（30）	8
T_{12}	钻刀（50）	8
T_{13}	钻刀（70）	8
T_{14}	中心钻（2）	2
T_{15}	角度铣刀（45°）	4
T_{16}	T 形槽铣刀（20）	5
	MCC＝300，SCC＝120，TCC＝15	

示例零件 6 如图 3-19 示例,包含 9 个加工特征。

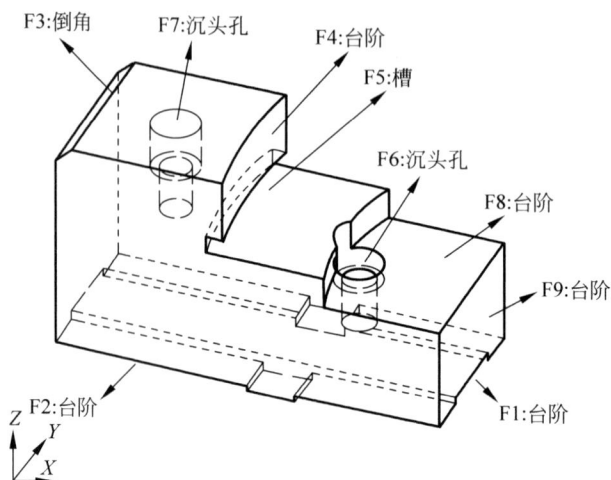

图 3-19　示例零件 6

示例零件 6 的特征、工序及加工资源信息如表 3-75 所示,9 个特征划分为 13 道工序,其加工资源包括钻床等 5 种机床、麻花钻等 17 种加工刀具、6 种进刀方向。

表 3-75　示例零件 6 的特征、工序及加工资源信息

特征	特征描述	工序	机　　床	刀　　具	进刀方向
F1	槽	O_1	M_1,M_2,M_4,M_5	T_1,T_3,T_5,T_{15}	$+Z$
F2	台阶面	O_2	M_1,M_2,M_4,M_5	T_1,T_2,T_3,T_4,T_5	$+Z$
F3	角度	O_3	M_1,M_2,M_4,M_5	T_4,T_{11}	$+X,+Y,-Y,-Z$
F4	台阶面	O_4	M_1,M_2	T_1,T_2,T_4	$-Z$
F5	槽	O_5	M_1,M_2	T_{15}	$-Z$
		O_6	M_1,M_2,M_3,M_4,M_5	T_{10}	$-Z$
		O_7	M_1,M_2,M_3,M_5	T_{14}	$-Z$
F6	沉孔	O_8	M_1,M_2	T_3	$-Z$
		O_9	M_1,M_2,M_3,M_4,M_5	T_{10}	$-Z$
F7	沉孔	O_{10}	M_1,M_2,M_4,M_5	T_1	$-Z$
		O_{11}	M_1,M_2	T_3	$-Z$
F8		O_{12}	M_1,M_2	T_1,T_2,T_3,T_4	$-Z$
F9		O_{13}	M_1,M_2,M_4,M_5	T_1,T_2,T_3,T_4,T_5	$+Z$

示例零件 6 的工艺约束如表 3-76 所示。

表 3-76　示例零件 6 的工艺约束

约束		约束性质	约束		约束性质
前	后		前	后	
O_1	O_7	硬约束	O_7	O_8	硬约束
O_2	O_1	硬约束	O_8	O_9	硬约束
O_4	O_5	硬约束	O_9	O_{12}	硬约束
O_4	O_7	硬约束	O_{10}	O_{11}	硬约束
O_5	O_6	硬约束	O_{13}	O_1	硬约束

示例零件 6 的各项加工资源的使用成本信息如表 3-77 示。

表 3-77　示例零件 6 的各项加工资源的使用成本信息

编号	资源名称(加工直径)	成本(MC/TC)	编号	资源名称(加工直径)	成本(MC/TC)
M_1	V 铣床	70	T_7	钻刀(20)	3
M_2	V 加工中心	35	T_8	钻刀(30)	3
M_3	钻床	10	T_9	钻刀(50)	4
M_4	H 铣床	40	T_{10}	中心钻(20)	2
M_5	H 加工中心	85	T_{11}	角度铣刀(45°)	10
T_1	端铣刀(20)	10	T_{12}	钻刀(70)	5
T_2	端铣刀(30)	10	T_{13}	钻刀(8)	6
T_3	端铣刀(15)	10	T_{14}	钻刀(10)	3
T_4	端铣刀(40)	12	T_{15}	T 形槽铣刀(20)	6
T_5	侧铣刀(50)	8	T_{16}	钻刀(5)	3
T_6	T 形槽铣刀(30)	16	T_{17}	钻刀(15)	4
MCC=150,SCC=90,TCC=20					

示例零件 7 如图 3-20 示例,包含 7 个加工特征。

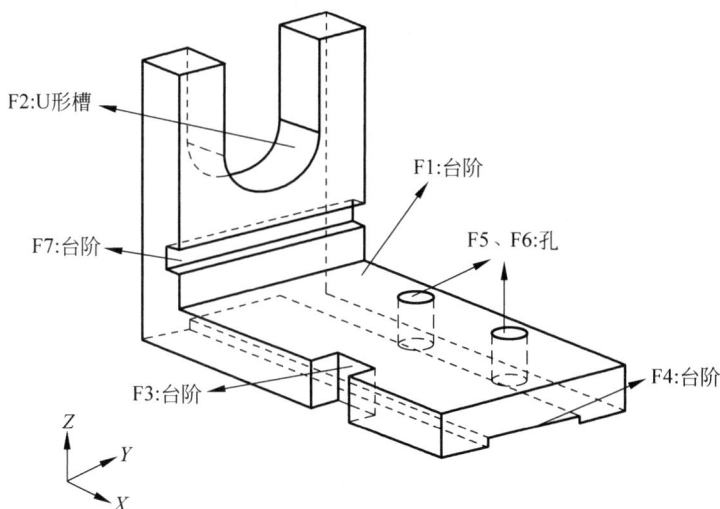

图 3-20　示例零件 7

示例零件 7 的特征、工序及加工资源信息如表 3-78 所示,7 个特征划分为 9 道工序,其加工资源包括钻床等 5 种机床、麻花钻等 16 种加工刀具、6 种进刀方向。

表 3-78　示例零件 7 的特征、工序及加工资源信息

特征	特征描述	工序	机　床	刀　具	进刀方向
F1	台阶面	O_1	M_1,M_2,M_4,M_5	T_1,T_2,T_3,T_4,T_5	$-X,-Z$
F2	U 形槽	O_2	M_1,M_2,M_4,M_5	T_1,T_2,T_3,T_5,T_{16}	$+Y,-Z$
F3	槽	O_3	M_1,M_2	T_1,T_3	$+Y$

特征	特征描述	工序	机　床	刀　具	进刀方向
F4	槽	O_4	M_1,M_2,M_4,M_5	T_1,T_2,T_5	$+X,-X,+Z$
F5	通孔	O_5	M_1,M_2,M_3,M_4,M_5	T_{14}	$+Z,-Z$
		O_6	M_1,M_2,M_3,M_4,M_5	T_8	$+Z,-Z$
F6	通孔	O_7	M_1,M_2,M_3,M_4,M_5	T_{14}	$+Z,-Z$
		O_8	M_1,M_2,M_3,M_4,M_5	T_8	$+Z,-Z$
F7	槽	O_9	M_1,M_2,M_4,M_5	T_1,T_5	$-X$

示例零件 7 的工艺约束如表 3-79 所示。

表 3-79　示例零件 7 的工艺约束

约束		约束性质	约束		约束性质
前	后		前	后	
O_1	O_2	硬约束	O_1	O_7	硬约束
	O_3	硬约束		O_9	硬约束
	O_4	硬约束	O_5	O_6	硬约束
	O_5	硬约束	O_7	O_8	硬约束

示例零件 7 的各项加工资源的使用成本信息如表 3-80 所示。

表 3-80　示例零件 7 的各项加工资源的使用成本信息

编号	资源名称(加工直径)	成本(MC/TC)	编号	资源名称(加工直径)	成本(MC/TC)
M_1	V 铣床	20	T_7	钻刀(8)	3
M_2	V 加工中心	50	T_8	钻刀(10)	4
M_3	钻床	40	T_9	钻刀(14)	6
M_4	H 铣床	25	T_{10}	钻刀(20)	7
M_5	H 加工中心	55	T_{11}	钻刀(30)	8
T_1	端铣刀(10)	3	T_{12}	钻刀(50)	8
T_2	端铣刀(20)	4	T_{13}	钻刀(70)	8
T_3	端铣刀(30)	5	T_{14}	中心钻(2)	2
T_4	端铣刀(40)	6	T_{15}	角度铣刀(45°)	4
T_5	侧铣刀(40)	7	T_{16}	T 形槽铣刀(20)	5
T_6	钻刀(6)	3			
MCC=300,SCC=120,TCC=15					

示例零件 8 如图 3-21 示例,包含 14 个加工特征。

示例零件 8 的特征、工序及加工资源信息如表 3-81 所示,14 个特征划分为 18 道工序,其加工资源包括钻床等 5 种机床、麻花钻等 18 种加工刀具、6 种进刀方向。

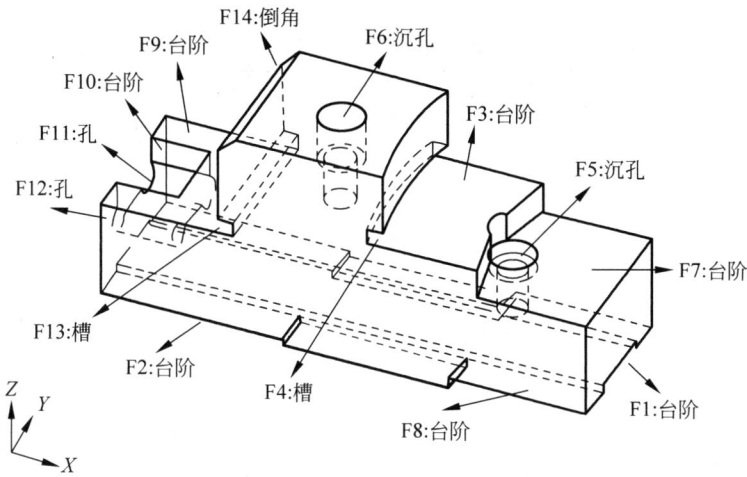

图 3-21 示例零件 8

表 3-81 示例零件 8 的特征、工序及加工资源信息

特征	特征描述	工序	机　　床	刀　　具	进刀方向
F1	底槽	O_1	M_1,M_2	T_1,T_3	$+Z$
F2	台阶面	O_2	M_1,M_2,M_4,M_5	T_1,T_2,T_3,T_4,T_5	$+X,+Z$
F3	台阶面	O_3	M_1,M_2	T_1,T_2,T_4	$-Z$
F4	槽	O_4	M_1,M_2	T_{15}	$-Z$
		O_5	M_1,M_2,M_3,M_4,M_5	T_{10}	$-Z$
F5	沉孔	O_6	M_1,M_2,M_3,M_4,M_5	T_{14}	$-Z$
		O_7	M_1,M_2	T_3	$-Z$
		O_8	M_1,M_2,M_3,M_4,M_5	T_{10}	$-Z$
F6	沉孔	O_9	M_1,M_2,M_3,M_4,M_5	T_{14}	$-Z$
		O_{10}	M_1,M_2	T_3	$-Z$
F7	台阶面	O_{11}	M_1,M_2	T_1,T_2,T_3,T_4	$-Z$
F8	台阶面	O_{12}	M_1,M_2,M_4,M_5	T_1,T_2,T_3,T_4,T_5	$+Z,-X$
F9	台阶面	O_{13}	M_1,M_2,M_4,M_5	T_2,T_4,T_5	$+X,-Z$
F10	槽	O_{14}	M_1,M_2	T_3	$+X$
F11	孔	O_{15}	M_1,M_2,M_3,M_4,M_5	T_{14}	$+X$
F12	孔	O_{16}	M_1,M_2,M_3,M_4,M_5	T_{14}	$+X$
F13	槽	O_{17}	M_1,M_2	T_{15}	$-Z$
F14	角度	O_{18}	M_1,M_2,M_4,M_5	T_{11},T_{18}	$+X,-Z$

示例零件 8 的工艺约束如表 3-82 所示。

表 3-82　示例零件 8 的工艺约束

约束		约束性质	约束		约束性质
前	后		前	后	
O_1	O_5	硬约束	O_8	O_9	硬约束
	O_{11}	硬约束	O_9	O_{10}	硬约束
O_2	O_1	硬约束	O_{12}	O_1	硬约束
O_3	O_4	硬约束	O_{13}	O_{17}	硬约束
	O_5	硬约束		O_{18}	硬约束
O_5	O_6	硬约束	O_{15}	O_{14}	硬约束
O_6	O_7	硬约束	O_{16}		硬约束
O_7	O_{11}	硬约束			

示例零件 8 的各项加工资源的使用成本信息如表 3-83 所示。

表 3-83　示例零件 8 的各项加工资源的使用成本信息

编号	资源名称(加工直径)	成本(MC/TC)	编号	资源名称(加工直径)	成本(MC/TC)
M_1	V 铣床	70	T_8	钻刀(30)	3
M_2	V 加工中心	35	T_9	钻刀(50)	4
M_3	钻床	10	T_{10}	中心钻(20)	2
M_4	H 铣床	40	T_{11}	角度铣刀(45°)	10
M_5	H 加工中心	85	T_{12}	钻刀(70)	5
T_1	端铣刀(20)	10	T_{13}	钻刀(8)	6
T_2	端铣刀(30)	10	T_{14}	钻刀(10)	3
T_3	端铣刀(15)	10	T_{15}	T 形槽铣刀(20)	6
T_4	端铣刀(40)	12	T_{16}	钻刀(5)	3
T_5	侧铣刀(50)	8	T_{17}	钻刀(15)	4
T_6	T 形槽铣刀(30)	16	T_{18}	角度铣刀(45°)	10
T_7	钻刀(20)	3			

MCC＝150,SCC＝90,TCC＝20

第4章

车间调度建模与智能优化

4.1 生产调度问题

生产调度就是在一定的时间内,通过可用资源的分配和生产任务的排序,满足某些制定的性能指标。具体来说,就是针对某项可以分解的工作,在一定的约束条件下,合理安排其组成部分占用的资源、加工时间及先后顺序,以获得产品制造时间或成本等最优解。对于车间级制造系统而言,车间调度是制造过程的重要环节。通过合理的调度方案,能够提高设备利用率,降低库存和成本,减少能耗,从而提高制造系统的整体运行效率。近30年来,国际生产工程学会总结了40余种先进制造模式,都是以优化的生产调度为基础。而随着全球市场竞争的加剧及客户需求的多样化和个性化,企业组织生产的模式正朝着“多品种、变批量、低能耗”方向发展,制造系统的调度问题受到日益广泛的重视。

在调度问题中,通常存在一组工件$(J_1,J_2,\cdots,J_n)$,每个工件具有h_i道工序及一组机器$(M_1,M_2,\cdots,M_m)$。一个调度问题常用三元组$\alpha|\beta|\gamma$描述。α域描述机器环境;β域提供加工特征和约束的细节,一个实际问题可能不包含其中任一项,也可能包含多项;γ域描述性能指标。

1. α 域

α域描述的机器环境包括以下几个部分。

(1) 单机:单机是所有机器环境中最简单的,是所有其他环境的特例。

(2) 并行机:并行机具有相同的功能,可分为三类:同速机,即并行的m台机器具有相同的速度;恒速机,即并行的m台机器速度不同,但每台机器的速度为常数;变速机,即机器的速度依赖于加工的工件。

(3) 流水车间:流水车间有串行的m台机器,每个工件必须以相同的加工路径访问所有机器。工件在一台机器上加工完毕后,进入第二台机器的缓冲区,等待加工,依次访问,直到所有工序加工完毕。如果工件的体积很小(如集成电路),机器间可以大量存放,可认为缓冲区无穷大;如果工件的体积较大,则认为机器间缓冲区有限。

(4) 作业车间:作业车间的每个工件都要访问所有机器,但每个工件都有自己的机器访问顺序。

(5) 开放车间:开放车间的每个工件都可以在每台机器上进行多次加工,有些加工时间可以为零,对工件的加工路径没有任何限制。

2. β 域

β 域描述的加工约束可能包括以下几个部分。

(1) 提交时间:提交时间是指工件到达系统的时间,也就是工件可以开始加工的最早时间。

(2) 与加工顺序相关的调整时间:也称分离调整时间,即不能包含在加工时间内的调整时间。

(3) 中断:中断意味着不必使一个工件在其加工完成之前一直保留在机器上,它允许调度人员在任何时间中断正在加工工件的加工,而安排机器做另外的工作(如加工其他工件或维修等)。通常假设不允许中断,若允许中断,则该条件将出现在 β 域中。

(4) 故障:机器故障意味着机器不可用。

(5) 优先约束:优先约束是指某道工序开始之前,必须完成其他一道或多道工序。

(6) 阻塞:如果一个流水车间在两台相邻的机器之间只有有限的缓冲区,当缓冲区变满后,上游的机器就无法释放已加工完毕的工件,加工完的工件只能停留在该机器上,从而阻止其他工件在该机器上加工。

(7) 零等待:零等待是指不允许工件在两台机器间等待,工件的加工一旦开始,就必须无等待地访问所有机器。例如,轧钢厂钢板的生产就不允许等待,因为等待过程中钢板会变冷。关于阻塞和零等待,不一定只出现在流水车间,作业车间中也可能出现。

(8) 再循环:同一工件可能重复访问同一机器多次。

3. γ 域

γ 域描述的性能指标包括以下几类。

1) 基于加工完成时间的指标

(1) 最大完成时间:

$$C_{\max} = \max_{1 \leqslant i \leqslant n} \{C_i\} \tag{4-1}$$

式中,C_i 为工件 J_i 的加工完成时间;$C_{\max}$ 是调度研究中最常见的指标。

(2) 平均完成时间:

$$\bar{C} = \frac{1}{n} \sum_{i=1}^{n} C_i \tag{4-2}$$

(3) 最大流经时间:

$$F_{\max} = \max_{1 \leqslant i \leqslant n} F_i = \max_{1 \leqslant i \leqslant n} \{C_i - r_i\} \tag{4-3}$$

式中,r_i 为提交时间;F_i 为工件 J_i 从进入制造系统到加工完毕离开系统经历的时间,为流经时间。

(4) 总流经时间:

$$\sum_{i=1}^{n} F_i \tag{4-4}$$

(5) 加权流经时间:

$$\sum_{i=1}^{n} w_i F_i \tag{4-5}$$

（6）平均流经时间：

$$\overline{F} = \frac{1}{n}\sum_{i=1}^{n}F_i \tag{4-6}$$

2）基于交货期的性能指标

（1）总拖后时间：

$$\sum_{i=1}^{n}T_i \tag{4-7}$$

（2）最大拖后时间：

$$T_{\max} = \max_{1\leqslant i\leqslant n}\{T_i\} \tag{4-8}$$

（3）平均拖后时间：

$$\overline{T} = \frac{1}{n}\sum_{i=1}^{n}T_i \tag{4-9}$$

$$T_i = \max\{C_i - d_i, 0\} \tag{4-10}$$

式中，T_i 为工件 J_i 的拖后时间；d_i 为 J_i 的交货期。

3）基于库存的性能指标

包括平均已完成工件数 $\overline{N_c}$、平均未完成工件数 $\overline{N_n}$ 等。

4）基于机器负荷的性能指标

（1）最大机器负荷 $L_{\max}$，即具有最大加工时间的机器的负荷。

（2）总机器负荷 L_{tot}，即所有机器的所有加工时间之和。

（3）机器负荷间的平衡，即所有机器负荷之间的方差、标准差或其他指标。

4.1.1　典型调度问题

根据调度类型的特点，调度问题主要包含以下典型问题。

1）作业车间调度问题

作业车间调度问题（job shop scheduling problem，JSSP）由 n 个工件和 m 台机器组成。每个工件具有一定数量的工序，其加工路径事先给定。每道工序的加工机器和加工时间事先给定，除此之外，还有一些机器和工件约束：一个工件不能访问同一机器两次；不同工件的工序之间没有优先约束；工序加工不能被中断；一台机器不能同时加工多个工件；开工时间和交货期均未指定；不考虑工件加工的优先权；工序加工容许等待，即若前一道工序未完成，则后续的工序要等待。

2）流水车间调度问题

流水车间调度问题（flow shop scheduling problem，FSSP）一般可以描述为：n 个工件由 m 台机器加工，每个工件具有一定数量的工序，每个工件以相同的顺序访问所有机器，工件在机器上的加工时间固定，问题的目标是优化所有工件的加工顺序，使最大完成时间最小。对 FSSP 常做以下假设：每个工件在机器上的加工顺序相同；每台机器在同一时刻只能加工一个工件的某道工序；一个工件不能同时在两台以上的机器加工；工序的调整时间与顺序无关，且包含在加工时间中；缓冲区容量无穷大。

FSSP 是一种重要的制造系统调度问题，实际制造过程中的许多调度问题都可简化为

FSSP,其中,置换流水车间调度问题(permutation flow shop scheduling problem,PFSSP)就是 FSSP 的一种特例,该问题不仅工件的加工路径一样,而且每台机器上工件的加工顺序也完全一样。

3) 柔性车间调度问题

生产的柔性包括设备使用柔性和设备安排柔性,其中,前者指设备可用于多个工件的多道工序的加工;而后者指工件加工时的设备路径不是固定和预先确定的,具有可选的设备路径。

这类问题包括柔性流水车间调度和柔性作业车间调度两种。在柔性作业车间调度问题(flexible job shop scheduling problem,FJSP)和 JSSP 中,每道工序只能由一台机器加工,而在柔性车间调度中,具有设备安排柔性,至少一道工序存在多台加工机器,或者至少一个工件存在多种可能的加工路径。

4) 开放车间调度问题

开放车间调度问题(open shop scheduling problem,OSSP)具有如下特点:各工件的工序事先给定,但无加工路径约束,每道工序只能由一台机器加工。具体描述如下:n 个工件 $(J_1,J_2,\cdots,J_n)$ 和 m 台机器 $(M_1,M_2,\cdots,M_m)$,工件 J_i 的释放时间和交货期为 r_i 和 d_i,一共有 h_i 道工序,每道工序的加工机器只有一台,加工过程不允许中断,一台机器同一时刻只能加工一个工件,同一工件同一时刻只能由同一台机器加工。

5) 批处理机调度

批处理机是一类能同时加工多个工件的机器,批处理机已广泛应用于半导体制造的扩散和氧化操作、半导体测试的老化操作、金属加工的热处理、印制电路板封装,以及食品、化工和制药工业等。批处理机调度突破了传统调度问题中一台机器上任何时刻只能加工一个工件的假设,具有以下特点:对工件的加工以批为单位进行,设批处理的批容量为 C,则进行加工时,要把工件分成若干批,每批工件大小之和不能超过 C;批加工时间或者由批内工件的最大加工时间决定,或者为常数;同一批内的工件具有相同的加工开始时间和完成时间,一批工件的加工一旦开始,就不能中断;整个调度问题可以分解为工件分批和批调度两个子问题。

6) 动态调度

生产调度分为动态调度和静态调度两大类。静态调度是调度环境和任务已知前提下的事前调度方案。在实际生产过程中,虽然调度之前进行了尽可能符合实际的预测,但由于生产过程的诸多因素,如处理单元和物料等资源的变化,难以预先精确估计,往往影响调度计划,使实际生产进度与静态调度的进度表不符,需要进行动态调整,特别是在市场经济条件下,没有一种预测方法能够完全预测制造过程的动态变化。事实上,市场需求变化会引起产品订单变化,如产品数量变化、交货期变化,以及生产设备故障、能源短缺和加工时间变化等,都可能使原来的调度不符合实际要求。

为适应实际制造过程中的不确定性和随机性,一般采用周期性调度和再调度相结合的策略。定义一些关键事件,如设备故障等。当关键事件发生时,立即重新调度;否则,进行周期性调度,即进行所谓动态调度或再调度。动态调度是指在调度环境和任务存在不可预测的扰动情况下的调度方案,它不仅依赖于事前调度环境和任务,而且与当前状态有关。

动态调度有两种形式,即滚动调度和被动调度。滚动调度是指调度优化随着时间推移,在一个接一个的时间段内动态进行。被动调度是指当生产过程发生变化、原来的调度不再可行时,进行的调度修正。被动调度是在原有静态调度的基础上进行的,它的调度目标是尽量维持原调度水平,性能指标下降越小越好。滚动调度既可以在原有静态调度的基础上进行,也可以直接进行,其最终目的都是在当前优化区域内得到最优或次优调度。

动态调度必须符合实时性要求,所以更关心在线计算能力问题。为能够在有效时间内得到较为合理的调度,一般希望将问题的规模减小,在一个较小时间段的问题空间内得到一个较优解。因此,大多数采用启发式方法和基于预测的滚动优化方法。

大多数动态调度由加工时间的变化引起,少数动态调度由订单的变化和设备故障等引起。对于加工时间变化引起的动态调度,由于批量和加工顺序一般是根据最早的最优(或者可行)调度设定的,这种情况下一般不再需要重新分配批次和加工顺序,只是调整各加工任务的加工起始时间,尽量得到一个次优调度,或者保持原有调度的性能指标。

4.1.2 调度问题的研究方法

调度问题的研究始于 20 世纪 50 年代。1954 年,Johnson 提出了解决 $n/2/F/C_{\max}$ 和部分特殊的 $n/3/F/C_{\max}$ 问题的有效优化算法,标志着经典调度理论研究的开始。不过直到 50 年代末期,研究成果仍主要是针对一些特殊情况和规模较小的单机及简单的流水车间问题提出一些解析优化方法,研究范围较窄。1975 年,中国科学院研究员越民义、韩继业在《中国科学》上发表了论文《n 个零件在 m 台机床上的加工顺序问题》,从此揭开了我国调度理论研究的序幕。

1) 基于运筹学的方法

该方法将调度问题简化为数学规划模型进行求解,包括整数规划、拉格朗日松弛法和分解方法等。数学规划中求解调度问题最常见的方法是混合整数规划。混合整数规划包括一组线性约束和一个线性目标函数。该方法限定决策变量必须为整数,因此,运算中出现的整数个数以指数规模增长。拉格朗日松弛法和分解方法是两种较成功的数学模型方法。拉格朗日松弛法用非负拉格朗日乘子对工艺约束和资源约束进行松弛,最后将惩罚函数加入目标函数。

2) 基于启发式规则的方法

基于运筹学的大部分方法在解决复杂调度问题方面有一定的局限性,如运算量大、效率低等问题。而调度规则的模糊化处理能够解决其在大规模调度问题求解时的低效率问题,不仅求解效率高,而且解的质量也较高。因此,基于启发式规则的方法在解决较大规模调度问题时具有一定的优势。常见的启发式调度规则包括优先分派规则(priority dispatch rules,PDR)、基于瓶颈的启发式等方法。优先分派规则是最早的启发式算法。该方法是先分派一个优先权给所有的被加工工序,再选出优先权最高的加工工序最先排序,最后按优先权次序进行排序。由于该方法非常容易实现,且计算复杂性低,在实际调度问题中经常使用。

3) 人工智能算法

20世纪80年代出现的人工智能在调度研究中占据重要地位,也为解决调度问题提供了一种较好的途径,包括约束满足、神经网络、专家系统、多智能体,以及后来人们通过模拟或揭示某些自然现象、过程和规律而发展的元启发式算法。

约束满足是通过运用约束减少搜索空间的规模,这些约束限制了选择变量的次序和分配到每个变量可能值的排序。当一个值被分配给一个变量后,不一致的情况会被剔除。剔除不一致的过程称为一致性检查,但这需要进行修正,当所有变量都得到分配的值且不与约束条件冲突时,约束满足问题就得到了解决。神经网络(neural network,NN)通过一个李雅普诺夫(Lyapunov)能量函数构造网络的极值。当网络迭代收敛时,能量函数达到极小,使与能量函数对应的目标函数得到优化。专家系统(expert system,ES)是一种能够在特定领域内模拟人类专家思维以解决复杂问题的计算机程序。ES通常由人机交互界面知识库、推理机、解释器综合数据库和知识获取等6个部分构成。它将传统的调度方法与基于知识的调度评价相结合,根据给定的优化目标和系统当前状态,对知识库进行有效的启发式搜索和并行模糊推理,避开烦琐的计算,选择最优调度方案,为在线决策提供支持。

为解决复杂问题,克服单一的ES导致的知识有限、处理能力弱等问题,出现了分布式人工智能(distributed artificial intelligence,DAI)。多个智能体的协作正好符合分布式人工智能的要求,因此出现了多智能体系统(multi-agent system,MAS)。MAS对开放和动态的实际生产环境具有良好的灵活性和适应性,因此,MAS在实际生产中不确定因素较多的车间调度等领域中获得越来越多的应用。

进化算法(evolutionary algorithm,EA)通常包括遗传算法(genetic algorithm,GA)、遗传规划等。这些方法都是模仿生物遗传和自然选择的机理,用人工方式构造的一类优化搜索算法。蚁群优化(ant colony optimization,ACO)算法是意大利学者Dorigo等于1991年提出的,模拟蚂蚁在寻找食物过程中发现路径的行为。蚂蚁在寻找食物过程中,会在经过的地方留下一些化学物质"信息素"。这些物质能被同一蚁群中后来的蚂蚁感受到,并作为一种信号影响后来者的行动,而后来者也会留下信息素对原有的信息素进行修正,如此循环,信息素最强的地方形成一条路径。粒子群优化(particle swarm optimization,PSO)算法是由Eberhart博士和Kennedy博士于1995年提出的,源于对鸟群捕食行为的模拟研究。在PSO算法中,系统初始化为一组随机解,称为粒子。每个粒子都有一个适应值表示粒子的位置,还有一个速度决定粒子飞翔的方向和快慢。在每次迭代中粒子通过两个极值更新自己,一个极值是粒子自身找到的最优解,称为个体极值;另一个极值是整个种群目前找到的最优解,称为全局极值。局部搜索(local search,LS)是人们将从生物进化和物理过程中受到的启发应用于组合优化问题,由早期的启发式算法变化而来的。LS以模拟退火和禁忌搜索为代表,应用广泛。LS依据问题设计优良的邻域结构,产生较好的邻域解以提高算法的搜索效率和能力,经常与遗传算法等混合使用求解车间调度问题。

除了上述方法外,还有很多种方法可对调度问题进行求解,如文化算法和蜂群算法等。

对于离散制造系统而言,作业车间调度问题是一类较为常见的车间调度问题。本章将以柔性作业车间生产调度为例,介绍生产调度问题建模与优化方法。

4.2　柔性作业车间调度问题

4.2.1　柔性作业车间调度问题建模

柔性作业车间调度问题可描述如下：m 台机床 $M=\{M_1,M_2,\cdots,M_m\}$，完成 n 个作业 $\{J_1,J_2,\cdots,J_n\}$，其中每个作业 J_i 由 p 道工序 $O=\{O_{i1},O_{i2},\cdots,O_{ip}\}$ 组成，每个作业的工序数目和顺序一定。每道工序可由多台机床完成，加工时间随机床的不同而不同。调度目标是安排 n 个作业的每道工序（$n\times p$）在相应的机床加工，确定每台机床相应工序的最佳顺序和开工时间，使所有作业的完工时间最小。基于问题描述的需要和工程实际情况，FJSP 还需引入以下假设条件。

（1）完成工序 O_{ij} 的机床 M_k 可选，某道工序指定机床的加工时间 T_{ijk} 已知，其中 $\{O_{ij}\in O, M_k\in M, i=1,2,\cdots,n, j=1,2,\cdots,p, k=1,2,\cdots,m\}$。

（2）某个时刻每台机床 M_k 只能处理一个作业 J_i，同一作业 J_i 的两道工序不能同时加工，且工序 O_{ij} 一旦开始就不能中断。

（3）机器调整设置时间和作业的运输时间忽略不计。

（4）不考虑作业的取消、机床的崩溃和其他随机性因素。

因此，FJSP 可表示为

$$S=\{O_{111},\cdots,O_{11k},O_{121},\cdots,O_{12k},\cdots,O_{1jk},\cdots,O_{2jk},\cdots,O_{ijk}\} \qquad (4\text{-}11)$$

式中，O_{ijk} 表示第 i 个作业的第 j 道工序在第 k 个机床加工。

表 4-1 是 6×6 柔性作业车间调度问题实例，该实例由 6 道作业（工件）构成，每道作业由 3 道工序组成，6 道作业的 18 道工序安排 6 个机床加工完成。表中的数据表示每道工序在相应机床的加工时间，"×"表明某道工序不能在某个机床进行加工。例如，工序 O_{11} 可由 M_1、M_2、M_4、M_5、M_6 五台机床完成，加工时间分别为 2、3、5、2、3s。

表 4-1　6×6 柔性作业车间调度问题实例

作业	工序	机　床					
		M_1	M_2	M_3	M_4	M_5	M_6
1	O_{11}	2	3	×	5	2	3
	O_{12}	4	3	5	×	3	×
	O_{13}	2	×	5	4	×	4
2	O_{21}	3	×	5	3	2	×
	O_{22}	4	×	3	3	×	5
	O_{23}	×	×	4	5	7	9
3	O_{31}	5	6	×	4	×	4
	O_{32}	×	4	×	3	5	4
	O_{33}	×	×	11	×	9	13
4	O_{41}	9	×	7	9	×	6
	O_{42}	×	7	×	5	6	5
	O_{43}	2	3	4	×	×	4

作业	工序	机　床					
		M_1	M_2	M_3	M_4	M_5	M_6
5	O_{51}	×	4	5	3	×	4
	O_{52}	4	4	6	×	3	5
	O_{53}	3	4	×	5	6	×
6	O_{61}	×	3	7	4	5	×
	O_{62}	6	2	×	4	3	×
	O_{63}	5	4	3	×	×	4

进行柔性作业车间调度,主要目的是工序排序和机床选择。针对不同的加工要求,最终优化目标略有差异。通常情况下,评价 FJSP 问题的性能指标包括基于所有作业完工时间的指标、基于交货期的指标、基于成本的指标和基于机床负荷的指标。

4.2.2　优化目标函数

1. 基于作业完工时间的指标

每个作业最后一道工序的完成时间,称为该作业的完工时间,所有作业的最迟完工时间,即最大完工时间。最人完工时间最小化是提高作业加工效率的最终目标,也是 FJSP 问题最重要的指标。通常情况下,将式(4-12)作为基于完工时间的评价指标:

$$f_1 = \min(C_{\max}) \tag{4-12}$$

式中,$C_{\max} = \max(C_J)$,C_J 表示作业 J_i 的完工时间。

2. 基于交货期的指标

目前,多品种、变批量生产模式逐渐成为企业组织生产的主要形式。在此模式下,如何减少库存、降低成本成为制造企业普遍关注的问题,订单的交货期成为作业车间生产调度问题考虑的主要性能指标,即订单的完工时间越接近交货期,产品库存越低,储存、搬运成本就越低。因此,作为 FJSP 问题的性能指标,每道作业的完工时间越接近交货期,说明其交货期性能越好。一般用最大提前期指标 $E_{\max}$ 和最大拖期指标 $T_{\max}$ 衡量其交货期性能指标。

$$E_{\max} = \max(D_J - C_J, 0) \tag{4-13}$$

式中,D_J 表示作业 J 的交货期,$E_J = D_J - C_J$ 为非负值。

$$T_{\max} = \max(C_J - D_J, 0) \tag{4-14}$$

因此,以最大提前期 E_J 和最大拖期 T_J 最小化作为调度方案的优化目标,即

$$f_2 = \min(E_{\max}) \tag{4-15}$$

$$f_3 = \min(T_{\max}) \tag{4-16}$$

3. 基于机床负荷的指标

机床负荷主要是指机床的工作运行时间。机床负荷指标反映企业设备资源的利用水平。按照约束理论的思想,瓶颈机床的产出决定企业的最终产出。为提高生产效率,调度的目标应尽可能地减少瓶颈机床的负荷,使机床的最大负荷最小化。所有机床的总负荷也是判断制造车间机床整体的利用率的评价指标之一。另外,保证生产均衡进行,要求机床整体负荷较为均衡,机床负荷的均衡性也是评价指标之一。因此,机床负荷成为衡量车间调度的

重要指标,式(4-17)表示机床 k 的负荷情况:

$$L_k = \sum_{i=1}^{n} \sum_{j=1}^{p} T_{ijk} X_{ijk} \tag{4-17}$$

式中, T_{ijk} 为作业 J_i 的工序 O_{ij} 在机床 M_k 上的加工时间; X_{ijk} 为调整系数,

$$X_{ijk} = \begin{cases} 1, & \text{当工序 } O_{ij} \text{ 在机床 } M_k \text{ 加工时} \\ 0, & \text{当工序 } O_{ij} \text{ 不在机床 } M_k \text{ 加工时} \end{cases}$$

基于机床负荷的车间调度性能指标主要包括三个。

(1) 最大负荷机床负荷最小化,即

$$f_4 = \min(L_{\max}) \tag{4-18}$$

式中, $L_{\max} = \max(L_k)$ 。

(2) 总机床负荷最小化,即

$$f_5 = \min\left(\sum_{k=1}^{m} L_k\right) \tag{4-19}$$

(3) 最大/最小负荷机床的负荷差值最小化,即

$$f_6 = \min(L_{\max} - L_{\min}) \tag{4-20}$$

式中, $L_{\min} = \min(L_k)$ 。

4. 基于成本的指标

成本指标直接反映调度决策对企业经济效益的影响。生产成本根据性质可分为不变成本和可变成本。不变成本与加工作业的多少无关,包括专用机床、专用工艺设备的维护折旧费,以及与之有关的调整费等。可变成本与加工任务的多少有关,包括材料费、工人工资等费用。因此,生产过程中的产品成本通常由生产成本、拖期惩罚成本、存储成本等构成。

生产成本指的是加工时间、对刀引导时间、装拆零件、开停机床等耗费时间产生的成本。拖期惩罚成本指的是零件晚于交货期完工时产生的一次性罚金及与拖期时间长短相关的罚款。存储成本指的是半成品等待加工时的储存和搬运成本、产品提前完工却不能提前发货时消耗的存储和搬运成本。

由于基于交货期的指标中已经考虑拖期或提前完工对调度决策的影响,因此,基于成本的指标重点考虑生产成本和存储成本。

1) 生产成本

由于调度方案的形成与加工任务耗费的时间密切相关,因此,为将生产成本转化为成本指标,统一将生产成本分为动态成本和静态成本。

(1) 动态成本:与所有作业相关的机床工作时,单位时间内所耗资源的总费用。该费用可通过式(4-21)表示:

$$C^v = \sum_{k=1}^{m} \left(\sum_{i=1}^{n} \sum_{j=1}^{p} T_{ijk} X_{ijk}\right) F_k^v \tag{4-21}$$

式中, C^v 为动态成本; F_k^v 为机床 M_k 的动态费率。

(2) 静态成本:指作业关联的设备处于就绪状态下单位时间内必须消耗的总费用。该费用可通过式(4-22)表示:

$$C^s = \sum_{k=1}^{m} \left(T^* - \sum_{i=1}^{n} \sum_{j=1}^{p} T_{ijk} X_{ijk}\right) F_k^s \tag{4-22}$$

式中，C^s 为静态成本；F_k^s 为机床 M_k 的静态费率；T^* 为调度决策的完成时间。

因此，基于生产成本的调度决策指标可通过式(4-23)所示：

$$f_7=\min(C^p)=\min(C^v+C^s) \tag{4-23}$$

式中，C^p 为调度决策总生产成本。

2）存储成本

影响存储成本的因素有三个：零件当前价值、存储成本比例系数和存储时间。零件当前价值是半成品在等待加工时本身的价值。由作业模型可知，零件的加工过程是原材料价值增加的过程，零件经过每个作业后价值增加，产生另外的附加值，即零件的价值随着加工过程的进行而增加。存储成本比例系数是指半成品等待加工时耗用的存储成本(包括保管费、占用的空间费及资金积压的时间成本等)占总价值的百分比。存储时间是从开始等待到开始加工的时间长度。因此，存储成本可通过式(4-24)表示：

$$C^w=\sum_{i=1}^{n}\left(\sum_{j=1}^{p}\left(\left(C_i^m+\sum_{j=1}^{p}\left(\sum_{k=1}^{m}T_{i(j-1)k}X_{i(j-1)k}F_k^v\right)\right)\eta_{ij}\left(ST_{ij}-\left(ST_{i(j-1)}+\sum_{k=1}^{m}T_{i(j-1)k}X_{i(j-1)k}\right)\right)\right)\right) \tag{4-24}$$

式中，C^w 为存储成本；C_j^m 为作业 J_i 的原材料成本；η_{ij} 为作业 J_i 加工到 O_{ij} 工序时存储成本占此时零件总价值的比例，简称存储比例系数；ST_{ij} 为作业 J_i 的工序 O_{ij} 的开工时间。

柔性作业车间调度问题建模

由式(4-24)，基于存储成本的调度决策评价指标可通过式(4-25)表示：

$$f_8=\min(C^w) \tag{4-25}$$

4.2.3 柔性作业车间调度方案表达方法

为直观形象地说明 FJSP 的调度方案，通常使用甘特图表示调度方案，甘特图横坐标为加工时间，纵坐标为机床。针对表 4-1 中 6×6 FJSP 的某一项调度方案可通过图 4-1 的甘特图表示。

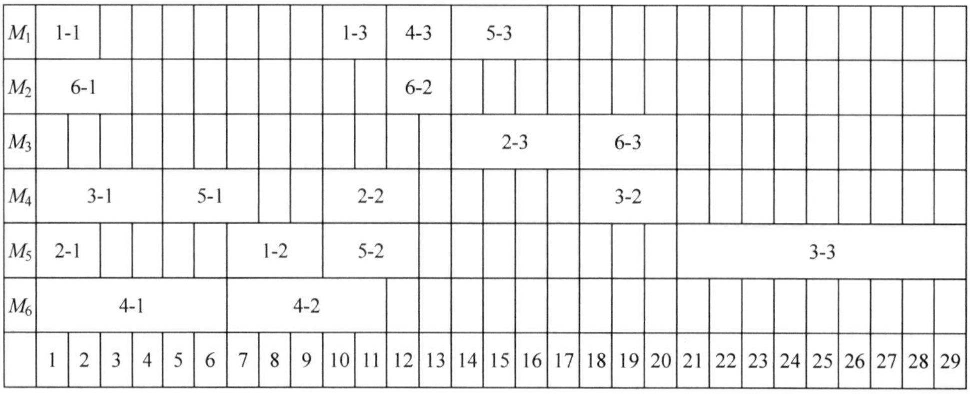

M1
1-1
1-3
4-3
5-3
M2
6-1
6-2
M3
2-3
6-3
M4
3-1
5-1
2-2
3-2
M5
2-1
1-2
5-2
3-3
M6
4-1
4-2
1 2 3 4 5 6 7 8 9 10 11 12 13 14 15 16 17 18 19 20 21 22 23 24 25 26 27 28 29

图 4-1　甘特图 1

由图 4-1 所示的甘特图 1 可以看出，各作业的完工时间各不相同。作业 1 最后一道工序 O_{13} 在机床 M_1 加工，其完工时间 C_1 为 11s，作业 2 最后一道工序 O_{23} 在机床 M_3 加工，

其完工时间 C_2 为 17s，作业 3 最后一道工序 O_{33} 在机床 M_5 加工，其完工时间 C_3 为 29s，以此类推，可以判断出 $C_4=13s$、$C_5=16s$、$C_6=20s$，因此，最大完工时间 $C_{\max}=C_3=29s$。根据式(4-12)，FJSP 最常见的优化目标为最大完工时间最小化，现在尝试对甘特图 1 表示的调度方案进行改进，使其最大完工时间更小。经观察发现，甘特图 1 中工序 O_{32} 所在的机床 M_4，在工序 O_{22} 和工序 O_{32} 之间有 5s 的机床空闲时间，故考虑将工序 O_{32} 的开工时间由 18s 提到 13s，从而使工序 O_{33} 在机床 M_5 的开工时间由 21s 提前到 16s，最终 $C_3=24s$，如图 4-2 所示，此时最大完工时间 $C_{\max}=C_3=24s$。

M_1	1-1										1-3		4-3		5-3									
M_2	6-1										6-2													
M_3															2-3			6-3						
M_4		3-1				5-1					2-2		3-2											
M_5	2-1							1-2			5-2					3-3								
M_6			4-1					4-2																
1	2	3	4	5	6	7	8	9	10	11	12	13	14	15	16	17	18	19	20	21	22	23	24

图 4-2 甘特图 2

从甘特图 2 中可以看到，各机床最后一道工序的完工时间分别为 $C_{M_1}=16s$、$C_{M_2}=13s$、$C_{M_3}=20s$、$C_{M_4}=15s$、$C_{M_5}=24s$、$C_{M_6}=11s$。由式(4-22)得出，甘特图 2 中各机床的负荷分别为 $L_1=9s$、$L_2=5s$、$L_3=7s$、$L_4=13s$、$L_5=17s$、$L_6=11s$。根据以上分析发现，机床 M_1、M_2、M_3 的负荷和负荷率都比较小，考虑将工序 O_{32} 安排到上述三台机床进行加工，以缩短最大完工时间，查询表 4-1 发现，O_{32} 不能在机床 M_1、M_3 加工，但是可以在机床 M_2 加工，加工时间为 4s，从而使工序 O_{32} 的开工时间由机床 M_4 的 13s 提前到机床 M_2 的 5s，从而使工序 O_{33} 在机床 M_5 的开工时间由 16s 提前到 13s，最终 $C_3=21s$，如图 4-3 所示，此时最大完工时间 $C_{\max}=C_3=21s$。

M_1	1-1							1-3		4-3		5-3									
M_2	6-1			3-2					6-2												
M_3													2-3			6-3					
M_4		3-1				5-1				2-2											
M_5	2-1						1-2		5-2				3-3								
M_6		4-1					4-2														
1	2	3	4	5	6	7	8	9	10	11	12	13	14	15	16	17	18	19	20	21

图 4-3 甘特图 3

综上所述,通过两次调整表 4-1 所示 FJSP 相应工序的开工时间,其最大完工时间由 29s 调整到 21s,两次调整都是针对作业 J_3 进行调整的。分析表 4-1 中的数据发现,该 FJSP 最大完工时间主要取决于作业 J_3 的完工时间。经过分析发现,作业 J_3 的最小完工时间应该是 16s。因此,该调度问题最优调度方案的完工时间应该是作业 J_3 的完工时间 16s,即 $C_{max} = 16s$,如图 4-4 所示。

M_1	1-1			1-3					2-3							
M_2	6-1		6-2		5-2			5-3								
M_3	5-1			6-3			2-3									
M_4	3-1		3-2		2-2											
M_5	2-1		1-2		3-3											
M_6	4-1			4-2												
	1	2	3	4	5	6	7	8	9	10	11	12	13	14	15	16

图 4-4　甘特图 4

4.3　利用遗传算法求解柔性作业车间调度问题

复杂离散制造系统往往具有以下特点:生产订单数量较多、类型多样化,涉及零部件数量巨大,工艺路线日益柔性化,且生产车间加工机床数量多。在进行车间生产任务分解和安排时,人工排场效率低下、成本较高。此时参考调度问题的研究方法,也经常通过人工智能算法求解柔性作业车间调度问题。

现在以表 4-1 FJSP 为例,说明遗传算法求解 FJSP 的一般过程。

4.3.1　基因编码

基因编码是 GA 解决 FJSP 的第一步,也是关键一步。通过将 FJSP 转化为合理高效的染色体表达方案,对进一步的遗传操作产生重要影响。如 4.2.1 节所述,FJSP 的本质是解决两个问题:一是为每项作业的每道工序选择合适的机床,二是确定每项作业每道工序的顺序安排和开工时间。针对上述两个子问题,解决 FJSP 时,基因编码方式主要分为集成式和分段式两种方式。集成式编码方式中,染色体中的每个基因代表一道工序及加工机床,例如,(j, p, i) 表示作业 j 的第 p 道工序 O_{jp} 在机床 M_i 上加工。分段式编码方式中染色体分为两部分,一部分表示工序的顺序安排,即工序基因,另一部分表示工序选择的机床,即机床基因。本节将根据分段式基因编码方式设计染色体结构,对染色体种群的初始化、选择、交叉和变异等操作进行改进。染色体由两部分构成。

(1) 工序基因:该部分基因编码由加工任务编号构成,根据某加工任务编号出现的先后次序,分别代表该加工任务的第一道工序、第二道工序……第 n 道工序等。

(2) 机床基因:该部分基因编码代表每项作业中每道工序的加工机床编号,与工序基因编码中的工序一一对应。

例如,表 4-2 所示的染色体 A 是针对表 4-1 中 FJSP 生成的一条合理染色体。

表 4-2　染色体 A

工序基因	1	2	3	4	5	6	4	1	5	2	1	4	6	5	2	6	3	3
代表工序	O_{11}	O_{21}	O_{31}	O_{41}	O_{51}	O_{61}	O_{42}	O_{12}	O_{52}	O_{22}	O_{13}	O_{43}	O_{62}	O_{53}	O_{23}	O_{63}	O_{32}	O_{33}
机床基因	1	5	4	6	4	2	6	5	5	4	1	1	2	3	3	3	4	5

表 4-2 中染色体 A 工序基因中第 1 个基因 1 代表工序 O_{11},所属机床基因 1,表示所选机床为 M_1。工序基因第 18 个基因 3 代表工序 O_{33},所属机床基因 5,表示所选机床为 M_5。

上述染色体代表的调度方案可通过式(4-26)表示:

$$S = \{O_{111}, O_{215}, O_{314}, O_{416}, O_{514}, O_{612}, O_{426}, O_{125}, O_{525}, O_{224}, O_{131},$$
$$O_{431}, O_{622}, O_{531}, O_{233}, O_{633}, O_{324}, O_{335}\} \tag{4-26}$$

4.3.2　种群初始化

染色体初始种群包括进行遗传操作的原始染色体种群,初始种群的大小由 FJSP 的规模决定。对 FJSP 种群初始化时常采用随机初始化方法,这种方法的好处是简单明了,但往往也会造成各种困难。例如,由于初始化种群搜索空间过大,致使算法收敛速度变慢、加工机床负荷不均衡等问题。

本节介绍的种群初始化方法建立在分配时间表的基础上。考虑到机床的负荷和种群的多样性,初始化种群采用全局选择最小加工时间的 GMT 方法及工序和机床随机选择的 RS 方法。

GMT 方法的工作流程如下所示。

步骤 1:在全部工序和机床范围内,选择加工时间最小的工序 O_{ij} 及其机床 M_k,并记录其加工时间 T_{ijk}。

步骤 2:在机床负荷表中,相应机床所有工序的加工时间相应增加,即 $T'_{dfk} = T_{dfk} + T_{ijk}$,其中,$d \neq i$、$f \neq j$。

步骤 3:重复上述步骤,直到确定所有工序的加工机床,并记录其加工时间。

以表 4-1 所示 FJSP 为例说明上述过程。通过 GMT 方法确定机床基因部分的过程如表 4-3 所示。

表 4-3　通过 GMT 方法确定机床基因部分的过程

	M_1	M_2	M_3	M_4	M_5	M_6	M_1	M_2	M_3	M_4	M_5	M_6	M_1	M_2	M_3	M_4	M_5	M_6
O_{11}	2	3	×	5	**2**	3	2	3	×	5	**2**	3	**4**	3	×	5	2	3
O_{12}	4	3	5	×	3	×	4	3	5	×	**5**	×	**6**	3	5	×	5	×
O_{13}	2	×	5	4	×	4	**2**	×	5	4	×	4	**2**	×	5	4	×	4
O_{21}	3	×	5	3	2	×	3	×	5	3	**4**	×	**5**	×	5	3	4	×
O_{22}	4	×	3	3	×	5	4	×	3	3	×	5	**6**	×	3	3	×	5
O_{23}	×	×	4	5	7	9	×	×	4	5	**9**	9	×	×	4	5	9	9
O_{31}	5	6	×	4	×	4	5	6	×	4	**×**	4	**7**	6	×	4	×	4
O_{32}	×	4	×	3	5	4	×	4	×	3	**7**	4	**×**	4	×	3	7	4

	M_1	M_2	M_3	M_4	M_5	M_6	M_1	M_2	M_3	M_4	M_5	M_6	M_1	M_2	M_3	M_4	M_5	M_6
O_{33}	×	×	11	×	9	13	×	×	11	×	**11**	13	**×**	×	11	×	11	13
O_{41}	9	×	7	9	×	6	9	×	7	9	**×**	6	**11**	×	7	9	×	6
O_{42}	×	7	×	5	6	5	×	7	×	5	**8**	5	**×**	7	×	5	8	5
O_{43}	2	3	4	×	×	4	2	3	4	×	**×**	4	**4**	3	4	×	×	4
O_{51}	×	4	5	3	×	4	×	4	5	3	**×**	4	**×**	4	5	3	×	4
O_{52}	4	4	6	×	3	5	4	4	6	×	**5**	5	**6**	4	6	×	5	5
O_{53}	3	4	×	5	6	×	3	4	×	5	**8**	×	**5**	4	×	5	8	×
O_{61}	×	3	7	4	5	×	×	3	7	4	**7**	×	**×**	3	7	4	7	×
O_{62}	6	2	×	4	3	×	6	2	×	4	**5**	×	**8**	**2**	×	4	5	×
O_{63}	5	4	3	×	×	4	5	4	3	×	**×**	4	7	4	3	×	×	4

	M_1	M_2	M_3	M_4	M_5	M_6	M_1	M_2	M_3	M_4	M_5	M_6	M_1	M_2	M_3	M_4	M_5	M_6
O_{11}	4	**5**	×	5	2	3	4	5	×	**8**	2	3	4	5	**×**	8	2	3
O_{12}	6	**5**	5	×	5	×	6	5	5	**×**	5	×	6	5	**8**	×	5	×
O_{13}	2	×	5	4	×	4	2	×	5	**7**	×	4	2	×	**8**	7	×	4
O_{21}	5	×	5	**3**	4	×	5	×	5	3	4	×	5	×	**8**	3	4	×
O_{22}	6	×	3	3	×	5	6	×	3	**6**	×	5	6	×	**6**	6	×	5
O_{23}	×	×	4	5	9	9	×	×	4	**8**	9	9	×	×	**7**	8	9	9
O_{31}	7	**8**	×	4	×	4	7	8	×	**7**	×	4	7	8	**×**	7	×	4
O_{32}	×	**6**	×	3	7	4	×	6	×	**6**	7	4	×	6	**×**	6	7	4
O_{33}	×	**×**	11	×	11	13	×	×	11	**×**	11	13	×	×	**14**	×	11	13
O_{41}	11	×	7	9	×	6	11	×	7	**12**	×	6	11	×	**10**	12	×	6
O_{42}	×	**9**	×	5	8	5	×	9	×	**8**	8	5	×	9	**×**	8	8	5
O_{43}	4	**5**	4	×	×	4	4	5	4	**×**	×	4	4	5	**7**	×	×	4
O_{51}	×	**6**	5	3	×	4	×	6	5	**6**	×	4	×	6	**8**	6	×	**4**
O_{52}	6	**6**	6	×	5	5	6	6	6	**×**	5	5	6	6	**9**	×	5	5
O_{53}	5	**6**	×	5	8	×	5	6	×	**8**	8	×	5	6	×	8	8	×
O_{61}	×	**5**	7	4	7	×	×	5	7	**7**	7	×	×	5	**10**	7	7	×
O_{62}	8	**2**	×	4	5	×	8	2	×	**7**	5	×	8	2	**×**	7	5	×
O_{63}	7	**6**	3	×	×	4	7	6	**3**	**×**	×	4	7	6	**3**	×	×	4

表4-3分为上下两层,每层又分为左、中、右三部分。首先,搜索表4-3中加工时间最少的工序与机床。O_{11}在机床M_5、M_1上的加工时间为2s,O_{13}在机床M_1上的加工时间为2s,O_{21}在机床M_5上的加工时间为2s,O_{43}在机床M_1上的加工时间为2s,O_{62}在机床M_2上的加工时间为2s,以上工序和机床都满足要求,随机选择O_{11}在机床M_5上加工,如表4-3上层左侧第一行加粗数字"2"所示。然后,M_5上除O_{11}外所有工序的加工时间增加O_{11}在机床M_5上的加工时间,即2s,如表4-3上层中间第5列加粗数字所示。同理,在全局范围内继续搜索负荷或加工时间最少的工序,O_{13}在机床M_1上的加工时间为2s,O_{62}在机床M_2上的加工时间为2s,上述两道工序都满足要求,随机选择O_{13}在机床M_1上加工,如表4-3上层中间第三行加粗数字"2"所示。然后,机床M_1上除O_{13}外所有工序的加工时间增加O_{13}在机床M_1上的加工时间,即2s,如表4-3上层右侧第1列加粗数字所示。循环执行上述操作,直到所有工序的加工机床确定完毕。详细的计算过程见附录4-1。

通过 GMT 方法确定的各工序加工机床,如表 4-4 所示。

表 4-4　通过 GMT 方法确定的各工序加工机床

作业	工序	机床						作业	工序	机床					
		M_1	M_2	M_3	M_4	M_5	M_6			M_1	M_2	M_3	M_4	M_5	M_6
1	O_{11}					2		4	O_{41}				9		
	O_{12}		3						O_{42}						6
	O_{13}	2							O_{43}	2					
2	O_{21}				3			5	O_{51}						4
	O_{22}			3					O_{52}					3	
	O_{23}			4					O_{53}	3					
3	O_{31}						4	6	O_{61}		3				
	O_{32}				3				O_{62}		2				
	O_{33}						13		O_{63}			3			

工序则随机安排,由此获得的染色体 B 如表 4-5 所示。

表 4-5　染色体 B

工序基因	1	2	3	4	5	6	3	5	2	6	1	3	4	5	1	6	4	2
代表工序	O_{11}	O_{21}	O_{31}	O_{41}	O_{51}	O_{61}	O_{32}	O_{52}	O_{22}	O_{62}	O_{12}	O_{33}	O_{42}	O_{53}	O_{13}	O_{63}	O_{43}	O_{23}
机床基因	5	4	6	4	6	2	4	5	3	2	2	6	5	1	1	3	1	3

RS 方法的工作流程如下。

步骤 1:为工序排列中第一道工序 O_{ij} 选择加工时间的机床 M_k,并记录其加工时间 T_{ijk}。

步骤 2:在机床负荷表中,相应机床的工序 O_{ij} 后所有工序的加工时间相应增加,即 $T'_{dfk} = T_{dfk} + T_{ijk}$,其中,$d>i$,$f>j$。

步骤 3:为工序排列中第二道工序 O'_{ij} 选择加工时间的机床 M'_k,并记录其加工时间 T'_{ijk}。

步骤 4:在机床负荷表中,相应机床 O'_{ij} 的工序后所有工序的加工时间相应增加,即 $T'_{dfk} = T_{dfk} + T'_{ijk}$,其中,$d>i$,$f>j$。

步骤 5:重复上述步骤,直到确定所有工序的加工机床,并记录其加工时间。

对表 4-1 所示 FJSP 的工序随机排序,但由于同一工作任务的相关工序必须按照先后次序加工,如工序 O_{11} 的加工必须在工序 O_{12} 和工序 O_{13} 之前进行,因此,对工序随机排序应满足上述要求。以表 4-6 所示的数据为例说明上述过程。

表 4-6　通过 RS 方法确定机床基因部分的过程

	M_1	M_2	M_3	M_4	M_5	M_6	M_1	M_2	M_3	M_4	M_5	M_6	M_1	M_2	M_3	M_4	M_5	M_6
O_{11}	2	3	×	5	**2**	3	2	3	×	5	2	3	2	3	×	5	2	3
O_{21}	3	×	5	3	2	×	3	×	5	**3**	**4**	×	3	×	5	3	4	×
O_{31}	5	6	×	4	×	4	5	6	×	4	**×**	4	5	6	×	**7**	×	**4**

	M_1	M_2	M_3	M_4	M_5	M_6	M_1	M_2	M_3	M_4	M_5	M_6	M_1	M_2	M_3	M_4	M_5	M_6
O_{41}	9	×	7	9	×	6	9	×	7	9	×	6	9	×	7	**12**	×	6
O_{51}	×	4	5	3	×	4	×	4	5	3	×	4	×	4	5	**6**	×	4
O_{61}	×	3	7	4	5	×	×	3	7	4	**7**	×	×	3	7	**7**	7	×
O_{42}	×	7	×	5	6	5	×	7	×	5	**8**	5	×	7	×	**8**	8	5
O_{12}	4	3	5	×	3	×	4	3	5	×	**5**	×	4	3	5	×	5	×
O_{52}	4	4	6	×	3	5	4	4	6	×	**5**	5	4	4	6	×	5	5
O_{22}	4	×	3	3	×	5	4	×	3	3	×	5	4	×	3	**6**	×	5
O_{13}	2	×	5	4	×	4	2	×	5	4	×	4	2	×	5	**7**	×	4
O_{43}	2	3	4	×	×	4	2	3	4	×	×	4	2	3	4	×	×	4
O_{62}	6	2	×	4	3	×	6	2	×	4	**5**	×	6	2	×	**7**	5	×
O_{53}	3	4	×	5	6	×	3	4	×	5	**8**	×	3	4	×	**8**	8	×
O_{23}	×	×	4	5	7	9	×	×	4	5	**9**	9	×	×	4	**8**	9	9
O_{63}	5	4	3	×	×	4	5	4	3	×	×	4	5	4	3	×	×	4
O_{32}	×	4	×	3	5	4	×	4	×	3	**7**	4	×	4	×	**6**	7	4
O_{33}	×	×	11	×	9	13	×	×	11	×	**11**	13	×	×	11	×	11	13
	M_1	M_2	M_3	M_4	M_5	M_6	M_1	M_2	M_3	M_4	M_5	M_6	M_1	M_2	M_3	M_4	M_5	M_6
O_{11}	2	3	×	5	2	3	2	3	×	5	2	3	2	3	×	5	2	3
O_{21}	3	×	5	3	4	×	3	×	5	3	4	×	3	×	5	3	4	×
O_{31}	5	6	×	7	×	4	5	6	×	7	×	4	5	6	×	7	×	4
O_{41}	9	×	**7**	12	×	**10**	9	×	7	12	×	10	9	×	7	12	×	10
O_{51}	×	4	5	6	×	**8**	×	**4**	**12**	6	×	8	×	4	12	6	×	8
O_{61}	×	3	7	7	7	×	×	3	**14**	7	7	×	×	**7**	14	**7**	7	×
O_{42}	×	7	×	8	8	**9**	×	7	×	8	8	9	×	**11**	×	8	8	9
O_{12}	4	3	5	×	5	×	4	3	**12**	×	5	×	4	**7**	12	×	5	×
O_{52}	4	4	6	×	5	**9**	4	4	**13**	×	5	9	4	**8**	13	×	5	9
O_{22}	4	×	3	6	×	**9**	4	×	**10**	6	×	9	4	×	10	6	×	9
O_{13}	2	×	5	7	×	**8**	2	×	**12**	7	×	8	2	×	12	7	×	8
O_{43}	2	3	4	×	×	**8**	2	3	**11**	×	×	8	2	**7**	11	×	×	8
O_{62}	6	2	×	7	5	×	6	2	×	7	5	×	6	**6**	×	7	5	×
O_{53}	3	4	×	8	8	×	3	4	×	8	8	×	3	**8**	×	8	8	×
O_{23}	×	×	4	8	9	**13**	×	×	**11**	8	9	13	×	×	11	8	9	13

续表

	M_1	M_2	M_3	M_4	M_5	M_6	M_1	M_2	M_3	M_4	M_5	M_6	M_1	M_2	M_3	M_4	M_5	M_6
O_{63}	5	4	3	×	×	**8**	5	4	**10**	×	×	8	5	**8**	10	×	×	8
O_{32}	×	4	×	6	7	**8**	×	4	✗	6	7	8	×	**8**	×	6	7	8
O_{33}	×	×	11	×	11	**17**	×	×	**18**	×	11	17	×	✗	18	×	11	17

表 4-6 与表 4-3 结构类似。首先,搜索表 4-6 中第一道工序 O_{11} 加工时间最小的机床,发现工序 O_{11} 在机床 M_1、机床 M_5 的加工时间都是 2s,本例中选择机床 M_5,如表 4-6 上层左侧第 1 行加粗数字"2"所示。然后,在机床 M_5 上除第一道工序 O_{11} 外的所有工序加工时间增加第一道工序 O_{11} 在机床 M_5 上的加工时间,即 2s,如表 4-6 上层中间第 5 列加粗数字所示。同理,为第二道工序 O_{21} 搜索加工时间最小的机床,发现工序 O_{21} 在机床 M_1、机床 M_5 的加工时间都为 3s,本例中选择机床 M_4,如表 4-6 上层中间第 2 行加粗"3"所示。然后,在机床 M_4 上除第一道工序 O_{11}、第二道工序 O_{21} 外的所有工序加工时间增加第二道工序 O_{21} 在机床 M_4 上的加工时间,即 3s,如表 4-6 上层右侧第 4 列加粗数字所示。逐行执行上述操作,直到所有工序的加工机床确定完毕。详细的计算过程见附录 4-2。

通过 RS 方法确定的各工序加工机床,如表 4-7 所示。

工序随机安排,由此获得的染色体 C 如表 4-8 所示。

表 4-7　通过 RS 方法确定的各工序加工机床

作业	工序	机床					
		M_1	M_2	M_3	M_4	M_5	M_6
1	O_{11}					2	
	O_{12}	4					
	O_{13}			5			
2	O_{21}				3		
	O_{22}						5
	O_{23}			5			
3	O_{31}						4
	O_{32}						4
	O_{33}				9		
4	O_{41}			7			
	O_{42}				5		
	O_{43}		3				
5	O_{51}			4			
	O_{52}	4					
	O_{53}			4			
6	O_{61}					5	
	O_{62}				3		
	O_{63}	5					

表 4-8　染色体 C

工序基因	1	2	3	4	5	6	4	1	5	2	1	4	6	5	2	6	3	3
代表工序	O_{11}	O_{21}	O_{31}	O_{41}	O_{51}	O_{61}	O_{42}	O_{12}	O_{52}	O_{22}	O_{13}	O_{43}	O_{62}	O_{53}	O_{23}	O_{63}	O_{32}	O_{33}
机床基因	5	4	6	3	2	5	4	1	1	6	3	2	5	4	1	6	5	5

利用遗传算法求解柔性作业车间调度问题:基因编码-种群初始化

4.3.3　适应度函数

遗传算法评价染色体优劣的标准是适应度值,根据适应度值的大小判定染色体个体的优劣。适应度值大的染色体具有较好的适应性,将有选择地进入下一代种群;而适应度值小的染色体适应性差,将被舍弃。

求解 FJSP 时存在多项评价指标,而最大完工时间是 FJSP 最常用的评价指标,因此,本

节讨论的 FJSP 以最大完工时间 $C_{\max}$ 最小化作为优化目标。因此,适应度函数可用式(4-27)表示:

$$F(x) = 1/C_{\max} \tag{4-27}$$

4.3.4 遗传操作

复制、交叉、变异算法的基本操作如 3.3.5 节所述。由于 FJSP 采用分段式基因编码方式,将染色体分为机床基因编码和工序基因编码两部分,因此,针对这两部分分别进行交叉操作。

工序基因部分采用双点交叉操作,具体的算法流程如下。

步骤 1:对种群中所有染色体以事先设定的交叉概率判断是否进行交叉操作,确定进行交叉操作的两个染色体 B、C。

步骤 2:随机产生两个交叉点 p、q。

步骤 3:在其中一个染色体 B 的工序基因部分取出两个交叉点 p、q 之间的基因,交叉点外的基因保持不变。

步骤 4:在另一个父代染色体 C 的工序基因部分找第一个染色体 B 工序基因部分交叉点外缺少的基因。按照染色体 C 原来的排列顺序插入染色体 B 两个交叉点之间的位置,形成一个新染色体 D 的工序基因部分。

步骤 5:将父代染色体 B 中相应工序选择的机床填入子代染色体 D 交叉点之间的相应工序位置处。

以表 4-5 中的染色体 B、表 4-8 中的染色体 C 为例说明双点交叉算法的流程,取染色体 B 的交叉点 $p=8$ 和 $q=13$,经过交叉运算,形成新的子代染色体 D,其算法执行过程如图 4-5 所示,两点交叉后的染色体 D 如表 4-9 所示。

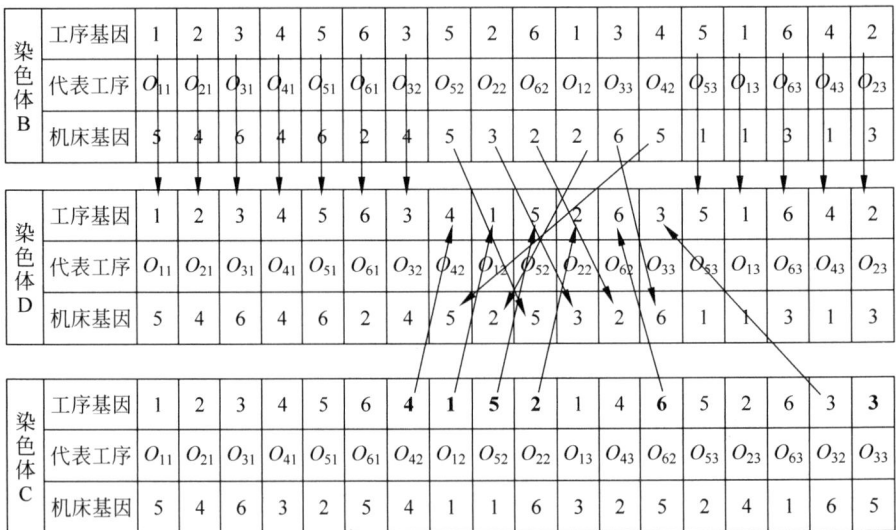

染色体 B	工序基因	1	2	3	4	5	6	3	5	2	6	1	4	5	1	6	4	2
	代表工序	O_{11}	O_{21}	O_{31}	O_{41}	O_{51}	O_{61}	O_{32}	O_{52}	O_{22}	O_{62}	O_{12}	O_{33}	O_{42}	O_{53}	O_{13}	O_{63}	O_{43}	O_{23}
	机床基因	5	4	6	4	6	2	4	5	3	2	2	6	5	1	1	3	1	3
染色体 D	工序基因	1	2	3	4	5	6	3	4	1	5	2	6	3	5	1	6	4	2
	代表工序	O_{11}	O_{21}	O_{31}	O_{41}	O_{51}	O_{61}	O_{32}	O_{42}	O_{12}	O_{52}	O_{22}	O_{62}	O_{33}	O_{53}	O_{13}	O_{63}	O_{43}	O_{23}
	机床基因	5	4	6	4	6	2	4	5	2	5	3	2	6	1	1	3	1	3
染色体 C	工序基因	1	2	3	4	5	6	4	1	5	2	1	4	6	5	2	6	3	3
	代表工序	O_{11}	O_{21}	O_{31}	O_{41}	O_{51}	O_{61}	O_{42}	O_{12}	O_{52}	O_{22}	O_{13}	O_{43}	O_{62}	O_{53}	O_{23}	O_{63}	O_{32}	O_{33}
	机床基因	5	4	6	3	2	5	4	1	1	6	3	2	5	2	4	1	6	5

图 4-5 工序基因部分两点交叉算法执行过程

表 4-9　两点交叉后的染色体 D

工序基因	1	2	3	4	5	6	3	4	1	5	2	6	3	5	1	6	4	2
代表工序	O_{11}	O_{21}	O_{31}	O_{41}	O_{51}	O_{61}	O_{32}	O_{42}	O_{12}	O_{52}	O_{22}	O_{62}	O_{33}	O_{53}	O_{13}	O_{63}	O_{43}	O_{23}
机床基因	5	4	6	4	6	2	4	5	2	5	3	2	6	1	1	3	1	3

同理,取染色体 C 的交叉点 $p=8$ 和 $q=13$,经过交叉运算,形成新的子代染色体 E,如表 4-10 所示。

表 4-10　两点交叉后的染色体 E

工序基因	1	2	3	4	5	6	4	5	2	1	4	1	6	5	2	6	3	3
代表工序	O_{11}	O_{21}	O_{31}	O_{41}	O_{51}	O_{61}	O_{42}	O_{52}	O_{22}	O_{12}	O_{43}	O_{13}	O_{62}	O_{53}	O_{23}	O_{63}	O_{32}	O_{33}
机床基因	5	4	6	3	2	5	4	1	6	1	2	3	5	2	4	1	6	5

机床基因部分采用均匀交叉算法。由于受到工序允许加工机床的限制,采用两点交叉,可能导致机床基因部分的交叉操作失败。因此,机床基因部分采用均匀交叉操作。交叉算法流程如下。

步骤 1:选择上述工序基因部分执行交叉操作,生成染色体 D 和染色体 E。

步骤 2:随机产生两个交叉点 p、q,代表准备进行交叉操作的作业编号,$p,q \in (1,n)$。

步骤 3:保持工序基因部分不变,将染色体 D 中作业 p 和 q 所有工序选择的机床与染色体 E 中作业 p 和 q 所有工序选择的机床相互交叉,替换相应工序的机床基因部分。

以表 4-9 中的染色体 D、表 4-10 中的染色体 E 为例,进行交叉运算。取染色体 D 交叉点 $p=3$ 和 $q=4$,经过交叉运算形成新的子代染色体,其算法执行过程如图 4-6 所示,获得染色体 F 如表 4-11 所示;取染色体 E 交叉点 $p=2$ 和 $q=5$,经过交叉运算,形成新的染色体 G,如表 4-12 所示。

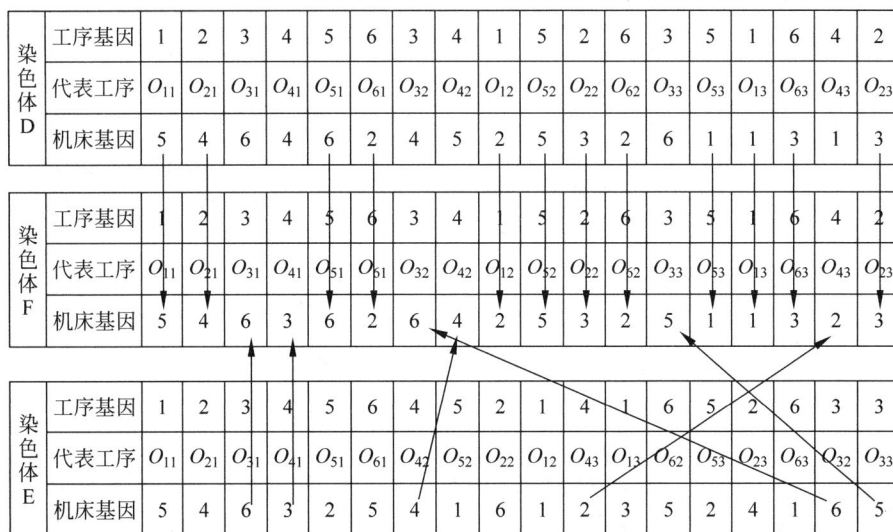

图 4-6　机床基因部分均匀交叉算法执行过程

表 4-11　均匀交叉后的染色体 F

工序基因	1	2	3	4	5	6	3	4	1	5	2	6	3	5	1	6	4	2
代表工序	O_{11}	O_{21}	O_{31}	O_{41}	O_{51}	O_{61}	O_{32}	O_{42}	O_{12}	O_{52}	O_{22}	O_{62}	O_{33}	O_{53}	O_{13}	O_{63}	O_{43}	O_{23}
机床基因	5	4	6	3	6	2	6	4	2	5	3	2	3	1	1	3	2	3

表 4-12　均匀交叉后的染色体 G

工序基因	1	2	3	4	5	6	4	5	2	1	4	1	6	5	2	6	3	3
代表工序	O_{11}	O_{21}	O_{31}	O_{41}	O_{51}	O_{61}	O_{42}	O_{52}	O_{22}	O_{12}	O_{43}	O_{13}	O_{62}	O_{53}	O_{23}	O_{63}	O_{32}	O_{33}
机床基因	5	4	6	3	6	5	4	5	3	1	2	3	5	1	3	1	6	5

变异操作的目的主要包括两个。一是使遗传算法具有局部随机搜索能力。当遗传算法通过交叉操作已接近最优解邻域时,利用变异操作的这种局部随机搜索能力,可以加速算法向最优解收敛。显然这种情况下的变异概率应取较小值,否则接近最优解的染色体会因变异而遭到破坏。二是使遗传算法维持群体多样性,以防止出现未成熟收敛现象。由于采用分段式基因编码方式,与交叉操作相似,变异操作也针对两部分基因执行不同的遗传操作,针对工序基因部分执行变异操作的算法流程如下。

步骤 1:对种群中所有染色体以事先设定的变异概率判断是否进行变异操作,确定进行变异操作的两个染色体 B、C。

步骤 2:随机产生两个变异点 p、q,将 p、q 两个位置点的基因互换。

步骤 3:检查互换位置的工序基因部分是否满足要求,即后一道工序必须在前一道工序加工结束后进行,如果不满足要求,则返回步骤 2。

步骤 4:将 p、q 两个变异点工序的所属机床互换。

因此,针对表 4-5 中的染色体 B,取变异点 $p=6$ 和 $q=12$,经检验,如果对 6 和 12 两点的工序基因进行交换,那么会导致工序 O_{33} 安排在工序 O_{32} 之前,显然这不符合实际工序约束条件。因此,取变异点 $p=4$ 和 $q=9$,变异后生成的染色体 H 如表 4-13 所示。

表 4-13　变异后生成的染色体 H

工序基因	1	2	3	2	5	6	3	4	4	6	1	3	4	5	1	6	4	2
代表工序	O_{11}	O_{21}	O_{31}	O_{22}	O_{51}	O_{61}	O_{32}	O_{52}	O_{41}	O_{62}	O_{12}	O_{33}	O_{42}	O_{53}	O_{13}	O_{63}	O_{43}	O_{23}
机床基因	5	4	6	3	6	2	4	5	2	2	6	5	1	1	3	1	3	

同理,针对表 4-8 中的染色体 C,取变异点 $p=6$ 和 $q=12$,经检验,如果对 6 和 12 两点的工序基因进行交换,会导致工序 O_{43} 安排在工序 O_{42} 之前,也不符合实际工序约束条件。因此,取变异点 $p=4$ 和 $q=9$,变异后生成的染色体 I 如表 4-14 所示。

表 4-14　变异后生成的染色体 I

工序基因	1	2	3	4	5	5	4	1	6	2	1	4	6	5	2	6	3	3
代表工序	O_{11}	O_{21}	O_{31}	O_{41}	O_{51}	O_{52}	O_{42}	O_{12}	O_{61}	O_{22}	O_{13}	O_{43}	O_{62}	O_{53}	O_{23}	O_{63}	O_{32}	O_{33}
机床基因	5	4	6	3	2	1	4	1	5	6	3	2	5	2	4	1	6	5

针对机床基因部分执行变异操作的算法流程如下。

步骤 1：随机选择上述工序基因部分执行变异操作，生成染色体 H 和染色体 I。

步骤 2：随机产生两个变异点 p、q，代表准备进行变异操作的机床编号，$p,q \in (1,n)$。

步骤 3：判断在 p 机床完成的所有工序是否能够在 q 机床完成，如果不能满足要求，则返回步骤 2。

步骤 4：判断在 q 机床完成的所有工序是否能够在 p 机床完成，如果不能满足要求，则返回步骤 2。

步骤 5：保持工序基因部分不变，对机床基因部分的机床 p 和机床 q 进行位置互换。

针对表 4-13 中的染色体 H，取变异点 $p=2$ 和 $q=5$，经过变异操作，形成新的子代染色体 J，如表 4-15 所示。

表 4-15　变异后生成的染色体 J

工序基因	1	2	3	2	5	6	3	5	4	6	1	3	4	5	1	6	4	2
代表工序	O_{11}	O_{21}	O_{31}	O_{22}	O_{51}	O_{61}	O_{32}	O_{52}	O_{41}	O_{62}	O_{12}	O_{33}	O_{42}	O_{53}	O_{13}	O_{63}	O_{43}	O_{23}
机床基因	2	4	6	3	6	5	4	2	4	5	5	6	2	1	1	1	3	3

针对表 4-14 中的染色体 I，取变异点 $p=1$ 和 $q=3$，经过变异操作，形成新的子代染色体 K，如表 4-16 所示。

表 4-16　变异后生成的染色体 K

工序基因	1	2	3	4	5	5	4	1	6	2	1	4	6	5	2	6	3	3
代表工序	O_{11}	O_{21}	O_{31}	O_{41}	O_{51}	O_{52}	O_{42}	O_{12}	O_{61}	O_{22}	O_{13}	O_{43}	O_{62}	O_{53}	O_{23}	O_{63}	O_{32}	O_{33}
机床基因	5	4	6	1	2	3	3	5	6	1	2	5	2	4	3	6	5

4.3.5　基因解码

基因解码是指将染色体表示为具体的调度方案，调度方案可表示为具体的甘特图，如图 4-1 所示。根据上述基因编码方式和遗传操作求解最优调度方案的过程，可以确定基因解码最关键的问题，即确定每道工序的开工时间。由于机床基因部分已经确定每道工序的加工机床，所以该工序的加工时间也已确定，工序基因部分只确定了每道工序开工的先后次序，但未确定每道工序具体的开工时间。确定每道工序的开工时间，需要考虑两个时间节点，即当前作业上一道工序的完工时间和本道工序所选择机床最后一道工序的完工时间。因此，工序 O_{ij} 在机床 M_k 上的开工时间 ST_{ijk} 可通过式（4-28）表示：

$$ST_{ijk} = Max(ST_{ij-1} + T_{ij-1}, SE_k) \tag{4-28}$$

式中，ST_{ij} 为作业 J_i 的工序 O_{ij} 的开工时间；其中，$ST_{i0}=0$，$T_{i0}=0$。

SE_k 为机床 M_k 最后一道工序完工时间，可通过式（4-29）表示：

$$SE_k = \begin{cases} 0, & L_k=0 \\ ST_{ij-1k} + T_{ij-1k}X_{ij-1k}, & L_k \neq 0 \end{cases} \tag{4-29}$$

式中，L_k 为机床 M_k 的工作负荷；X_{ij-1k} 为调整系数，可通过式（4-30）表示：

$$X_{ij-1k} = \begin{cases} 1, & \text{当工序 } O_{ij-1} \text{ 在机床 } M_k \text{ 加工时} \\ 0, & \text{当工序 } O_{ij-1} \text{ 不在机床 } M_k \text{ 加工时} \end{cases} \tag{4-30}$$

因此,通过确定开工时间,可以初步实现基因解码,其算法流程图如图 4-7 所示。而在工程实践中进行基因解码,除了按照上述公式计算各工序的开工时间外,还要综合考虑各机床的空载时间等多种因素。

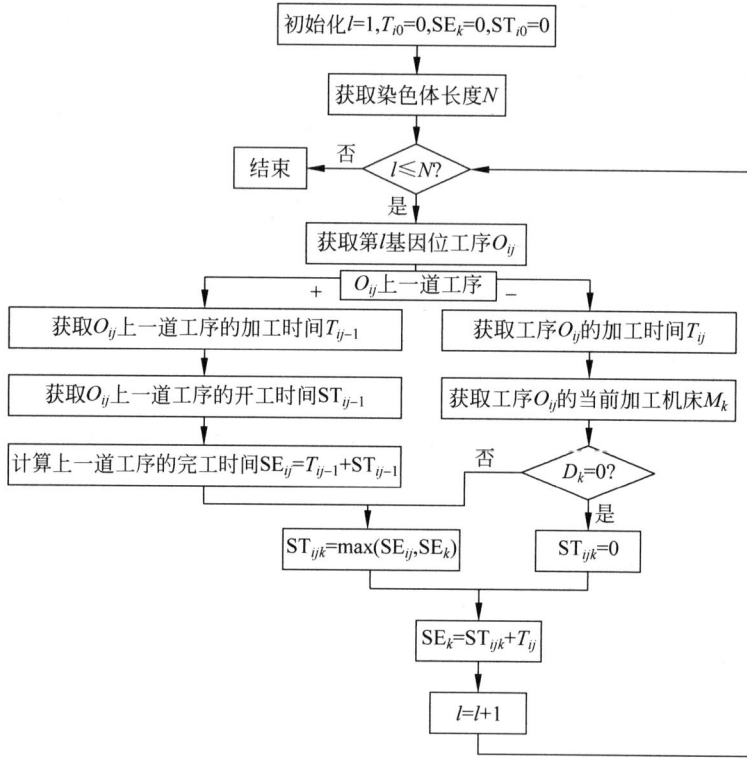

图 4-7　基因解码算法流程图

以表 4-14 中的染色体 I 为例说明各工序开工时间的计算过程,染色体 I 解码表如表 4-17 所示,并以此为基础生成该染色体的甘特图,如图 4-8 所示。

表 4-17　染色体 I 解码表

工序	T_{ij}	$T_{ij.1}$	$ST_{ij.1}$	$T_{ij.1}+ST_{ij.1}$	$SE_k = T_{ij.1k}+ST_{ij.1k}$	ST_{ijk}
O_{11}	$T_{11}=2$	$T_{10}=0$	$ST_{10}=0$	0	$SE_5=0$	$ST_{115}=0$
O_{21}	$T_{21}=3$	$T_{20}=0$	$ST_{20}=0$	0	$SE_4=0$	$ST_{214}=0$
O_{31}	$T_{31}=4$	$T_{30}=0$	$ST_{30}=0$	0	$SE_6=0$	$ST_{316}=0$
O_{41}	$T_{41}=7$	$T_{40}=0$	$ST_{40}=0$	0	$SE_3=0$	$ST_{413}=0$
O_{51}	$T_{51}=4$	$T_{50}=0$	$ST_{50}=0$	0	$SE_2=0$	$ST_{512}=0$
O_{52}	$T_{52}=4$	$T_{51}=4$	$ST_{51}=0$	$T_{51}+ST_{51}=4+0=4$	$SE_1=0$	$ST_{521}=4$
O_{42}	$T_{42}=5$	$T_{41}=7$	$ST_{41}=0$	$T_{41}+ST_{41}=7+0=7$	$SE_4=T_{21}+ST_{214}=3+0=3$	$ST_{424}=7$
O_{12}	$T_{12}=4$	$T_{11}=2$	$ST_{11}=0$	$T_{11}+ST_{11}=2+0=2$	$SE_1=T_{52}+ST_{521}=4+4=8$	$ST_{121}=8$
O_{61}	$T_{61}=5$	$T_{60}=0$	$ST_{60}=0$	0	$SE_5=T_{11}+ST_{115}=2+0=2$	$ST_{615}=2$
O_{22}	$T_{22}=5$	$T_{21}=3$	$ST_{21}=0$	$T_{21}+ST_{21}=3+0=3$	$SE_6=T_{11}+ST_{115}=2+0=4$	$ST_{226}=4$

续表

工序	T_{ij}	$T_{ij.1}$	$ST_{ij.1}$	$T_{ij.1}+ST_{ij.1}$	$SE_k=T_{ij.1k}+ST_{ij.1k}$	ST_{ijk}
O_{13}	$T_{13}=4$	$T_{12}=4$	$ST_{12}=8$	$T_{12}+ST_{12}=4+8=12$	$SE_3=T_{41}+ST_{413}=7+0=7$	$ST_{133}=12$
O_{43}	$T_{43}=3$	$T_{42}=5$	$ST_{42}=7$	$T_{42}+ST_{42}=5+7=12$	$SE_2=T_{51}+ST_{512}=4+0=4$	$ST_{432}=12$
O_{62}	$T_{62}=3$	$T_{61}=5$	$ST_{61}=2$	$T_{61}+ST_{61}=5+2=7$	$SE_5=T_{61}+ST_{615}=5+2=7$	$ST_{625}=7$
O_{53}	$T_{53}=4$	$T_{52}=4$	$ST_{52}=4$	$T_{52}+ST_{52}=4+4=8$	$SE_2=T_{43}+ST_{432}=3+12=15$	$ST_{532}=15$
O_{23}	$T_{23}=4$	$T_{22}=5$	$ST_{22}=4$	$T_{22}+ST_{22}=4+8=9$	$SE_4=T_{42}+ST_{424}=5+7=12$	$ST_{234}=12$
O_{63}	$T_{63}=5$	$T_{62}=3$	$ST_{62}=7$	$T_{62}+ST_{62}=3+7=10$	$SE_1=T_{43}+ST_{432}=3+12=12$	$ST_{631}=12$
O_{32}	$T_{32}=4$	$T_{31}=4$	$ST_{31}=0$	$T_{31}+ST_{31}=4+0=4$	$SE_6=T_{22}+ST_{226}=5+4=9$	$ST_{326}=9$
O_{33}	$T_{33}=9$	$T_{32}=4$	$ST_{32}=9$	$T_{32}+ST_{32}=4+9=13$	$SE_5=T_{62}+ST_{625}=3+7=10$	$ST_{335}=13$

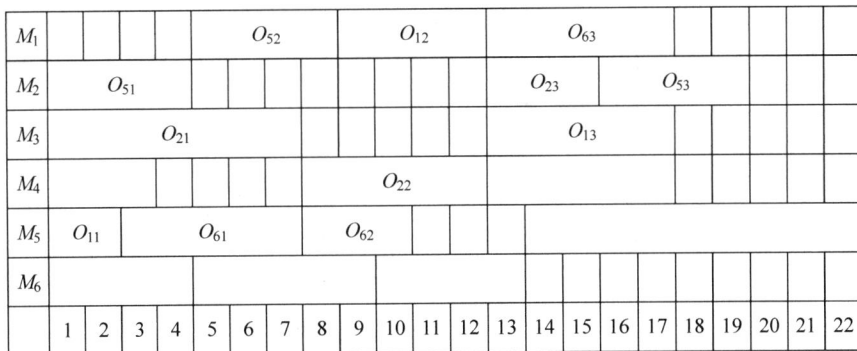

图 4-8　染色体 I 的甘特图

染色体 B 至染色体 J 的解码表及对应甘特图见附录 4-3。

4.3.6　典型案例分析

FJSP 的典型案例数据如下所示。

```
2 4 4
2 2 1 4 4 2 1 3 4
3 4 1 3 2 4 3 2 4 3 1 2 3 3 1 4 3 2 2 4
```

第一行包含 3 个数字,第一个数字表示零件数,第二个数字表示机器数,第三个不是必需的,表示每道工序平均可选择的加工机器数。

每二行表示一个工件,第一个数字表示此工件的总工序数,第二个数字表示加工第一道工序的可选机器数,接着会有可选机器数的一组数据(机器号、加工时间)。然后是第二道工序的可选机器数,及其可选机器数的一组数据。以此类推。

根据上述阐述,可得出以下结论

第一行表示该 FJSP 有 2 个零件、4 台机器,每道工序的备选机床为 4 台。

第二行表示该零件有 2 道工序:第 1 道工序可由两台机床加工,可由机床 1 加工,时间为 4s,也可由机床 2 加工,时间为 3s;第 2 道工序可由 1 台机床加工,由机床 3 加工的时间为 4s。

第三行表示该零件有 3 道工序:第 1 道工序由 4 台机床加工,其中机床 1 的加工时间为 3s,机床 2 的加工时间为 4s,机床 3 的加工时间为 2s,机床 4 的加工时间为 3s;第 2 道工序由 1 台机床加工,机床 2 的加工时间为 3s;第 3 道工序可由 3 台机床加工,机床 1 的加工

利用遗传算法求解柔性作业车间调度问题:遗传操作

时间为 4s,机床 3 的加工时间为 2s,机床 2 的加工时间为 4s。

该 FJSP 典型案例具体细节见附录 4-4。

利用 GA 求解上述 FJSP-MK01 的 MATLAB 代码见左侧二维码附录 B。

附录 B

混合遗传算法及测试案例

习题

1. 调度问题常用三元组进行描述,三元组各表示什么信息?

2. 根据调度问题的类型,经典的调度问题常包括哪些?

3. 调度问题包括哪些常见研究方法?

4. 试描述柔性作业车间调度问题 FJSP,其性能指标包括哪几类?

5. 试描述基于加工任务完工时间的 FJSP 调度优化目标。

6. 表 4-18 为某 6×6 FJSP,请回答以下问题:

(1) 6 个作业的工序数量分别是多少?

(2) 作业 3 的第 3 道工序可由哪些机床加工?加工时间分别是多少?

(3) 请安排该调度问题的调度方案,并以甘特图的形式表示。

表 4-18　6×6 柔性作业车间调度问题实例

作业	工序	机　床					
		M_1	M_2	M_3	M_4	M_5	M_6
1	O_{11}	2	3	×	5	2	3
	O_{12}	4	3	5	×	3	×
	O_{13}	2	×	5	4	×	4
	O_{14}	3	4	6	×	8	7
2	O_{21}	3	×	5	3	2	×
	O_{22}	4	×	3	3	×	5
	O_{23}	×	×	4	5	7	9
	O_{24}	7	9	×	×	8	6
3	O_{31}	5	6	×	4	×	4
	O_{32}	×	4	×	3	5	4
	O_{33}	×	×	11	×	9	13
4	O_{41}	9	×	7	9	×	6
	O_{42}	×	7	×	5	6	5
	O_{43}	2	3	4	×	×	4
	O_{44}	6	9	7	5	7	×
5	O_{51}	×	4	5	3	×	4
	O_{52}	4	4	6	×	3	5
	O_{53}	7	8	×	7	6	×
6	O_{61}	×	3	7	4	5	×
	O_{62}	6	2	×	4	3	×
	O_{63}	5	4	3	×	×	4
	O_{64}	5	6	7	9	8	6
	O_{65}	×	×	4	5	4	7

7. 图 4-9 所示的甘特图为某 FJSP 调度方案之一,试分析该图完成以下计算。

(1) 作业(零件)$J_1 \sim J_6$ 的完工时间分别为( )、( )、( )、( )、( )、( )。

(2) 机床 $M_1 \sim M_6$ 的负荷分别为( )、( )、( )、( )、( )、( )。

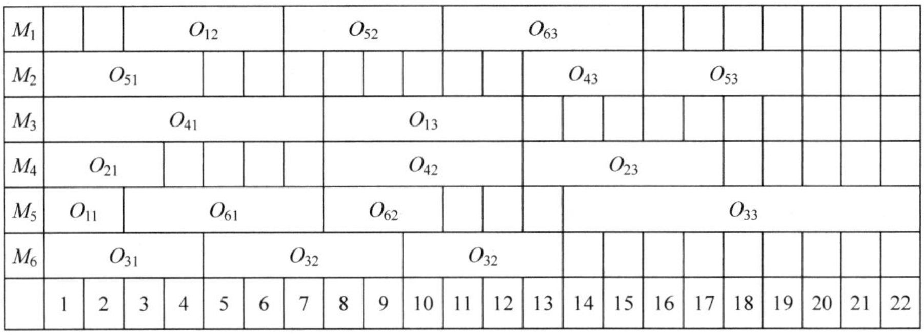

M_1			O_{12}					O_{52}				O_{63}										
M_2	O_{51}											O_{43}				O_{53}					
M_3			O_{41}						O_{13}													
M_4		O_{21}						O_{42}					O_{23}									
M_5	O_{11}			O_{61}					O_{62}					O_{33}								
M_6		O_{31}			O_{32}					O_{32}												
	1	2	3	4	5	6	7	8	9	10	11	12	13	14	15	16	17	18	19	20	21	22

图 4-9　甘特图

8. 举例描述 FJSP 中两段式的基因编码。

9. 遗传算法中种群初始化的方法包括哪些?

10. 种群初始化中何为 GMT 方法? 何为 RS 方法?

11. 举例说明针对 FJSP 常见遗传操作中的双点交叉算法和均匀交叉算法。

12. 举例说明针对 FJSP 常见的变异算法。

13. 表 4-19 为表 4-1 所示的 6×6 FJSP 的某条染色体,试构建该染色体的解码表,计算各作业零件的开工时间,并绘制甘特图。

表 4-19　染色体

工序基因	1	2	3	4	5	6	3	5	2	6	1	3	4	5	1	6	4	2
代表工序	O_{11}	O_{21}	O_{31}	O_{41}	O_{51}	O_{61}	O_{32}	O_{52}	O_{22}	O_{62}	O_{12}	O_{33}	O_{42}	O_{53}	O_{13}	O_{63}	O_{43}	O_{23}
机床基因	5	4	6	4	6	2	4	5	3	2	2	6	5	1	1	3	1	3
时间	2	3	4	9	4	3	3	3	2	3	12	6	3	2	3	2	2	4

附录 4-1

表 4-20　GMT 方法初始化过程

	M_1	M_2	M_3	M_4	M_5	M_6	M_1	M_2	M_3	M_4	M_5	M_6	M_1	M_2	M_3	M_4	M_5	M_6
O_{11}	2	3	×	5	**2**	3	2	3	×	5	**2**	3	**4**	3	×	5	2	3
O_{12}	4	3	5	×	3	×	4	3	5	×	**5**	×	**6**	3	5	×	5	×
O_{13}	2	×	5	4	×	4	**2**	×	5	4	**×**	4	**2**	×	5	4	×	4
O_{21}	3	×	5	3	2	×	3	×	5	3	**4**	×	**5**	×	5	3	4	×
O_{22}	4	×	3	3	4	5	4	×	3	3	**×**	5	**6**	×	3	3	×	5
O_{23}	×	×	4	5	7	9	×	×	4	5	**9**	9	×	×	4	5	9	9
O_{31}	5	6	×	4	×	4	5	6	×	4	**×**	4	**7**	6	×	4	×	4
O_{32}	×	4	×	3	5	4	×	4	×	3	**7**	4	**×**	4	×	3	7	4

续表

	M_1	M_2	M_3	M_4	M_5	M_6	M_1	M_2	M_3	M_4	M_5	M_6	M_1	M_2	M_3	M_4	M_5	M_6
O_{33}	×	×	11	×	9	13	×	×	11	×	**11**	13	**×**	×	11	×	11	13
O_{41}	9	×	7	9	×	6	9	×	7	9	**×**	6	**11**	×	7	9	×	6
O_{42}	×	7	×	5	6	5	×	7	×	5	**8**	5	**×**	7	×	5	8	5
O_{43}	2	3	4	×	×	4	2	3	4	×	**×**	4	**4**	3	4	×	×	4
O_{51}	×	4	5	3	×	4	×	4	5	3	**×**	4	**×**	4	5	3	×	4
O_{52}	4	4	6	×	3	5	4	4	6	×	**5**	5	**6**	4	6	×	5	5
O_{53}	3	4	×	5	6	×	3	4	×	5	**8**	×	**5**	4	×	5	8	×
O_{61}	×	3	7	4	5	×	×	3	7	4	**7**	×	**×**	3	7	4	7	×
O_{62}	6	2	×	4	3	×	6	2	×	4	**5**	×	**8**	**2**	×	4	5	×
O_{63}	5	4	3	×	×	4	5	4	3	×	**×**	4	**7**	4	3	×	×	4
	M_1	M_2	M_3	M_4	M_5	M_6	M_1	M_2	M_3	M_4	M_5	M_6	M_1	M_2	M_3	M_4	M_5	M_6
O_{11}	4	**5**	×	5	2	3	4	5	×	**8**	2	3	4	5	**×**	8	2	3
O_{12}	6	**5**	5	×	5	×	6	5	5	**×**	5	×	6	5	**8**	×	5	×
O_{13}	2	×	5	4	×	4	2	×	5	**7**	×	4	2	×	**8**	7	×	4
O_{21}	5	×	5	**3**	4	×	5	×	5	**3**	4	×	5	×	**8**	3	4	×
O_{22}	6	×	3	3	×	5	6	×	3	**6**	×	5	6	×	**6**	6	×	5
O_{23}	×	×	4	5	9	9	×	×	4	**8**	9	9	×	×	**7**	8	9	9
O_{31}	7	**8**	×	4	×	4	7	8	×	**7**	×	4	7	8	×	7	×	**4**
O_{32}	×	**6**	×	3	7	4	×	6	×	**6**	7	4	×	6	×	**6**	7	4
O_{33}	×	×	11	×	11	13	×	×	11	**×**	11	13	×	×	**14**	×	11	13
O_{41}	11	×	7	9	×	6	11	×	7	**12**	×	6	11	×	**10**	12	×	6
O_{42}	×	**9**	×	5	8	5	×	9	×	**8**	8	5	×	9	×	**8**	8	5
O_{43}	4	**5**	4	×	×	4	4	5	4	**×**	×	4	4	5	**7**	×	×	4
O_{51}	×	**6**	5	3	×	4	×	6	5	**6**	×	4	×	6	**8**	6	×	4
O_{52}	6	**6**	6	×	5	5	6	6	6	**×**	5	5	6	6	**9**	×	5	5
O_{53}	5	**6**	×	5	8	×	5	6	×	**8**	8	×	5	6	**×**	8	8	×
O_{61}	×	**5**	7	4	7	×	×	5	7	**7**	7	×	×	5	**10**	7	7	×
O_{62}	8	**2**	×	4	5	×	8	2	×	**7**	5	×	8	2	**×**	7	5	×
O_{63}	7	**6**	3	×	×	4	7	6	**3**	**×**	×	4	7	6	**3**	×	×	4
	M_1	M_2	M_3	M_4	M_5	M_6	M_1	M_2	M_3	M_4	M_5	M_6	M_1	M_2	M_3	M_4	M_5	M_6
O_{11}	4	5	×	8	2	**7**	**8**	5	×	8	2	7	8	**10**	×	8	2	7
O_{12}	6	5	8	×	5	**×**	**10**	5	8	×	5	×	10	**5**	8	×	5	×
O_{13}	2	×	8	7	×	**8**	**6**	×	8	7	×	8	6	**X**	8	7	×	8
O_{21}	5	×	8	3	4	**×**	**9**	×	8	3	4	×	9	×	8	3	4	×
O_{22}	6	×	6	6	×	**9**	**10**	×	6	6	×	9	10	×	6	6	×	9
O_{23}	×	×	7	8	9	**13**	**×**	×	7	8	9	13	×	**×**	7	8	9	13
O_{31}	7	8	×	7	×	**4**	**11**	8	×	7	×	4	11	**13**	×	7	×	4
O_{32}	×	6	×	6	7	**8**	**×**	6	×	6	7	8	×	**11**	×	6	7	8
O_{33}	×	×	14	×	11	**17**	**×**	×	14	×	11	17	×	**×**	14	×	11	17
O_{41}	11	×	10	12	×	**10**	**15**	×	10	12	×	10	15	**×**	10	12	×	10
O_{42}	×	9	×	8	8	**9**	**×**	9	×	8	8	9	×	**14**	×	8	8	9
O_{43}	**4**	5	7	×	×	**8**	**4**	5	7	×	×	8	4	**10**	7	×	×	8

续表

	M_1	M_2	M_3	M_4	M_5	M_6	M_1	M_2	M_3	M_4	M_5	M_6	M_1	M_2	M_3	M_4	M_5	M_6
O_{51}	×	6	8	6	×	**8**	×	6	8	6	×	8	×	**11**	8	6	×	8
O_{52}	6	6	9	×	5	**9**	**10**	6	9	×	5	9	10	**11**	9	×	**5**	9
O_{53}	5	6	×	8	8	×	**9**	6	×	8	8	×	9	**11**	×	8	8	×
O_{61}	×	5	10	7	7	×	×	5	10	7	7	×	×	**10**	10	7	7	×
O_{62}	8	2	×	7	5	×	**12**	2	×	7	5	×	12	**7**	×	7	5	×
O_{63}	7	6	3	×	×	**8**	**11**	6	3	×	×	8	11	**11**	3	×	×	8

	M_1	M_2	M_3	M_4	M_5	M_6	M_1	M_2	M_3	M_4	M_5	M_6	M_1	M_2	M_3	M_4	M_5	M_6
O_{11}	8	10	×	8	**7**	7	8	10	×	8	7	7	8	10	×	**14**	7	7
O_{12}	10	5	8	×	**10**	×	10	5	**14**	×	10	×	10	5	14	×	10	×
O_{13}	6	×	8	7	×	8	6	×	**14**	7	×	8	6	×	14	**13**	×	8
O_{21}	9	×	8	3	**9**	×	9	×	**14**	3	9	×	9	×	14	**9**	9	×
O_{22}	10	×	**6**	6	×	9	10	×	**6**	6	×	9	10	×	6	**12**	×	9
O_{23}	×	×	7	8	**14**	13	×	×	**13**	8	14	13	×	×	13	**14**	14	13
O_{31}	11	13	×	7	×	4	11	13	×	7	×	4	11	13	×	**13**	×	4
O_{32}	×	11	×	6	**12**	8	×	11	×	**6**	12	8	×	11	×	**6**	12	8
O_{33}	×	×	14	×	**16**	17	×	×	**20**	×	16	17	×	×	20	×	16	17
O_{41}	15	×	10	12	×	10	15	×	**16**	12	×	10	15	×	16	**18**	×	10
O_{42}	×	14	×	8	**13**	9	×	14	×	8	13	9	×	14	×	**14**	13	9
O_{43}	4	10	7	×	×	8	4	10	**13**	×	×	8	4	10	13	×	×	8
O_{51}	×	11	8	6	×	8	×	11	**14**	6	×	8	×	11	14	**12**	×	**8**
O_{52}	10	11	9	×	**5**	9	10	11	**15**	×	10	9	10	11	15	×	10	9
O_{53}	9	11	×	8	**13**	×	9	11	×	8	13	×	9	11	×	**14**	13	×
O_{61}	×	10	10	7	**12**	×	×	10	**16**	7	12	×	×	10	16	**13**	12	×
O_{62}	12	7	×	7	**10**	×	12	7	×	7	10	×	12	7	×	**13**	10	×
O_{63}	11	11	3	×	×	8	11	11	**9**	×	×	8	11	11	9	×	×	8

	M_1	M_2	M_3	M_4	M_5	M_6	M_1	M_2	M_3	M_4	M_5	M_6	M_1	M_2	M_3	M_4	M_5	M_6
O_{11}	8	10	×	14	7	**15**	**17**	10	×	14	7	15	17	**20**	×	14	7	15
O_{12}	10	5	14	×	10	×	**19**	5	14	×	10	×	19	**15**	14	×	10	×
O_{13}	6	×	14	13	×	**16**	**15**	×	14	13	×	16	15	×	14	13	×	16
O_{21}	9	×	14	9	9	×	**18**	×	14	9	9	×	18	×	14	9	9	×
O_{22}	10	×	6	12	×	**17**	**19**	×	6	12	×	17	19	×	6	12	×	17
O_{23}	×	×	13	14	14	**21**	×	×	13	14	14	21	×	×	**13**	14	14	21
O_{31}	11	13	×	13	×	**12**	**20**	13	×	13	×	12	20	**23**	×	13	×	12
O_{32}	×	11	×	6	12	**16**	×	11	×	6	12	16	×	**21**	×	6	12	16
O_{33}	×	×	20	×	16	**25**	×	×	20	×	16	25	×	×	20	×	16	25
O_{41}	15	×	16	18	×	**18**	**24**	×	16	18	×	18	24	×	16	18	×	18
O_{42}	×	14	×	14	13	**17**	×	14	×	14	13	17	×	**24**	×	14	13	17
O_{43}	4	10	13	×	×	**16**	**13**	10	13	×	×	16	13	**20**	13	×	×	16
O_{51}	×	11	14	12	×	**8**	×	11	14	12	×	8	×	**21**	14	12	×	8
O_{52}	10	11	15	×	10	**17**	**19**	11	15	×	10	17	19	**21**	15	×	10	17
O_{53}	**9**	11	×	14	13	×	**9**	11	×	14	13	×	9	**21**	×	14	13	×
O_{61}	×	10	16	13	12	×	×	**10**	16	13	12	×	×	**10**	16	13	12	×

续表

	M_1	M_2	M_3	M_4	M_5	M_6	M_1	M_2	M_3	M_4	M_5	M_6	M_1	M_2	M_3	M_4	M_5	M_6
O_{62}	12	7	×	13	10	✗	**21**	7	×	13	10	×	21	**17**	×	13	10	×
O_{63}	11	11	9	×	×	**16**	**20**	11	9	×	×	16	20	**21**	9	×	×	16

	M_1	M_2	M_3	M_4	M_5	M_6	M_1	M_2	M_3	M_4	M_5	M_6	M_1	M_2	M_3	M_4	M_5	M_6
O_{11}	17	20	×	14	7	15	17	20	×	14	**20**	15	17	20	×	**32**	20	15
O_{12}	19	15	**27**	×	10	×	19	15	27	×	**23**	×	19	15	27	×	23	×
O_{13}	15	×	**27**	13	×	16	15	×	27	13	×	16	15	×	27	**31**	×	16
O_{21}	18	×	**27**	9	9	×	18	×	27	9	**22**	×	18	×	**27**	27	22	×
O_{22}	19	×	**19**	12	×	17	19	×	19	12	×	17	19	×	19	**30**	×	17
O_{23}	×	×	**13**	14	14	21	×	×	13	14	**27**	21	×	×	13	**32**	27	21
O_{31}	20	23	×	13	×	12	20	23	×	13	×	12	20	23	×	**31**	×	12
O_{32}	×	21	×	6	12	16	×	21	×	6	**25**	16	×	21	×	**24**	25	16
O_{33}	×	×	**33**	×	16	25	×	×	33	×	**29**	25	×	×	33	×	29	25
O_{41}	24	×	**29**	18	×	18	24	×	29	**18**	×	18	24	×	29	**18**	×	18
O_{42}	×	24	×	14	**13**	17	×	24	×	14	**13**	17	×	24	×	**32**	13	17
O_{43}	13	20	**26**	×	×	16	13	20	26	×	×	16	13	20	26	×	×	16
O_{51}	×	21	**27**	12	×	8	×	21	27	12	×	8	×	21	27	×	×	8
O_{52}	19	21	**28**	×	10	17	19	21	28	×	**23**	17	19	21	28	×	23	17
O_{53}	9	21	×	14	13	×	9	21	×	14	**26**	×	9	21	×	**32**	26	×
O_{61}	×	10	**29**	13	12	×	×	10	29	13	**25**	×	×	10	29	**31**	25	×
O_{62}	21	17	×	13	10	×	21	17	×	13	**23**	×	21	17	×	**31**	23	×
O_{63}	20	21	**22**	×	×	16	20	21	22	×	×	16	20	21	22	×	×	16

附录 4-2

表 4-21　RS 方法初始化过程

	M_1	M_2	M_3	M_4	M_5	M_6	M_1	M_2	M_3	M_4	M_5	M_6	M_1	M_2	M_3	M_4	M_5	M_6
O_{11}	2	3	×	5	**2**	3	2	3	×	5	**2**	3	2	3	×	5	2	3
O_{21}	3	×	5	3	2	×	3	×	5	**3**	**4**	×	3	×	5	**3**	4	×
O_{31}	5	6	×	4	×	4	5	6	×	4	×	4	5	6	×	**7**	×	**4**
O_{41}	9	×	7	9	×	6	9	×	7	9	×	6	9	×	7	**12**	×	6
O_{51}	×	4	5	3	×	4	×	4	5	3	×	4	×	4	5	**6**	×	4
O_{61}	×	3	7	4	5	×	×	3	7	4	**7**	×	×	3	7	**7**	7	×
O_{42}	×	7	×	5	6	5	×	7	×	5	**8**	5	×	7	×	**8**	8	5
O_{12}	4	3	5	×	3	×	4	3	5	×	**5**	×	4	3	5	×	5	×
O_{52}	4	4	6	×	3	5	4	4	6	×	**5**	5	4	4	6	×	5	5
O_{22}	4	×	3	3	×	5	4	×	3	3	×	5	4	×	3	**6**	×	5
O_{13}	2	×	5	4	×	4	2	×	5	4	×	4	2	×	5	**7**	×	4
O_{43}	2	3	4	×	×	4	2	3	4	×	×	4	2	3	4	×	×	4
O_{62}	6	2	×	4	3	×	6	2	×	4	**5**	×	6	2	×	**7**	5	×
O_{53}	3	4	×	5	6	×	3	4	×	5	**8**	×	3	4	×	**8**	8	×

续表

	M_1	M_2	M_3	M_4	M_5	M_6	M_1	M_2	M_3	M_4	M_5	M_6	M_1	M_2	M_3	M_4	M_5	M_6
O_{23}	×	×	4	5	7	9	×	×	4	5	**9**	9	×	×	4	**8**	9	9
O_{63}	5	4	3	×	×	4	5	4	3	×	×	4	5	4	3	×	×	4
O_{32}	×	4	×	3	5	4	×	4	×	3	**7**	4	×	4	×	**6**	7	4
O_{33}	×	×	11	×	9	13	×	×	11	×	**11**	13	×	×	11	×	11	13

	M_1	M_2	M_3	M_4	M_5	M_6	M_1	M_2	M_3	M_4	M_5	M_6	M_1	M_2	M_3	M_4	M_5	M_6
O_{11}	2	3	×	5	2	3	2	3	×	5	2	3	2	3	×	5	2	3
O_{21}	3	×	5	3	4	×	3	×	5	3	4	×	3	×	5	3	4	×
O_{31}	5	6	×	7	×	**4**	5	6	×	7	×	4	5	6	×	7	×	4
O_{41}	9	×	**7**	12	×	**10**	9	×	**7**	12	×	10	9	×	7	12	×	10
O_{51}	×	4	5	6	×	**8**	×	**4**	**12**	6	×	8	×	**4**	12	6	×	8
O_{61}	×	3	7	7	7	×	×	3	**14**	7	7	×	×	**7**	14	7	7	×
O_{42}	×	7	×	8	8	**9**	×	7	×	8	8	9	×	**11**	×	8	8	9
O_{12}	4	3	5	×	5	×	4	3	**12**	×	5	×	4	**7**	12	×	5	×
O_{52}	4	4	6	×	5	9	4	4	**13**	×	5	9	4	**8**	13	×	5	9
O_{22}	4	×	3	6	×	9	4	×	**10**	6	×	9	4	×	10	6	×	9
O_{13}	2	×	5	7	×	**8**	2	×	**12**	7	×	8	2	×	12	7	×	8
O_{43}	2	3	4	×	×	**8**	2	3	**11**	×	×	8	2	**7**	11	×	×	8
O_{62}	6	2	×	7	5	×	6	2	×	7	5	×	6	**6**	×	7	5	×
O_{53}	3	4	×	8	8	×	3	4	×	8	8	×	3	**8**	×	8	8	×
O_{23}	×	×	4	8	9	**13**	×	×	**11**	8	9	13	×	×	11	8	9	13
O_{63}	5	4	3	×	×	**8**	5	4	**10**	×	×	8	5	**8**	10	×	×	8
O_{32}	×	4	×	6	7	**8**	×	4	×	6	7	8	×	**8**	×	6	7	8
O_{33}	×	×	11	×	11	**17**	×	×	**18**	×	11	17	×	×	18	×	11	17

	M_1	M_2	M_3	M_4	M_5	M_6	M_1	M_2	M_3	M_4	M_5	M_6	M_1	M_2	M_3	M_4	M_5	M_6
O_{11}	2	3	×	5	2	3	2	3	×	5	2	3	2	3	×	5	2	3
O_{21}	3	×	5	3	4	×	3	×	5	3	4	×	3	×	5	3	4	×
O_{31}	5	6	×	7	×	4	5	6	×	7	×	4	5	6	×	7	×	4
O_{41}	9	×	7	12	×	10	9	×	7	12	×	10	9	×	7	12	×	10
O_{51}	×	4	12	6	×	8	×	4	12	6	×	8	×	4	12	6	×	8
O_{61}	×	7	14	7	**7**	×	×	7	14	7	7	×	×	7	14	7	7	×
O_{42}	×	11	×	**8**	**15**	9	×	11	×	**8**	15	9	×	11	×	8	15	9
O_{12}	4	7	12	×	**12**	×	**4**	7	12	×	12	×	**4**	7	12	×	12	×
O_{52}	4	8	13	×	**12**	9	4	8	13	×	12	9	**8**	8	13	×	12	9
O_{22}	4	×	10	6	×	9	4	×	10	**14**	×	9	**8**	×	10	14	×	9
O_{13}	2	×	12	7	×	8	2	×	12	**15**	×	8	**6**	×	12	15	×	8
O_{43}	2	7	11	×	×	8	2	7	11	×	×	8	**6**	7	11	×	×	8
O_{62}	6	6	×	7	**12**	×	6	6	×	**15**	12	×	**10**	6	×	15	12	×
O_{53}	3	8	×	8	**15**	×	3	8	×	**16**	15	×	**7**	8	×	16	15	×
O_{23}	×	×	11	8	**16**	13	×	×	11	**16**	16	13	×	×	11	16	16	13
O_{63}	5	8	10	×	×	8	5	8	10	×	×	8	**9**	8	10	×	×	8
O_{32}	×	8	×	6	**14**	8	×	8	×	**14**	14	8	×	8	×	14	14	8
O_{33}	×	×	18	×	**18**	17	×	×	18	×	18	17	×	×	18	×	18	17

续表

	M_1	M_2	M_3	M_4	M_5	M_6	M_1	M_2	M_3	M_4	M_5	M_6	M_1	M_2	M_3	M_4	M_5	M_6
O_{11}	2	3	×	5	2	3	2	3	×	5	2	3	2	3	×	5	2	3
O_{21}	3	×	5	3	4	×	3	×	5	3	4	×	3	×	5	3	4	×
O_{31}	5	6	×	7	×	4	5	6	×	7	×	4	5	6	×	7	×	4
O_{41}	9	×	7	12	×	10	9	×	7	12	×	10	9	×	7	12	×	10
O_{51}	×	4	12	6	×	8	×	4	12	6	×	8	×	4	5	6	×	8
O_{61}	×	7	14	7	7	×	×	7	14	7	7	×	×	7	7	7	7	×
O_{42}	×	11	×	8	15	9	×	11	×	8	15	9	×	11	×	8	15	9
O_{12}	4	7	12	×	12	×	4	7	12	×	12	×	4	7	5	×	12	×
O_{52}	**8**	8	13	×	12	9	8	8	13	×	12	9	8	8	6	×	12	9
O_{22}	**16**	X	10	14	×	**9**	16	×	10	14	×	**9**	8	×	9	14	×	9
O_{13}	**14**	X	12	15	×	8	14	×	**12**	15	×	**17**	14	×	**12**	15	×	17
O_{43}	**14**	7	11	×	×	8	14	7	11	×	×	**17**	14	**7**	**23**	X	×	17
O_{62}	**18**	6	×	15	12	×	18	6	×	15	12	×	18	6	×	15	12	×
O_{53}	**15**	8	×	16	15	×	15	8	×	16	15	×	15	8	×	16	15	×
O_{23}	×	×	11	16	16	13	×	×	11	16	16	**22**	X	×	**23**	16	16	22
O_{63}	**17**	8	10	×	×	8	17	8	10	×	×	**17**	17	8	**22**	X	×	17
O_{32}	×	8	×	14	14	8	×	8	×	14	14	**17**	X	8	×	14	14	17
O_{33}	×	×	18	×	18	17	×	×	18	×	18	**26**	X	×	**30**	X	18	26

	M_1	M_2	M_3	M_4	M_5	M_6	M_1	M_2	M_3	M_4	M_5	M_6	M_1	M_2	M_3	M_4	M_5	M_6
O_{11}	2	3	×	5	2	3	2	3	×	5	2	3	2	3	×	5	2	3
O_{21}	3	×	5	3	4	×	3	×	5	3	4	×	3	×	5	3	4	×
O_{31}	5	6	×	7	×	4	5	6	×	7	×	4	5	6	×	7	×	4
O_{41}	9	×	7	12	×	10	9	×	7	12	×	10	9	×	7	12	×	10
O_{51}	×	4	5	6	×	8	×	4	5	6	×	8	×	4	5	6	×	8
O_{61}	×	7	7	7	7	×	×	7	7	7	7	×	×	7	7	7	7	×
O_{42}	×	11	×	8	15	9	×	11	×	8	15	9	×	11	×	8	15	9
O_{12}	4	7	5	×	12	×	4	7	5	×	12	×	4	7	5	×	12	×
O_{52}	8	8	6	×	12	9	8	8	6	×	12	9	8	8	6	×	12	9
O_{22}	8	×	9	14	×	9	8	×	9	14	×	9	8	×	9	14	×	9
O_{13}	14	×	12	15	×	17	14	×	12	15	×	17	14	×	12	15	×	17
O_{43}	14	**7**	23	×	×	17	14	7	23	×	×	17	14	7	23	×	×	17
O_{62}	18	**13**	X	15	**12**	X	18	13	×	15	**12**	X	18	13	×	15	12	×
O_{53}	15	**15**	X	16	15	×	15	**15**	X	16	**27**	X	15	**15**	X	16	27	×
O_{23}	×	×	23	16	16	22	×	×	23	16	**28**	22	×	×	23	**16**	28	22
O_{63}	17	**15**	22	×	×	17	17	15	22	×	×	17	17	**30**	22	×	×	17
O_{32}	×	**15**	X	14	14	17	×	15	×	14	**26**	17	×	**30**	X	14	26	17
O_{33}	×	×	30	×	18	26	×	×	30	×	**30**	26	×	×	30	×	30	26

	M_1	M_2	M_3	M_4	M_5	M_6	M_1	M_2	M_3	M_4	M_5	M_6	M_1	M_2	M_3	M_4	M_5	M_6
O_{11}	2	3	×	5	2	3	2	3	×	5	2	×	2	3	×	5	2	3
O_{21}	3	×	5	3	4	×	3	×	5	3	4	×	3	×	5	3	4	×
O_{31}	5	6	×	7	×	4	5	6	×	7	×	4	5	6	×	7	×	4
O_{41}	9	×	7	12	×	10	9	×	7	12	×	10	9	×	7	12	×	10

续表

	M_1	M_2	M_3	M_4	M_5	M_6	M_1	M_2	M_3	M_4	M_5	M_6	M_1	M_2	M_3	M_4	M_5	M_6
O_{51}	×	4	5	6	×	8	×	4	5	6	×	8	×	4	5	6	×	8
O_{61}	×	7	7	7	7	×	×	7	7	7	7	×	×	7	7	7	7	×
O_{42}	×	11	×	8	15	9	×	11	×	8	15	9	×	11	×	8	15	9
O_{12}	4	7	5	×	12	×	4	7	5	×	12	×	4	7	5	×	12	×
O_{52}	8	8*	6	×	12	9	8	8	6	×	12	9	8	8	6	×	12	9
O_{22}	8	×	9	14	×	9	8	×	9	14	×	9	8	×	9	14	×	9
O_{13}	14	×	12	15	×	17	14	×	11	15	×	8	14	×	11	15	×	8
O_{43}	14	7	23	×	×	17	14	7	10	×	×	16	14	7	10	×	×	16
O_{62}	18	13	×	15	12	×	18	13	×	15	12	×	18	13	×	15	12	×
O_{53}	15	15	×	16	27	×	15	15	×	16	27	×	15	15	×	16	27	×
O_{23}	×	×	23	**16**	28	22	×	×	23	16	28	21	×	×	21	16	28	21
O_{63}	**17**	30	22	✕	×	17	**17**	30	22	×	×	17	17	30	20	×	×	17
O_{32}	×	30	×	**30**	26	**17**	✕	30	×	30	26	17	×	30	×	30	26	**17**
O_{33}	×	×	30	✕	30	26	✕	×	30	×	30	26	×	×	30	×	30	**41**

附录 4-3

表 4-22　染色体 B 解码表

工序	T_{ij}	$T_{ij.1}$	$\mathrm{ST}_{ij.1}$	$T_{ij.1}+\mathrm{ST}_{ij.1}$	$\mathrm{SE}_k=\mathrm{ST}_{ij.1k}+T_{ij.1k}$	ST_{ijk}
O_{11}	2	0	0	0	$\mathrm{SE}_5=0$	$\mathrm{ST}_{115}=0$
O_{21}	3	0	0	0	$\mathrm{SE}_4=0$	$\mathrm{ST}_{214}=0$
O_{31}	4	0	0	0	$\mathrm{SE}_6=0$	$\mathrm{ST}_{316}=0$
O_{41}	9	0	0	0	$\mathrm{SE}_4=\mathrm{ST}_{214}+T_{21}=3$	$\mathrm{ST}_{414}=3$
O_{51}	4	0	0	0	$\mathrm{SE}_6=\mathrm{ST}_{316}+T_{31}=4$	$\mathrm{ST}_{516}=4$
O_{61}	3	0	0	0	$\mathrm{SE}_2=0$	$\mathrm{ST}_{612}=0$
O_{32}	3	4	0	4	$\mathrm{SE}_4=\mathrm{ST}_{414}+T_{41}=12$	$\mathrm{ST}_{324}=12$
O_{52}	3	4	4	8	$\mathrm{SE}_5=\mathrm{ST}_{115}+T_{11}=2$	$\mathrm{ST}_{525}=8$
O_{22}	3	3	0	3	$\mathrm{SE}_3=0$	$\mathrm{ST}_{223}=3$
O_{62}	2	3	0	3	$\mathrm{SE}_2=\mathrm{ST}_{612}+T_{61}=3$	$\mathrm{ST}_{622}=3$
O_{12}	3	2	0	2	$\mathrm{SE}_2=\mathrm{ST}_{622}+T_{62}=5$	$\mathrm{ST}_{122}=5$
O_{33}	13	3	12	15	$\mathrm{SE}_6=\mathrm{ST}_{516}+T_{51}=8$	$\mathrm{ST}_{336}=15$
O_{42}	6	9	3	12	$\mathrm{SE}_5=\mathrm{ST}_{525}+T_{52}=11$	$\mathrm{ST}_{425}=12$
O_{53}	3	3	8	11	$\mathrm{SE}_1=0$	$\mathrm{ST}_{531}=11$
O_{13}	2	3	5	8	$\mathrm{SE}_1=\mathrm{ST}_{531}+T_{53}=14$	$\mathrm{ST}_{131}=14$
O_{63}	3	2	3	5	$\mathrm{SE}_3=\mathrm{ST}_{223}+T_{22}=6$	$\mathrm{ST}_{633}=6$
O_{43}	2	6	12	18	$\mathrm{SE}_1=\mathrm{ST}_{131}+T_{13}=16$	$\mathrm{ST}_{431}=18$
O_{23}	4	3	3	6	$\mathrm{SE}_3=\mathrm{ST}_{633}+T_{63}=9$	$\mathrm{ST}_{233}=9$

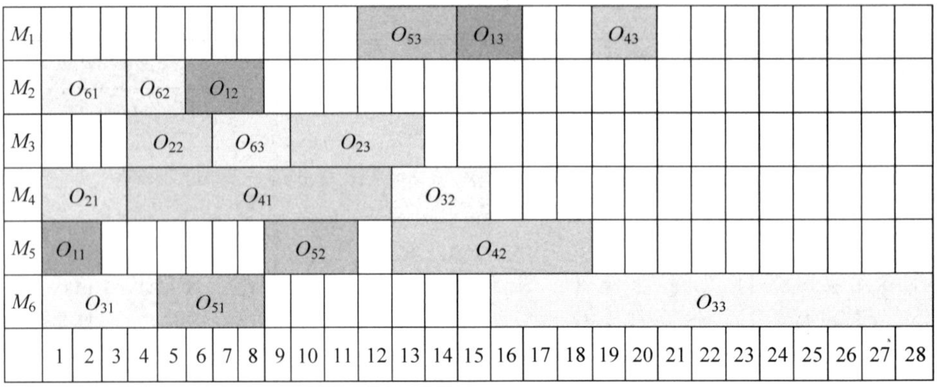

图 4-10 染色体 B 甘特图

表 4-23 染色体 C 解码表

工序	T_{ij}	$T_{ij.1}$	$ST_{ij.1}$	$T_{ij.1}+ST_{ij.1}$	$SE_k = T_{ij.1k}+ST_{ij.1k}$	ST_{ijk}
O_{11}	2	0	0	0	$SE_5=0$	$ST_{115}=0$
O_{21}	3	0	0	0	$SE_4=0$	$ST_{214}=0$
O_{31}	4	0	0	0	$SE_6=0$	$ST_{316}=0$
O_{41}	7	0	0	0	$SE_3=0$	$ST_{413}=0$
O_{51}	4	0	0	0	SE_2-0	$ST_{512}-0$
O_{61}	5	0	0	0	$SE_5=ST_{115}+T_{11}=2$	$ST_{615}=2$
O_{42}	5	7	0	7	$SE_4=ST_{214}+T_{21}=3$	$ST_{424}=7$
O_{12}	4	2	0	2	$SE_1=0$	$ST_{121}=2$
O_{52}	4	4	0	4	$SE_1=ST_{121}+T_{12}=6$	$ST_{521}=6$
O_{22}	5	3	0	3	$SE_6=ST_{316}+T_{31}=4$	$ST_{226}=4$
O_{13}	5	4	2	6	$SE_3=ST_{413}+T_{41}=7$	$ST_{133}=7$
O_{43}	3	5	7	12	$SE_2=ST_{516}+T_{51}=8$	$ST_{432}=12$
O_{62}	3	5	2	7	$SE_5=ST_{615}+T_{61}=7$	$ST_{625}=7$
O_{53}	4	4	6	10	$SE_2=ST_{432}+T_{43}=15$	$ST_{532}=15$
O_{23}	5	5	4	9	$SE_4=ST_{424}+T_{42}=12$	$ST_{234}=12$
O_{63}	5	3	7	10	$SE_1=ST_{521}+T_{52}=10$	$ST_{631}=10$
O_{32}	4	4	0	4	$SE_6=ST_{226}+T_{22}=9$	$ST_{326}=9$
O_{33}	9	4	9	13	$SE_5=ST_{625}+T_{62}=10$	$ST_{335}=13$

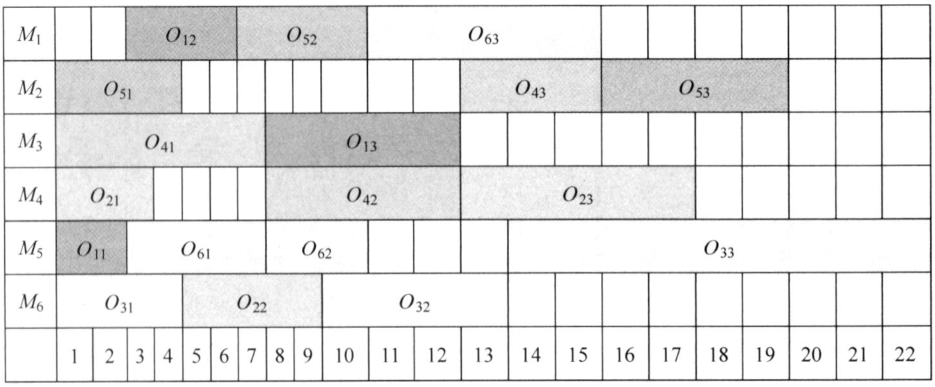

图 4-11 染色体 C 甘特图

表 4-24　染色体 D 解码表

工序	T_{ij}	$T_{ij.1}$	$ST_{ij.1}$	$T_{ij.1}+ST_{ij.1}$	$SE_k=T_{ij.1k}+ST_{ij.1k}$	ST_{ijk}
O_{11}	2	0	0	0	$SE_5=0$	$ST_{115}=0$
O_{21}	3	0	0	0	$SE_4=0$	$ST_{214}=0$
O_{31}	4	0	0	0	$SE_6=0$	$ST_{316}=0$
O_{41}	9	0	0	0	$SE_4=ST_{214}+T_{21}=3$	$ST_{414}=3$
O_{51}	4	0	0	0	$SE_6=ST_{316}+T_{31}=4$	$ST_{516}=4$
O_{61}	3	0	0	0	$SE_2=0$	$ST_{612}=2$
O_{32}	3	4	0	4	$SE_4=ST_{414}+T_{41}=12$	$ST_{324}=12$
O_{42}	6	9	3	12	$SE_5=ST_{115}+T_{11}=2$	$ST_{425}=12$
O_{12}	3	2	0	2	$SE_2=ST_{612}+T_{61}=3$	$ST_{121}=3$
O_{52}	3	4	4	8	$SE_5=ST_{425}+T_{42}=18$	$ST_{525}=18$
O_{22}	3	3	0	3	$SE_3=0$	$ST_{223}=3$
O_{62}	2	3	0	3	$SE_2=ST_{121}+T_{12}=6$	$ST_{622}=6$
O_{33}	13	3	12	15	$SE_6=ST_{516}+T_{51}=8$	$ST_{336}=15$
O_{53}	3	3	18	21	$SE_1=0$	$ST_{531}=21$
O_{13}	2	3	3	6	$SE_1=ST_{531}+T_{53}=18$	$ST_{131}=24$
O_{63}	3	2	6	8	$SE_3=ST_{223}+T_{22}=6$	$ST_{633}=8$
O_{43}	2	6	12	18	$SE_1=ST_{131}+T_{13}=26$	$ST_{431}=26$
O_{23}	4	3	3	6	$SE_3=ST_{633}+T_{63}=11$	$ST_{233}=11$

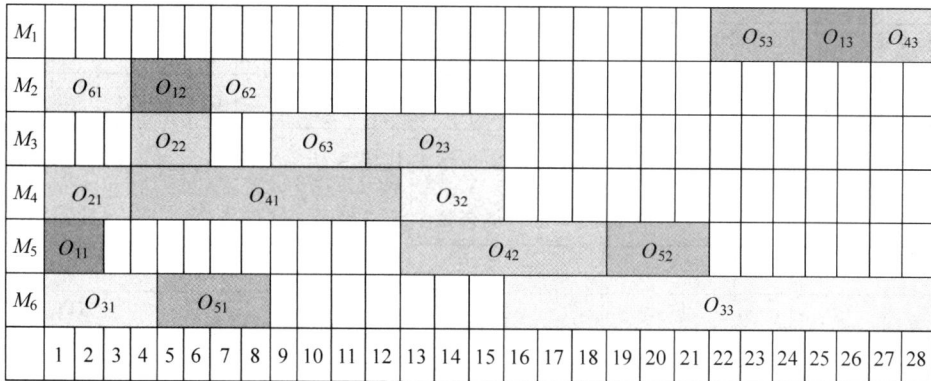

图 4-12　染色体 D 甘特图

表 4-25　染色体 E 解码表

工序	T_{ij}	$T_{ij.1}$	$ST_{ij.1}$	$T_{ij.1}+ST_{ij.1}$	$SE_k=T_{ij.1k}+ST_{ij.1k}$	ST_{ijk}
O_{11}	2	0	0	0	$SE_5=0$	$ST_{115}=0$
O_{21}	3	0	0	0	$SE_4=0$	$ST_{214}=0$
O_{31}	4	0	0	0	$SE_6=0$	$ST_{316}=0$
O_{41}	7	0	0	0	$SE_3=0$	$ST_{413}=0$
O_{51}	4	0	0	0	$SE_2=0$	$ST_{512}=0$
O_{61}	5	0	0	0	$SE_5=ST_{115}+T_{11}=2$	$ST_{615}=2$
O_{42}	5	7	0	7	$SE_4=ST_{214}+T_{21}=3$	$ST_{424}=7$
O_{52}	4	4	0	4	$SE_1=0$	$ST_{521}=4$

续表

工序	T_{ij}	$T_{ij.1}$	$ST_{ij.1}$	$T_{ij.1}+ST_{ij.1}$	$SE_k=T_{ij.1k}+ST_{ij.1k}$	ST_{ijk}
O_{22}	5	3	0	3	$SE_6=ST_{316}+T_{31}=4$	$ST_{226}=4$
O_{12}	4	2	0	2	$SE_1=ST_{521}+T_{52}=8$	$ST_{121}=8$
O_{43}	3	5	7	12	$SE_2=ST_{512}+T_{51}=4$	$ST_{432}=12$
O_{13}	5	4	8	12	$SE_3=ST_{413}+T_{41}=7$	$ST_{133}=12$
O_{62}	3	5	2	7	$SE_5=ST_{615}+T_{61}=7$	$ST_{625}=7$
O_{53}	4	4	4	8	$SE_2=ST_{432}+T_{43}=15$	$ST_{532}=15$
O_{23}	5	5	4	9	$SE_4=ST_{424}+T_{42}=12$	$ST_{234}=12$
O_{63}	5	3	7	10	$SE_1=ST_{121}+T_{12}=12$	$ST_{631}=12$
O_{32}	4	4	0	4	$SE_6=ST_{226}+T_{22}=9$	$ST_{326}=9$
O_{33}	9	4	9	13	$SE_5=ST_{625}+T_{62}=10$	$ST_{335}=13$

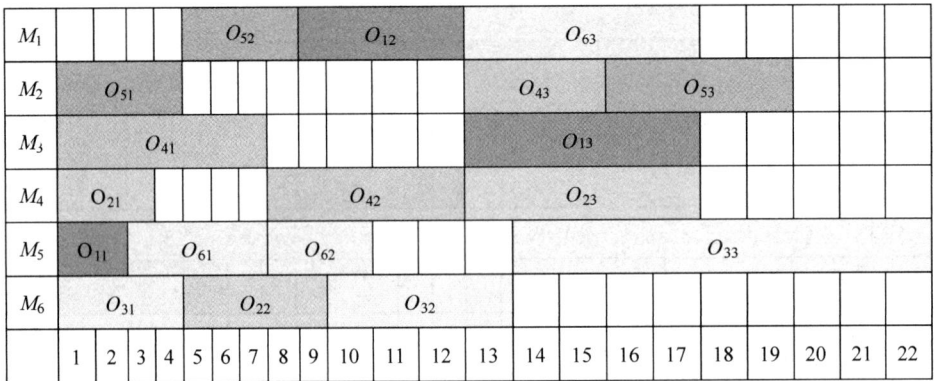

图 4-13 染色体 E 甘特图

表 4-26 染色体 F 解码表

工序	T_{ij}	$T_{ij.1}$	$ST_{ij.1}$	$T_{ij.1}+ST_{ij.1}$	$SE_k=T_{ij.1k}+ST_{ij.1k}$	ST_{ijk}
O_{11}	2	0	0	0	$SE_5=0$	$ST_{115}=0$
O_{21}	3	0	0	0	$SE_4=0$	$ST_{214}=0$
O_{31}	4	0	0	0	$SE_6=0$	$ST_{316}=0$
O_{41}	7	0	0	0	$SE_3=0$	$ST_{413}=0$
O_{51}	4	0	0	0	$SE_6=ST_{316}+T_{31}=4$	$ST_{516}=4$
O_{61}	3	0	0	0	$SE_2=0$	$ST_{612}=0$
O_{32}	4	4	0	4	$SE_6=ST_{516}+T_{51}=8$	$ST_{326}=8$
O_{42}	5	7	0	7	$SE_4=ST_{214}+T_{21}=3$	$ST_{424}=7$
O_{12}	3	2	0	2	$SE_2=ST_{612}+T_{61}=3$	$ST_{122}=3$
O_{52}	3	4	4	8	$SE_5=ST_{115}+T_{11}=2$	$ST_{525}=8$
O_{22}	3	3	0	3	$SE_3=ST_{413}+T_{41}=7$	$ST_{223}=7$
O_{62}	2	3	0	3	$SE_2=ST_{122}+T_{12}=6$	$ST_{622}=6$
O_{33}	9	4	8	12	$SE_5=ST_{525}+T_{52}=11$	$ST_{335}=12$

续表

工序	T_{ij}	$T_{ij.1}$	$ST_{ij.1}$	$T_{ij.1}+ST_{ij.1}$	$SE_k=T_{ij.1k}+ST_{ij.1k}$	ST_{ijk}
O_{53}	3	3	8	11	$SE_1=0$	$ST_{531}=11$
O_{13}	2	3	3	6	$SE_1=ST_{531}+T_{53}=14$	$ST_{131}=14$
O_{63}	3	2	6	8	$SE_3=ST_{223}+T_{22}=10$	$ST_{633}=10$
O_{43}	3	5	7	12	$SE_2=ST_{622}+T_{62}=8$	$ST_{432}=12$
O_{23}	4	3	7	10	$SE_3=ST_{633}+T_{63}=13$	$ST_{233}=13$

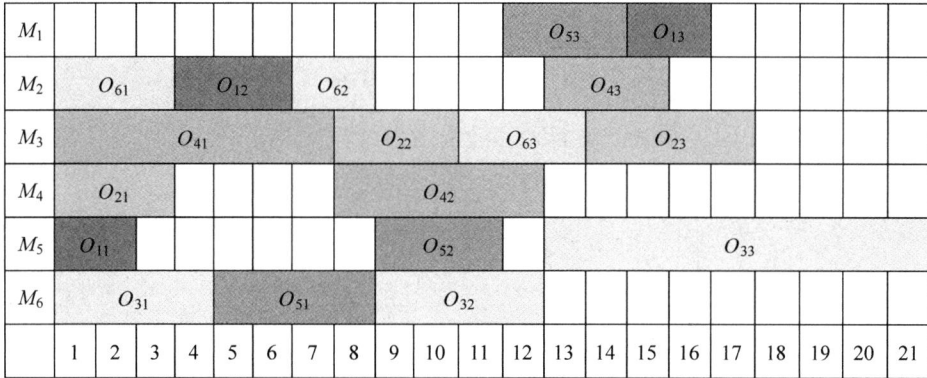

图 4-14　染色体 F 甘特图

表 4-27　染色体 G 解码表

工序	T_{ij}	$T_{ij.1}$	$ST_{ij.1}$	$T_{ij.1}+ST_{ij.1}$	$SE_k=T_{ij.1k}+ST_{ij.1k}$	ST_{ijk}
O_{11}	2	0	0	0	$SE_5=0$	$ST_{115}=0$
O_{21}	3	0	0	0	$SE_4=0$	$ST_{214}=0$
O_{31}	4	0	0	0	$SE_6=0$	$ST_{316}=0$
O_{41}	7	0	0	0	$SE_3=0$	$ST_{413}=0$
O_{51}	4	0	0	0	$SE_6=ST_{316}+T_{31}=4$	$ST_{516}=4$
O_{61}	5	0	0	0	$SE_5=ST_{115}+T_{11}=2$	$ST_{615}=2$
O_{42}	5	7	0	7	$SE_4=ST_{214}+T_{21}=3$	$ST_{424}=7$
O_{52}	3	4	4	8	$SE_5=ST_{615}+T_{61}=7$	$ST_{525}=8$
O_{22}	3	3	0	3	$SE_3=ST_{413}+T_{41}=7$	$ST_{223}=7$
O_{12}	4	2	0	2	$SE_1=0$	$ST_{121}=2$
O_{43}	7	5	7	12	$SE_2=0$	$ST_{432}=12$
O_{13}	5	4	2	6	$SE_3=ST_{223}+T_{22}=10$	$ST_{133}=10$
O_{62}	3	5	2	7	$SE_5=ST_{525}+T_{52}=11$	$ST_{625}=11$
O_{53}	3	3	8	11	$SE_1=ST_{121}+T_{12}=6$	$ST_{531}=11$
O_{23}	4	3	7	10	$SE_3=ST_{133}+T_{13}=15$	$ST_{233}=15$
O_{63}	5	3	11	14	$SE_1=ST_{531}+T_{53}=14$	$ST_{631}=14$
O_{32}	4	4	0	4	$SE_6=ST_{516}+T_{51}=8$	$ST_{326}=8$
O_{33}	9	4	8	12	$SE_5=ST_{625}+T_{62}=14$	$ST_{335}=14$

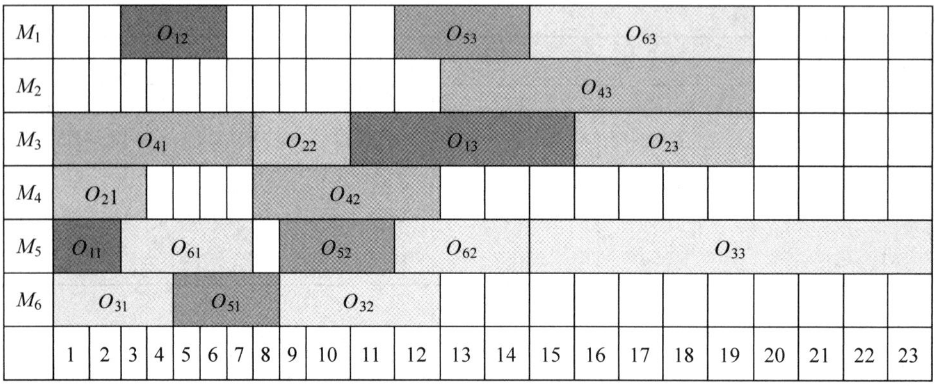

图 4-15　染色体 G 甘特图

表 4-28　染色体 H 解码表

工序	T_{ij}	$T_{ij.1}$	$ST_{ij.1}$	$T_{ij.1}+ST_{ij.1}$	$SE_k=T_{ij.1k}+ST_{ij.1k}$	ST_{ijk}
O_{11}	2	0	0	0	$SE_5=0$	$ST_{115}=0$
O_{21}	3	0	0	0	$SE_4=0$	$ST_{214}=0$
O_{31}	4	0	0	0	$SE_6=0$	$ST_{316}=0$
O_{22}	3	3	0	3	$SE_3=0$	$ST_{223}=3$
O_{51}	4	0	0	0	$SE_6=ST_{316}+T_{31}=4$	$ST_{516}=4$
O_{61}	3	0	0	0	$SE_2=0$	$ST_{612}=0$
O_{32}	3	4	0	4	$SE_4=ST_{214}+T_{21}=3$	$ST_{324}=4$
O_{52}	3	4	4	8	$SE_5=ST_{115}+T_{11}=2$	$ST_{525}=8$
O_{41}	9	0	0	0	$SE_4=ST_{324}+T_{32}=7$	$ST_{414}=7$
O_{62}	3	3	0	3	$SE_2=ST_{612}+T_{61}=3$	$ST_{622}=3$
O_{12}	3	2	0	2	$SE_2=ST_{622}+T_{62}=6$	$ST_{122}=6$
O_{33}	13	3	4	7	$SE_6=ST_{516}+T_{51}=8$	$ST_{336}=8$
O_{42}	6	9	7	16	$SE_5=ST_{525}+T_{52}=11$	$ST_{425}=16$
O_{53}	3	3	8	11	$SE_1=0$	$ST_{531}=11$
O_{13}	2	3	6	9	$SE_1=ST_{531}+T_{53}=14$	$ST_{131}=14$
O_{63}	2	3	3	6	$SE_3=ST_{223}+T_{22}=6$	$ST_{633}=6$
O_{43}	2	6	16	22	$SE_1=ST_{131}+T_{13}=16$	$ST_{431}=22$
O_{23}	4	3	3	6	$SE_3=ST_{633}+T_{63}=8$	$ST_{233}=8$

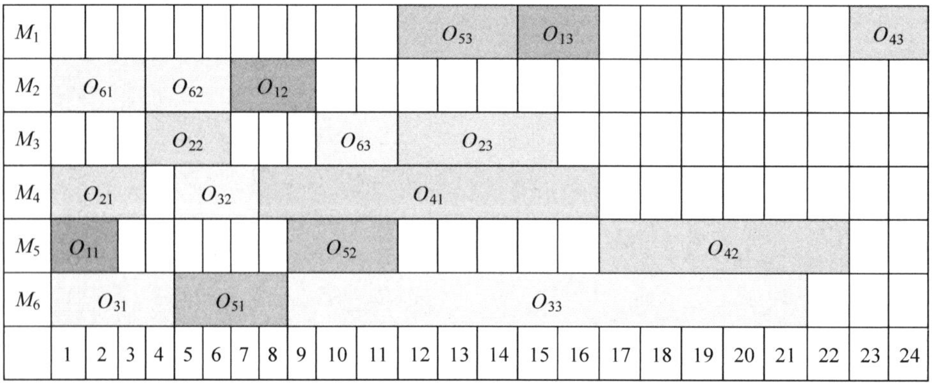

图 4-16　染色体 H 甘特图

表 4-29　染色体 J 解码表

工序	T_{ij}	$T_{ij.1}$	$ST_{ij.1}$	$T_{ij.1}+ST_{ij.1}$	$SE_k=T_{ij.1k}+ST_{ij.1k}$	ST_{ijk}
O_{11}	3	0	0	0	$SE_2=0$	$ST_{112}=0$
O_{21}	3	0	0	0	$SE_4=0$	$ST_{214}=0$
O_{31}	4	0	0	0	$SE_6=0$	$ST_{316}=0$
O_{22}	3	3	0	3	$SE_3=0$	$ST_{223}=3$
O_{51}	4	0	0	0	$SE_6=ST_{316}+T_{31}=4$	$ST_{516}=4$
O_{61}	5	0	0	0	$SE_5=0$	$ST_{615}=0$
O_{32}	3	4	0	4	$SE_4=ST_{214}+T_{21}=3$	$ST_{324}=4$
O_{52}	3	4	4	8	$SE_2=ST_{112}+T_{11}=3$	$ST_{522}=8$
O_{41}	9	0	0	0	$SE_4=ST_{324}+T_{32}=7$	$ST_{414}=7$
O_{62}	3	5	0	5	$SE_5=ST_{615}+T_{61}=5$	$ST_{625}=5$
O_{12}	3	3	0	3	$SE_5=ST_{625}+T_{62}=8$	$ST_{125}=8$
O_{33}	13	3	4	7	$SE_6=ST_{516}+T_{51}=8$	$ST_{336}=8$
O_{42}	7	9	7	16	$SE_2=ST_{522}+T_{52}=11$	$ST_{422}=16$
O_{53}	3	3	8	11	$SE_1=0$	$ST_{531}=11$
O_{13}	2	3	8	11	$SE_1=ST_{531}+T_{53}=14$	$ST_{131}=14$
O_{63}	2	3	5	8	$SE_3=ST_{223}+T_{22}=6$	$ST_{633}=8$
O_{43}	2	7	16	23	$SE_1=ST_{131}+T_{13}=16$	$ST_{431}=23$
O_{23}	4	3	3	6	$SE_3=ST_{633}+T_{63}=10$	$ST_{233}=10$

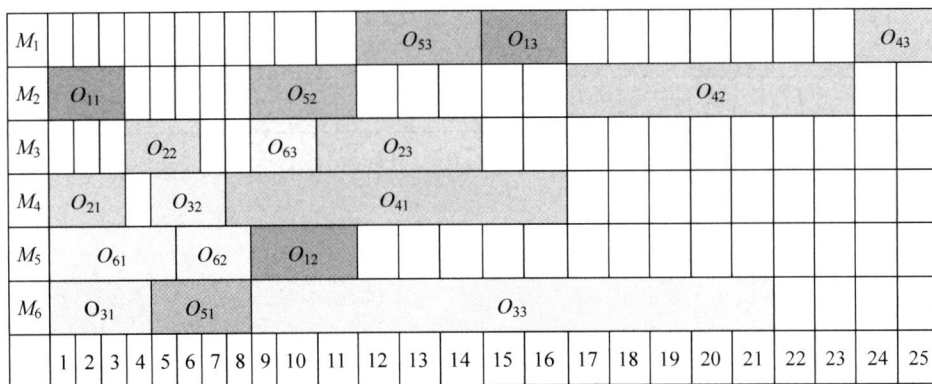

图 4-17　染色体 J 甘特图

表 4-30　染色体 K 解码表

工序	T_{ij}	$T_{ij.1}$	$ST_{ij.1}$	$T_{ij.1}+ST_{ij.1}$	$SE_k=T_{ij.1k}+ST_{ij.1k}$	ST_{ijk}
O_{11}	2	0	0	0	$SE_5=0$	$ST_{115}=0$
O_{21}	3	0	0	0	$SE_4=0$	$ST_{214}=0$
O_{31}	4	0	0	0	$SE_6=0$	$ST_{316}=0$
O_{41}	9	0	0	0	$SE_1=0$	$ST_{411}=0$
O_{51}	4	0	0	0	$SE_2=0$	$ST_{512}=0$
O_{52}	6	4	0	4	$SE_3=0$	$ST_{523}=4$
O_{42}	5	9	0	9	$SE_4=ST_{214}+T_{21}=3$	$ST_{424}=9$
O_{12}	5	2	0	2	$SE_3=ST_{523}+T_{52}=10$	$ST_{123}=10$

续表

工序	T_{ij}	$T_{ij.1}$	$ST_{ij.1}$	$T_{ij.1}+ST_{ij.1}$	$SE_k=T_{ij.1k}+ST_{ij.1k}$	ST_{ijk}
O_{61}	5	0	0	0	$SE_5=ST_{115}+T_{11}=2$	$ST_{615}=2$
O_{22}	5	3	0	3	$SE_6=ST_{316}+T_{31}=4$	$ST_{226}=4$
O_{13}	2	5	10	15	$SE_1=ST_{411}+T_{41}=9$	$ST_{131}=15$
O_{43}	3	5	9	14	$SE_2=ST_{512}+T_{51}=4$	$ST_{432}=14$
O_{62}	5	5	2	7	$SE_5=ST_{615}+T_{61}=7$	$ST_{625}=7$
O_{53}	4	6	4	10	$SE_2=ST_{432}+T_{43}=17$	$ST_{532}=17$
O_{23}	5	5	4	9	$SE_4=ST_{424}+T_{42}=14$	$ST_{234}=14$
O_{63}	3	5	7	12	$SE_3=ST_{123}+T_{12}=15$	$ST_{633}=15$
O_{32}	4	4	0	4	$SE_6=ST_{226}+T_{22}=9$	$ST_{326}=9$
O_{33}	9	4	9	13	$SE_5=ST_{625}+T_{62}=12$	$ST_{335}=13$

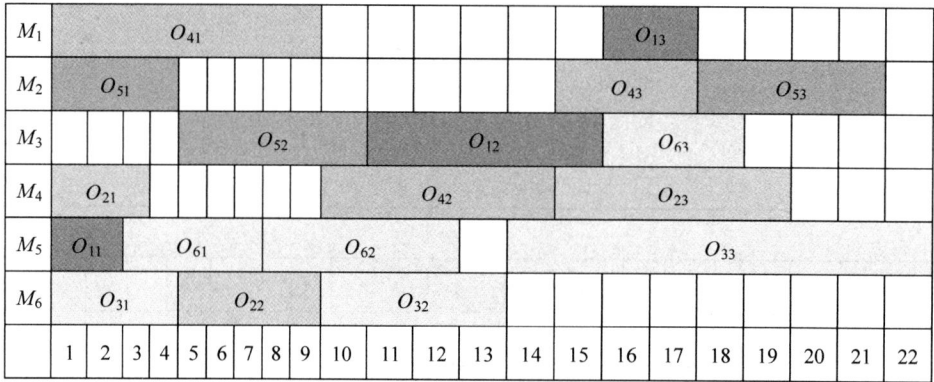

图 4-18 染色体 K 甘特图

附录 4-4

表 4-31 MK01 优化实例数据

MK01 10×6 问题
10　6　2
6　2 1 5 3 4 3 5 3 3 5 2 1 2 3 4 6 2 3 6 5 2 6 1 1 1 3 1 3 6 6 3 6 4 3
5　1 2 6 1 3 1 1 1 2 2 2 6 4 6 3 6 5 2 6 1 1
5　1 2 6 2 3 4 6 2 3 6 5 2 6 1 1 3 3 4 2 6 6 6 2 1 1 5 5
5　3 6 5 2 6 1 1 1 2 6 1 3 1 3 5 3 3 5 2 1 2 3 4 6 2
6　3 5 3 3 5 2 1 3 6 5 2 6 1 1 1 2 6 2 1 5 3 4 2 2 6 4 6 3 3 4 2 6 6 6
6　2 3 4 6 2 1 1 2 3 3 4 2 6 6 6 1 2 6 3 6 5 2 6 1 1 1 2 1 3 4 2
5　1 6 1 2 1 3 4 2 3 3 3 4 2 6 6 6 3 2 6 5 1 1 6 1 3 1
5　2 3 4 6 2 3 3 4 2 6 6 6 3 6 5 2 6 1 1 1 2 6 2 2 6 4 6
6　1 6 1 2 1 1 5 5 3 6 6 3 6 4 3 1 1 2 3 3 4 2 6 6 6 2 2 6 4 6
6　2 3 4 6 2 3 3 4 2 6 6 6 3 5 3 3 5 2 1 1 6 1 2 2 6 4 6 2 1 3 4 2

表 4-32　MK02 优化实例数据

MK02 10×6 问题
10　6　3.5
6　6 3 3 4 5 1 3 6 6 2 2 5 3 2 6 5 3 4 6 1 1 5 6 3 3 4 3 2 6 6 5 1 2 6 2 6 3 5 6 3 3 2 2 1 5 4
6　5 6 1 5 6 1 3 2 4 4 2 2 6 3 5 6 1 5 2 2 2 4 3 3 3 3 2 2 1 5 4 6 3 3 4 5 1 3 6 6 2 2 5 3 6　6 1 1 5 6 3 3
4 3 2 6 6 5 6 5 3 4 6 2 4 6 6 3 6 1 2 3 3 2 2 1 5 4 5 3 5 1 4 2 3 6 3 5 2 6 4 1 1 5 2 4 5 5 3 3 6 3 5 6 3 1
4 4 6 3 6 5 3
6　5 3 5 1 4 2 3 6 3 5 2 5 6 1 5 6 1 3 2 4 4 2 1 2 6 6 1 1 5 6 3 3 4 3 2 6 6 5 5 1 4 4 5 2 3 6 3 5 4 6 4 1
1 5 2 4 5 5 3 3 6 3　6　6 5 3 4 6 2 4 6 6 3 6 1 2 5 1 4 4 5 2 3 6 3 5 4 1 4 3 5 6 3 1 4 4 6 3 6 5 3 5 6 1 5
6 1 3 2 4 4 2 2 2 4 3 3
6　5 6 3 1 4 4 6 3 6 5 3 2 6 5 3 4 5 3 5 1 4 2 3 6 3 5 2 6 5 3 4 6 2 4 6 6 3 6 1 2 1 2 6 5 6 1 5 6 1 3 2 4
4 2
5　6 4 1 1 5 2 4 5 5 3 3 6 3 1 5 2 6 5 3 4 6 2 4 6 6 3 6 1 2 6 3 3 4 5 1 3 6 6 2 2 5 3 5 6 3 1 4 4 6 3 6 5 3
6　2 2 4 3 3 5 3 5 1 4 2 3 6 3 5 2 6 5 3 4 6 2 4 6 6 3 6 1 2 5 6 3 1 4 4 6 3 6 5 3 5 1 4 4 5 2 3 6 3 5 4 5
6 1 5 6 1 3 2 4 4 2
5　1 2 6 2 6 5 3 4 5 6 1 5 6 1 3 2 4 4 2 5 1 4 4 5 2 3 6 3 5 4 2 2 4 3 3
6　1 4 3 6 5 3 4 6 2 4 6 6 3 6 1 2 5 6 3 1 4 4 6 3 6 5 3 6 4 1 1 5 2 4 5 5 3 3 6 3 2 6 3 5 6 5 6 1 5 6 1 3
2 4 4 2

表 4-33　MK03 优化实例数据

MK03 15×8 问题
15　8　3
10　4 7 15 8 11 4 5 5 19 2 3 18 4 5 4 8 18 7 3 6 11 3 16 4 5 7 2 1 7 2 3 19 2 5 6 6 3 3 4 5 5 2 8 18 1 5
2 1 1 17 5 5 10 2 10 1 12 8 5 3 14 3 7 15 6 2 8 19
10　4 8 18 7 3 6 11 3 16 1 1 17 2 2 1 4 13 5 5 10 2 10 1 12 8 5 3 14 5 4 11 1 9 2 18 6 18 3 13 2 6 15 7
13 4 7 15 8 11 4 5 5 19 4 5 7 2 1 7 2 3 19 4 4 11 1 7 6 13 8 3 3 7 15 6 2 8 19
10　2 3 3 5 5 4 5 7 2 1 7 2 3 19 2 3 18 4 5 2 5 6 6 3 4 4 11 1 7 6 13 8 3 3 7 15 6 2 8 19 5 4 11 1 9 2 18
6 18 3 13 3 4 5 5 2 8 18 1 1 17 2 2 1 4 13
10　2 3 18 4 5 2 3 3 5 5 5 4 11 1 9 2 18 6 18 3 13 4 4 11 1 7 6 13 8 3 2 6 15 7 13 4 5 7 2 1 7 2 3 19 1 5
2 4 8 18 7 3 6 11 3 16 1 1 17 2 5 6 6 3
10　2 6 15 7 13 3 7 15 6 2 8 19 1 5 2 4 7 15 8 11 4 5 5 19　5 4 11 1 9 2 18 6 18 3 13 4 5 7 2 1 7 2 3 19
3 4 5 5 2 8 18 2 5 6 6 3 2 3 3 5 5 5 10 2 10 1 12 8 5 3 14
10　2 2 1 4 13 2 6 15 7 13 2 3 18 4 5 4 8 18 7 3 6 11 3 16 4 11 1 9 2 18 6 18 3 13 5 5 10 2 10 1 12 8
5 3 14 4 4 11 1 7 6 13 8 3 4 7 15 8 11 4 5 5 19 2 5 6 6 3 2 3 3 5 5
10　5 5 10 2 10 1 12 8 5 3 14 4 4 11 1 7 6 13 8 3 2 2 1 4 13 1 1 17 2 6 15 7 13 4 5 7 2 1 7 2 3 19 1 5 2
5 4 11 1 9 2 18 6 18 3 13 2 3 18 4 5 3 7 15 6 2 8 19
10　3 7 15 6 2 8 19 1 1 17 4 7 15 8 11 4 5 5 19 2 6 15 7 13 5 5 10 2 10 1 12 8 5 3 14 4 4 11 1 7 6 13 8
3 5 4 11 1 9 2 18 6 18 3 13 2 2 1 4 13 2 3 18 4 5 2 3 3 5 5
10　1 1 17 5 5 10 2 10 1 12 8 5 3 14 4 8 18 7 3 6 11 3 16 3 7 15 6 2 8 19 2 6 15 7 13 4 4 11 1 7 6 13 8
3 1 5 2 2 2 1 4 13 5 4 11 1 9 2 18 6 18 3 13 4 7 15 8 11 4 5 5 19
10　1 1 17 2 6 15 7 13 3 4 5 7 2 1 7 2 3 18 4 5 2 5 6 6 3 4 11 1 9 2 18 6 18 3 13 4 4 11 1 7 6 13 8 3 2 3 18 4 5 2 5 6 6 3
3 7 15 6 2 8 19 4 8 18 7 3 6 11 3 16 5 5 10 2 10 1 12 8 5 3 14

140 智能制造系统建模与优化

续表

MK03 15×8 问题
10　2 2 1 4 13 3 7 15 6 2 8 19 4 8 18 7 3 6 11 3 16 2 3 18 4 5 2 5 6 6 3 1 1 17 2 3 3 5 5 3 4 5 5 2 8 18 5 5 10 2 10 1 12 8 5 3 14 5 4 11 1 9 2 18 6 18 3 13
10　4 4 11 1 7 6 13 8 3 3 4 5 5 2 8 18 4 8 18 7 3 6 11 3 16 1 1 17 5 4 11 1 9 2 18 6 18 3 13 3 7 15 6 2 8 19 1 5 2 2 3 3 5 5 4 7 15 8 11 4 5 5 19 2 2 1 4 13
10　5 5 10 2 10 1 12 8 5 3 14 1 5 2 2 3 18 4 5 4 5 7 2 1 7 2 3 19 2 6 15 7 13 4 8 18 7 3 6 11 3 16 4 7 15 8 11 4 5 5 19 5 4 11 1 9 2 18 6 18 3 13 2 5 6 6 3 4 4 11 1 7 6 13 8 3
10　4 8 18 7 3 6 11 3 16 3 4 5 5 2 8 18 2 2 1 4 13 4 5 7 2 1 7 2 3 19 2 5 6 6 3 2 3 18 4 5 2 6 15 7 13 1 5 2 5 4 11 1 9 2 18 6 18 3 13 1 1 17
10　5 5 10 2 10 1 12 8 5 3 14 2 5 6 6 3 2 6 15 7 13 4 7 15 8 11 4 5 5 19 4 8 18 7 3 6 11 3 16 1 1 17 5 4 11 1 9 2 18 6 18 3 13 3 4 5 5 2 8 18 2 3 18 4 5 4 5 7 2 1 7 2 3 19

表 4-34　MK04 优化实例数据

MK04 15×8 问题
15　8　2
8　1 1 6 2 1 6 7 9 2 6 7 3 1 2 4 2 7 5 3 1 8 3 9 8 9 3 2 3 4 8 3 2 2 5 5 6 7 2 6 1 4 7
7　1 6 1 2 6 1 4 7 1 1 6 2 6 7 3 1 3 2 3 4 8 3 2 1 6 2 1 7 2
6　1 6 1 3 2 3 4 8 3 2 3 3 2 7 1 4 4 2 4 2 7 5 2 1 7 3 7 2 4 4 3 1
5　1 7 2 1 1 6 2 1 6 7 9 2 6 7 3 1 2 4 5 5 7
7　1 7 2 2 1 6 7 9 2 4 4 3 1 3 1 8 3 9 8 9 2 1 7 3 7 3 2 3 4 8 3 2 2 4 5 5 7
9　1 6 2 2 4 4 3 1 3 3 2 7 1 4 4 2 6 1 4 7 2 4 5 5 7 3 1 8 3 9 8 9 2 1 7 3 7 1 6 1 2 1 6 7 9
5　2 5 5 6 7 2 1 7 3 7 2 6 1 4 7 1 6 2 2 6 7 3 1
6　2 4 5 5 7 2 5 5 6 7 3 2 3 4 8 3 2 1 6 2 1 6 1 2 1 6 7 9
9　1 1 6 2 1 6 7 9 2 4 4 3 1 3 1 8 3 9 8 9 2 4 2 7 5 2 6 1 4 7 1 7 2 2 1 7 3 7 3 2 3 4 8 3 2
5　2 5 5 6 7 1 1 6 1 7 2 2 4 5 5 7 2 1 6 7 9
4　3 1 8 3 9 8 9 1 1 6 3 2 3 4 8 3 2 2 4 2 7 5
6　2 4 2 7 5 1 6 1 1 1 6 2 1 7 3 7 3 1 8 3 9 8 9 1 7 2
4　1 6 2 2 6 7 3 1 2 6 1 4 7 2 5 5 6 7
3　2 5 5 6 7 1 6 1 2 4 2 7 5
6　2 4 5 5 7 1 7 2 3 1 8 3 9 8 9 3 2 3 4 8 3 2 3 3 2 7 1 4 4 1 1 6

表 4-35　MK05 优化实例数据

MK05 15×4 问题
15　4　1.5
6　2 3 5 2 7 2 1 8 4 8 2 1 6 2 5 1 3 7 2 4 5 2 6 2 4 5 1 5
5　1 3 7 2 1 6 2 5 1 4 6 2 4 5 2 6 2 1 8 2 6
8　2 4 7 3 9 2 3 5 2 7 2 4 5 1 5 2 1 8 4 8 2 1 6 2 5 1 4 6 2 1 8 2 6 2 4 9 3 6
7　2 4 5 1 5 2 4 7 3 9 2 1 8 4 8 1 4 8 2 1 8 2 6 2 4 5 2 6 1 4 6
6　2 3 7 1 5 2 4 6 2 7 2 4 7 3 9 1 3 8 2 3 5 2 7 2 1 8 2 6
9　1 4 6 2 4 5 2 6 1 3 8 2 3 7 1 5 2 4 6 2 7 1 4 8 2 1 8 2 6 2 1 8 4 8 2 4 5 1 5
5　1 3 8 2 4 7 3 9 2 1 6 2 5 2 4 6 2 7 1 3 7

续表

MK05 15×4 问题
8　2 3 7 1 5 1 3 8 2 4 7 3 9 2 4 5 1 5 1 3 7 1 4 8 2 4 9 3 6 2 1 6 2 5
9　2 3 5 2 7 1 4 8 2 4 5 2 6 2 1 6 2 5 1 4 6 2 1 8 4 9 2 1 8 4 8 2 1 8 2 6 1 3 7
9　2 1 8 2 6 2 1 8 4 8 2 1 8 4 9 2 4 9 3 6 2 1 6 2 5 1 3 8 1 3 7 1 4 6 2 4 5 2 6
7　2 1 8 2 6 2 1 8 4 8 2 1 6 2 5 1 3 7 1 4 6 1 3 8 2 4 9 3 6
6　1 4 8 1 3 7 2 4 7 3 9 2 1 6 2 5 1 3 8 2 1 8 4 8
7　1 4 8 2 4 9 3 6 2 1 8 4 8 2 4 6 2 7 2 4 6 2 7 2 1 8 2 6 2 3 7 1 5
7　2 1 6 2 5 2 3 7 1 5 2 1 8 4 8 2 1 8 2 6 2 4 5 1 5 2 4 6 2 7 1 4 6
7　1 3 8 2 1 8 4 9 2 4 9 3 6 1 3 7 2 4 5 2 6 2 1 8 2 6 2 1 6 2 5

表 4-36　MK06 优化实例数据

MK06 10×15 问题
10　15　3
15　4 2 8 6 3 7 2 9 5 2 9 7 1 2 5 7 4 1 4 9 1 2 7 10 4 2 1 1 8 2 3 7 5 3 8 5 8 5 1 3 8 8 2 5 3 8 10 9 3 5 6 1 1 6 2 5 2 5 1 9 9 1 5 7 4 6 2 10 6 1 2 2 7 9 5 6 2 4 8 7 2 5 2 1 5 8 4 2 1 8 3 7 3 10 2 8 9 4 5 3 7 5 3 7 9 3 3 9 4 5 8 1 1
15　5 1 3 8 8 2 5 3 8 10 9 5 7 4 1 4 9 1 2 7 10 4 3 5 6 1 1 6 2 5 2 1 5 8 4 2 1 8 3 7 2 4 8 7 2 2 10 6 1 2 3 10 2 8 9 4 5 2 7 9 5 6 3 7 5 3 7 9 3 3 7 5 3 8 5 8 3 9 4 5 8 1 1 2 9 7 1 2 2 1 1 8 2 4 2 8 6 3 7 2 9 5 5 2 5 1 9 9 1 5 7 4 6
15　2 1 1 8 2 2 7 9 5 6 2 10 6 1 2 2 4 8 7 2 5 2 1 5 8 4 2 1 8 3 7 3 9 4 5 8 1 1 2 9 7 1 2 3 7 5 3 7 9 3 5 7 4 1 4 9 1 2 7 10 4 4 2 8 6 3 7 2 9 5 5 1 3 8 8 2 5 3 8 10 9 3 10 2 8 9 4 5 5 2 5 1 9 9 1 5 7 4 6 3 5 6 1 1 6 2 3 7 5 3 8 5 8
15　3 5 6 1 1 6 2 5 2 5 1 9 9 1 5 7 4 6 5 1 3 8 8 2 5 3 8 10 9 5 2 1 5 8 4 2 1 8 3 7 2 4 8 7 2 2 10 6 1 2 3 7 5 3 8 5 8 2 9 7 1 2 3 7 5 3 7 9 3 3 9 4 5 8 1 1 4 2 8 6 3 7 2 9 5 2 1 1 8 2 5 7 4 1 4 9 1 2 7 10 4 2 7 9 5 6 3 10 2 8 9 4 5
15　3 10 2 8 9 4 5 2 1 1 8 2 3 9 4 5 8 1 1 2 9 7 1 2 3 7 5 3 8 5 8 5 2 1 5 8 4 2 1 8 3 7 3 5 6 1 1 6 2 3 7 5 3 7 9 3 4 2 8 6 3 7 2 9 5 2 10 6 1 2 5 7 4 1 4 9 1 2 7 10 4 2 7 9 5 6 5 2 5 1 9 9 1 5 7 4 6 5 1 3 8 8 2 5 3 8 10 9 2 4 8 7 2
15　3 7 5 3 8 5 8 5 1 3 8 8 2 5 3 8 10 9 2 7 9 5 6 3 5 6 1 1 6 2 5 2 5 1 9 9 1 5 7 4 6 2 4 8 7 2 2 9 7 1 2 5 2 1 5 8 4 2 1 8 3 7 5 7 4 1 4 9 1 2 7 10 4 4 2 8 6 3 7 2 9 5 2 1 1 8 2 3 7 5 3 7 9 3 2 10 6 1 2 3 9 4 5 8 1 1 3 10 2 8 9 4 5
15　3 5 6 1 1 6 2 3 10 2 8 9 4 5 3 7 5 3 8 5 8 5 1 3 8 8 2 5 3 8 10 9 2 1 1 8 2 2 9 7 1 2 5 2 1 5 8 4 2 1 8 3 7 3 7 5 3 7 9 3 5 7 4 1 4 9 1 2 7 10 4 3 9 4 5 8 1 1 2 10 6 1 2 4 2 8 6 3 7 2 9 5 2 7 9 5 6 2 4 8 7 2 5 2 5 1 9 9 1 5 7 4 6
15　5 7 4 1 4 9 1 2 7 10 4 3 7 5 3 7 9 3 3 7 5 3 8 5 8 2 1 1 8 2 3 5 6 1 1 6 2 5 2 5 1 9 9 1 5 7 4 6 3 10 2 8 9 4 5 3 9 4 5 8 1 1 2 9 7 1 2 4 2 8 6 3 7 2 9 5 5 1 3 8 8 2 5 3 8 10 9 2 4 8 7 2 2 10 6 1 2 5 2 1 5 8 4 2 1 8 3 7 2 7 9 5 6
15　4 2 8 6 3 7 2 9 5 3 9 4 5 8 1 1 3 7 5 3 8 5 8 5 7 4 1 4 9 1 2 7 10 4 5 2 1 5 8 4 2 1 8 3 7 2 4 8 7 2 2 9 7 1 2 3 10 2 8 9 4 5 5 1 3 8 8 2 5 3 8 10 9 2 10 6 1 2 5 2 5 1 9 9 1 5 7 4 6 3 7 5 3 7 9 3 2 7 9 5 6 2 1 1 8 2 3 5 6 1 1 6 2
15　2 1 1 8 2 4 2 8 6 3 7 2 9 5 3 10 2 8 9 4 5 3 7 5 3 8 5 8 3 7 5 3 7 9 3 2 10 6 1 2 2 7 9 5 6 3 9 4 5 8 1 1 5 7 4 1 4 9 1 2 7 10 4 5 2 5 1 9 9 1 5 7 4 6 5 1 3 8 8 2 5 3 8 10 9 3 5 6 1 1 6 2 5 2 1 5 8 4 2 1 8 3 7 2 4 8 7 2 2 9 7 1 2

表 4-37　MK07 优化实例数据

MK07 20×5 问题
20　5　3
5　2 2 4 1 15 2 3 18 1 15 1 2 4 1 4 18 5 3 8 5 2 4 5 1 7 2 7
5　2 1 3 5 13 5 3 8 5 2 4 5 1 7 2 7 2 2 4 1 15 3 1 8 5 1 2 5 3 1 3 5 13 3 2
5　5 2 18 5 1 4 19 1 9 3 3 1 4 18 2 4 11 3 9 1 2 4 3 5 12 3 14 4 19
5　2 2 4 1 15 4 4 10 3 10 2 17 5 8 4 5 18 3 13 2 2 1 5 5 4 10 5 15 1 2 3 9 2 16 2 3 15 1 6
5　3 1 3 5 13 3 2 2 3 18 1 15 5 2 18 5 1 4 19 1 9 3 3 3 5 12 3 14 4 19 1 4 5
5　5 3 8 5 2 4 5 1 7 2 7 2 3 18 1 15 2 1 15 5 7 2 2 7 1 17 2 2 4 1 15
5　1 4 5 2 1 15 5 7 2 2 4 1 15 3 1 3 5 13 3 2 4 4 6 2 17 3 15 5 7
5　4 4 6 2 17 3 15 5 7 3 3 18 1 2 4 15 4 2 14 4 14 3 19 5 15 1 2 4 2 2 7 1 17
5　5 2 18 5 1 4 19 1 9 3 3 4 4 6 2 17 3 15 5 7 3 1 8 5 1 2 5 4 2 14 4 14 3 19 5 15 2 1 17 5 15
5　2 1 15 5 7 4 4 10 3 10 2 17 5 8 2 3 15 1 6 1 4 5 5 3 16 5 17 4 10 2 10 1 7
5　1 4 18 3 18 5 1 2 5 5 3 8 5 2 4 5 1 7 2 7 2 1 15 5 7 2 1 17 5 15
5　3 5 12 3 14 4 19 4 4 10 3 10 2 17 5 8 2 3 15 1 6 5 3 8 5 2 4 5 1 7 2 7 5 3 16 5 17 4 10 2 10 1 7
5　2 1 17 5 15 1 4 18 4 2 17 5 19 4 5 3 12 3 3 18 1 2 4 15 3 1 8 5 1 2 5
5　2 5 1 3 5 3 3 18 1 2 4 15 4 4 10 3 10 2 17 5 8 2 3 18 1 15 5 3 8 5 2 4 5 1 7 2 7
5　5 3 8 5 2 4 5 1 7 2 7 2 5 1 3 5 3 5 12 3 14 4 19 5 3 16 5 17 4 10 2 10 1 7 2 1 17 5 15
5　5 4 10 5 15 1 2 3 9 2 16 2 4 11 3 9 1 2 4 2 1 15 5 7 1 4 5
5　5 3 8 5 2 4 5 1 7 2 7 4 2 14 4 14 3 19 5 15 3 3 18 1 2 4 15 2 3 15 1 6 5 2 18 5 1 4 19 1 9 3 3
5　1 2 4 3 18 5 1 2 5 2 5 1 3 5 2 3 18 1 15 2 1 15 5 7
5　3 1 3 5 13 3 2 4 4 6 2 17 3 15 5 7 4 5 18 3 13 2 2 1 5 1 4 18 2 1 3 5 13
5　1 4 5 2 2 4 1 15 1 4 18 2 1 15 5 7 5 4 10 5 15 1 2 3 9 2 16

表 4-38　MK08 优化实例数据

MK08 10×6 问题
10　6　2
6　2 1 5 3 4 3 5 3 3 5 2 1 2 3 4 6 2 3 6 5 2 6 1 1 1 3 1 3 6 6 3 6 4 3
5　1 2 6 1 3 1 1 1 2 2 2 6 4 6 3 6 5 2 6 1 1
5　1 2 6 2 3 4 6 2 3 6 5 2 6 1 1 3 3 4 2 6 6 6 2 1 1 5 5
5　3 6 5 2 6 1 1 1 2 6 1 3 1 3 5 3 3 5 2 1 2 3 4 6 2
6　3 5 3 3 5 2 1 3 6 5 2 6 1 1 1 2 6 2 1 5 3 4 2 2 6 4 6 3 3 4 2 6 6 6
6　2 3 4 6 2 1 1 2 3 3 4 2 6 6 6 1 2 6 3 6 5 2 6 1 1 2 1 3 4 2
5　1 6 1 2 1 3 4 2 3 3 4 2 6 6 6 3 2 6 5 1 1 6 1 3 1
5　2 3 4 6 2 3 3 4 2 6 6 6 3 6 5 2 6 1 1 1 2 6 2 2 6 4 6
6　1 6 1 2 1 1 5 5 3 6 6 3 6 4 3 1 1 2 3 3 4 2 6 6 6 2 2 6 4 6
6　2 3 4 6 2 3 3 4 2 6 6 6 3 5 3 3 5 2 1 1 6 1 2 2 6 4 6 2 1 3 4 2

表 4-39　MK09 优化实例数据

MK09 20×10 问题
20　10　3
12　2 2 10 1 11 1 8 17 1 8 14 1 1 10 2 2 16 10 18 2 9 6 2 12 4 7 9 4 11 3 10 1 16 2 5 19 1 7 1 9 11 1 4
16 1 2 5 5 7 9 9 9 4 6 8 14 6 16

续表

MK09 20×10 问题

13　1 8 17 2 5 6 4 11 2 2 10 1 11 2 5 9 8 8 2 2 16 3 11 4 1 8 5 14 10 15 6 12 4 6 10 8 15 7 5 2 8 2 5 19
1 7 4 7 9 4 11 3 10 1 16 1 1 10 4 1 16 3 11 7 17 4 7 1 4 16 4 3 11 5 8 7 11 9 17

11　4 6 10 8 15 7 5 2 8 2 5 9 8 8 2 2 16 10 18 2 2 10 1 11 5 7 9 9 9 4 6 8 14 6 16 1 4 16 2 5 19 1 7 1 1
10 2 5 6 4 11 2 2 16 3 11 1 3 14

11　4 1 8 5 14 10 15 6 12 2 5 19 1 7 4 4 11 8 16 9 15 1 6 1 8 14 1 4 16 1 8 17 4 1 16 3 11 7 17 4 7 4 10
6 8 13 5 5 2 8 1 3 14 4 7 9 4 11 3 10 1 16 1 1 10

14　1 8 17 1 4 16 1 5 9 4 10 6 8 13 5 5 2 8 4 1 16 3 11 7 17 4 7 2 2 16 10 18 4 6 10 8 15 7 5 2 8 1 8 14
2 5 6 4 11 4 2 5 7 13 10 10 5 11 5 7 9 9 9 4 6 8 14 6 16 2 5 9 8 8 4 1 8 5 14 10 15 6 12 2 5 19 1 7

11　4 2 5 7 13 10 10 5 11 2 2 16 10 18 1 1 10 1 3 14 1 5 9 5 7 9 9 9 4 6 8 14 6 16 1 8 17 1 8 14 1 2 5 4
6 10 8 15 7 5 2 8 4 4 11 8 16 9 15 1 6

14　1 8 14 1 8 17 2 5 9 8 8 1 4 16 1 1 10 4 2 5 7 13 10 10 5 11 1 2 5 2 6 4 11 5 7 9 9 9 4 6 8 14 6 16
4 4 11 8 16 9 15 1 6 5 2 8 1 19 8 13 6 14 10 18 4 6 10 8 15 7 5 2 8 4 1 16 3 11 7 17 4 7 2 2 16 10 18

13　1 1 10 4 10 6 8 13 5 5 2 8 1 5 9 4 7 9 4 11 3 10 1 16 1 9 11 4 2 5 7 13 10 10 5 11 4 6 10 8 15 7 5 2
8 1 2 5 5 2 8 1 19 8 13 6 14 10 18 5 7 9 9 9 4 6 8 14 6 16 2 2 10 1 11 4 1 16 3 11 7 17 4 7 2 5 6 4 11

11　1 8 17 1 2 5 1 1 10 4 1 16 2 5 6 4 11 4 7 9 4 11 3 10 1 16 5 2 8 1 19 8 13 6 14 10 18 1 9 11 2 9 6 2
12 2 2 10 1 11 2 5 9 8 8

12　1 4 16 4 4 11 8 16 9 15 1 6 1 3 14 4 2 5 7 13 10 10 5 11 1 9 11 5 7 9 9 9 4 6 8 14 6 16 2 5 6 4 11 4
1 16 3 11 7 17 4 7 2 2 10 1 11 2 2 16 3 11 4 1 8 5 14 10 15 6 12 1 1 10

10　1 9 11 1 5 9 5 2 8 1 19 8 13 6 14 10 18 1 4 16 4 4 11 8 16 9 15 1 6 2 5 9 8 8 4 7 9 4 11 3 10 1 16 1
3 14 1 1 10 4 1 16 3 11 7 17 4 7

11　4 10 6 8 13 5 5 2 8 4 4 11 8 16 9 15 1 6 1 4 16 2 9 6 2 12 4 6 10 8 15 7 5 2 8 4 7 9 4 11 3 10 1 16 1
2 5 1 8 14 5 7 9 9 9 4 6 8 14 6 16 2 5 6 4 11 2 2 16 10 18

11　1 2 5 1 3 14 2 9 6 2 12 1 5 9 4 2 5 7 13 10 10 5 11 4 1 16 3 11 7 17 4 7 2 2 10 1 11 1 8 17 2 5 19 1
7 1 1 10 4 7 9 4 11 3 10 1 16

10　4 3 11 5 8 7 11 9 17 1 1 10 2 2 16 10 18 2 2 10 1 11 4 6 10 8 15 7 5 2 8 4 4 11 8 16 9 15 1 6 1 4 16
4 1 16 3 11 7 17 4 7 4 7 9 4 11 3 10 1 16 2 2 16 3 11

12　1 1 10 4 4 11 8 16 9 15 1 6 4 2 5 7 13 10 10 5 11 5 2 8 1 19 8 13 6 14 10 18 2 5 6 4 11 2 9 6 2 12 1
2 5 4 10 6 8 13 5 5 2 8 1 4 16 2 2 16 3 11 2 2 10 1 11 4 6 10 8 15 7 5 2 8

14　1 8 17 4 4 11 8 16 9 15 1 6 1 3 14 2 9 6 2 12 1 8 14 4 6 10 8 15 7 5 2 8 4 7 9 4 11 3 10 1 16 4 2 5 7
13 10 10 5 11 4 1 8 5 14 10 15 6 12 2 2 10 1 11 1 4 16 4 3 11 5 8 7 11 9 17 2 5 19 1 7 4 10 6 8 13 5 5 2
8

13　5 2 8 1 19 8 13 6 14 10 18 1 9 11 4 7 9 4 11 3 10 1 16 1 8 17 4 10 6 8 13 5 5 2 8 2 5 6 4 11 1 1 10
4 6 10 8 15 7 5 2 8 2 2 10 1 11 2 2 16 10 18 4 1 16 3 11 7 17 4 7 1 3 14 2 5 19 1 7

11　5 2 8 1 19 8 13 6 14 10 18 5 7 9 9 9 4 6 8 14 6 16 2 5 6 4 11 4 10 6 8 13 5 5 2 8 1 3 14 4 3 11 5 8 7
11 9 17 1 9 11 2 2 10 1 11 4 2 5 7 13 10 10 5 11 1 8 14 4 1 8 5 14 10 15 6 12

13　1 3 14 2 2 10 1 11 4 7 9 4 11 3 10 1 16 2 2 16 10 18 2 2 16 3 11 4 4 11 8 16 9 15 1 6 4 1 16 3 11 7
17 4 7 4 2 5 7 13 10 10 5 11 4 10 6 8 13 5 5 2 8 2 5 9 8 8 1 2 5 4 6 10 8 15 7 5 2 8 1 5 9

13　4 1 16 3 11 7 17 4 7 4 2 5 7 13 10 10 5 11 4 6 10 8 15 7 5 2 8 1 3 14 2 5 6 4 11 4 4 11 8 16 9 15 1
6 1 5 9 1 1 10 1 8 17 2 9 6 2 12 5 2 8 1 19 8 13 6 14 10 18 2 2 16 3 11 2 2 16 10 18

表 4-40　MK10 优化实例数据

MK10 20×15 问题

```
20   15   3
12   2 6 5 2 5 2 7 11 6 11 1 2 5 4 8 10 3 18 4 10 9 7 2 7 9 1 7 4 1 8 7 14 9 12 4 7 3 4 13 8 8 2 6 5 3 8 1
19 9 13 10 19 2 16 5 2 16 10 9 3 12 4 11 5 15 2 9 10 10 5 3 7 5 2 8 4 7 4 1 6 6 13 5 11 10 7
13   2 7 11 6 11 4 2 16 10 9 5 9 8 16 2 6 5 2 5 2 2 11 1 9 2 3 12 7 15 4 4 1 10 14 5 10 7 15 4 3 8 1 12
5 5 13 11 5 3 8 1 19 9 13 10 19 2 16 3 4 13 8 8 2 6 4 8 10 3 18 4 10 9 7 4 1 16 5 11 10 17 3 6 2 9 10 10
5 2 5 11 2 11
11   4 3 8 1 12 5 5 13 11 2 2 11 1 9 2 7 9 1 7 2 6 5 2 5 4 1 6 6 13 5 11 10 7 2 9 10 10 5 5 3 8 1 19 9 13
10 19 2 16 4 8 10 3 18 4 10 9 7 4 2 16 10 9 5 9 8 16 2 3 12 7 15 2 2 5 9 19
11   4 4 11 10 14 5 10 7 15 5 3 8 1 19 9 13 10 19 2 16 1 5 15 1 2 5 2 9 10 10 5 2 7 11 6 11 4 1 16 5 11 10
17 3 6 2 10 13 6 11 2 2 5 9 19 3 4 13 8 8 2 6 4 8 10 3 18 4 10 9 7
14   2 7 11 6 11 2 9 10 10 5 4 5 11 7 8 10 11 2 16 2 10 13 6 11 4 1 16 5 11 10 17 3 6 2 7 9 1 7 4 3 8 1 12
5 5 13 11 1 2 5 4 2 16 10 9 5 9 8 16 3 1 15 2 19 9 9 4 1 6 6 13 5 11 10 7 2 2 11 1 9 4 4 11 10 14 5 10 7
15 5 3 8 1 19 9 13 10 19 2 16
11   3 1 15 2 19 9 9 2 7 9 1 7 4 8 10 3 18 4 10 9 7 2 2 5 9 19 4 5 11 7 8 10 11 2 16 4 1 6 6 13 5 11 10 7
2 7 11 6 11 1 2 5 3 7 5 2 8 4 7 4 3 8 1 12 5 5 13 11 1 5 15
14   1 2 5 2 7 11 6 11 2 2 11 1 9 2 9 10 10 5 4 8 10 3 18 4 10 9 7 3 1 15 2 19 9 9 3 7 5 2 8 4 7 4 2 16 10
9 5 9 8 16 4 1 6 6 13 5 11 10 7 1 5 15 4 7 13 10 19 6 18 4 8 4 3 8 1 12 5 5 13 11 4 1 16 5 11 10 17 3 6 2
7 9 1 7
13   4 8 10 3 18 4 10 9 7 2 10 13 6 11 4 5 11 7 8 10 11 2 16 3 4 13 8 8 2 6 5 2 16 10 9 3 12 4 11 5 15 3
1 15 2 19 9 9 4 3 8 1 12 5 5 13 11 3 7 5 2 8 4 7 4 7 13 10 19 6 18 4 8 4 1 6 6 13 5 11 10 7 2 6 5 2 5 4 1
16 5 11 10 17 3 6 4 2 16 10 9 5 9 8 16
11   2 7 11 6 11 3 7 5 2 8 4 7 4 8 10 3 18 4 10 9 7 2 9 10 10 5 4 2 16 10 9 5 9 8 16 3 4 13 8 8 2 6 4 7 13
10 19 6 18 4 8 5 2 16 10 9 3 12 4 11 5 15 4 1 8 7 14 9 12 4 7 2 6 5 2 5 2 2 11 1 9
12   2 9 10 10 5 1 5 15 2 2 5 9 19 3 1 15 2 19 9 9 5 2 16 10 9 3 12 4 11 5 15 4 1 6 6 13 5 11 10 7 4 2 16
10 9 5 9 8 16 4 1 16 5 11 10 17 3 6 2 6 5 2 5 2 3 12 7 15 4 4 1 10 14 5 10 7 15 4 8 10 3 18 4 10 9 7
10   5 2 16 10 9 3 12 4 11 5 15 4 5 11 7 8 10 11 2 16 4 7 13 10 19 6 18 4 8 2 9 10 10 5 1 5 15 2 2 11 1 9
3 4 13 8 8 2 6 2 2 5 9 19 4 8 10 3 18 4 10 9 7 4 1 16 5 11 10 17 3 6
11   2 10 13 6 11 1 5 15 2 9 10 10 5 4 1 8 7 14 9 12 4 7 4 3 8 1 12 5 5 13 11 3 4 13 8 8 2 6 3 7 5 2 8 4 7
1 2 5 4 1 6 6 13 5 11 10 7 4 2 16 10 9 5 9 8 16 2 7 9 1 7
11   3 7 5 2 8 4 7 2 2 5 9 19 4 1 8 7 14 9 12 4 7 4 5 11 7 8 10 11 2 16 3 1 15 2 19 9 9 4 1 16 5 11 10 17
3 6 2 6 5 2 5 2 7 11 6 11 5 3 8 1 19 9 13 10 19 2 16 4 8 10 3 18 4 10 9 7 3 4 13 8 8 2 6
10   2 5 11 2 11 4 8 10 3 18 4 10 9 7 2 7 9 1 7 2 6 5 2 5 4 3 8 1 12 5 5 13 11 1 5 15 2 9 10 10 5 4 1 16 5
11 10 17 3 6 3 4 13 8 8 2 6 2 3 12 7 15
12   4 8 10 3 18 4 10 9 7 1 5 15 3 1 15 2 19 9 9 4 7 13 10 19 6 18 4 8 4 2 16 10 9 5 9 8 16 4 1 8 7 14 9
12 4 7 3 7 5 2 8 4 7 2 10 13 6 11 2 9 10 10 5 2 3 12 7 15 2 6 5 2 5 4 3 8 1 12 5 5 13 11
14   2 7 11 6 11 1 5 15 2 2 5 9 19 4 1 8 7 14 9 12 4 7 1 2 5 4 3 8 1 12 5 5 13 11 3 4 13 8 8 2 6 3 1 15 2
19 9 9 4 4 11 10 14 5 10 7 15 2 6 5 2 5 2 9 10 10 5 2 5 11 2 11 5 3 8 1 19 9 13 10 19 2 16 2 10 13 6 11
13   4 7 13 10 19 6 18 4 8 5 2 16 10 9 3 12 4 11 5 15 3 4 13 8 8 2 6 2 7 11 6 11 2 10 13 6 11 4 2 16 10 9
5 9 8 16 4 8 10 3 18 4 10 9 7 4 3 8 1 12 5 5 13 11 2 6 5 2 5 2 7 9 1 7 4 1 16 5 11 10 17 3 6 2 2 5 9 19 5
3 8 1 19 9 13 10 19 2 16
11   4 7 13 10 19 6 18 4 8 4 1 6 6 13 5 11 10 7 4 2 16 10 9 5 9 8 16 2 10 13 6 11 2 2 5 9 19 2 5 11 2 11
5 2 16 10 9 3 12 4 11 5 15 2 6 5 2 5 3 1 15 2 19 9 9 1 2 5 4 4 11 10 14 5 10 7 15
```

MK10 20×15 问题
13　2 2 5 9 19 2 6 5 2 5 3 4 13 8 8 2 6 2 7 9 1 7 2 3 12 7 15 1 5 15 4 1 16 5 11 10 17 3 6 3 1 15 2 19 9 9 2 10 13 6 11 2 2 11 1 9 3 7 5 2 8 4 7 4 3 8 1 12 5 5 13 11 4 5 11 7 8 10 11 2 16
13　4 1 16 5 11 10 17 3 6 3 1 15 2 19 9 9 4 3 8 1 12 5 5 13 11 2 2 5 9 19 4 2 16 10 9 5 9 8 16 1 5 15 4 5 11 7 8 10 11 2 16 4 8 10 3 18 4 10 9 7 2 7 11 6 11 4 1 8 7 14 9 12 4 7 4 7 13 10 19 6 18 4 8 2 3 12 7 15 2 7 9 1 7

第5章

工艺规划与车间调度智能集成

工艺规划问题只是对某个零件进行工艺路线设计。对于制造车间而言,同时进行加工的零件往往很多,如此繁多的零件也占用了车间资源(如加工设备、工装器具及工作人员)。因此,针对零件的工艺规划应考虑车间生产任务调度的实际情况。

在工艺规划建模及优化过程中,工艺规划以零件特征建模技术为基础。将零件模型中的特征作为工艺规划的数据源,由于零件的每种加工特征都有多种工艺方案表达,所以每种零件存在多种工艺路线。每种工艺路线的工序数量和工序顺序都存在差异,而每种工艺路线每道工序一般由多个加工机床完成,从而使零件的工艺方案存在多种表达形式,具有较高的柔性。这种基于零件加工特征的工艺规划建模方法充分考虑了制造资源的利用率、生产任务的交货期等因素,能够制订出科学合理的车间调度方案。因此,集成式工艺规划与车间调度(integrated process planning and scheduling,IPPS)能够充分发挥工艺规划与车间调度的互补性,提高制造系统整体的运行效率与质量。

5.1 工艺规划与车间调度集成问题建模

关于 IPPS 的研究始于 20 世纪 80 年代。一般情况下,将 IPPS 问题分为前后衔接的两个阶段。第一阶段进行工艺规划。首先假定制造车间是平稳运行的,即进行工艺规划时掌握了当前制造车间每种制造资源的运行状态,以当前制造车间资源的运行状态为依据,制定每个零件所有可行的工艺路线,设定该零件工艺规划有多种优化目标,并根据多种优化目标为每种可选工艺路线赋予一定的优先级。第二阶段进行车间调度。赋予一定优先级的各种工艺路线进入调度系统,由车间调度系统根据车间的具体资源状况选择最优工艺路线。

本章主要阐述 IPPS 问题的建模方法,以及利用智能算法求解 IPPS 问题的方法。关于 IPPS 问题的描述如下。

m 台机床 $\{M_1,M_2,\cdots,M_m\}$ 完成 n 个作业(零件) $\{J_1,J_2,\cdots,J_n\}$ 的加工。每个作业(零件) J_i 包含 p 道工序 $\{O_{i1},O_{i2},\cdots,O_{ip}\}$,并由 p 道工序按照一定规则构成 q 条可选工艺路线 $\{OL_{i1},OL_{i2},\cdots,OL_{iq}\}$。将确定的 q 条可选工艺路线 $\{OL_{i1},OL_{i2},\cdots,OL_{iq}\}$ 作为已知条件,输入调度系统,作为调度系统的数据源,依据柔性车间调度系统调度策略,确定每个作业(零件)的工艺路线,并输出最优调度方案。此模型中采用的是作业车间调度,因此,第3章中关于柔性作业车间调度问题中的假设描述,在此依然需要。

IPPS 问题的优化策略主要分为两个阶段。

第一阶段：根据不同的优化目标,分别确定不同作业(零件)的多条工艺路线,即定位基准、加工阶段、工序顺序、工序数量、工装设备、切削用量等要素。

第二阶段：根据第一阶段确定的每个作业(零件)的多条工艺路线,进行车间资源调度,确定制造资源。

IPPS 问题的优化策略如图 5-1 所示。

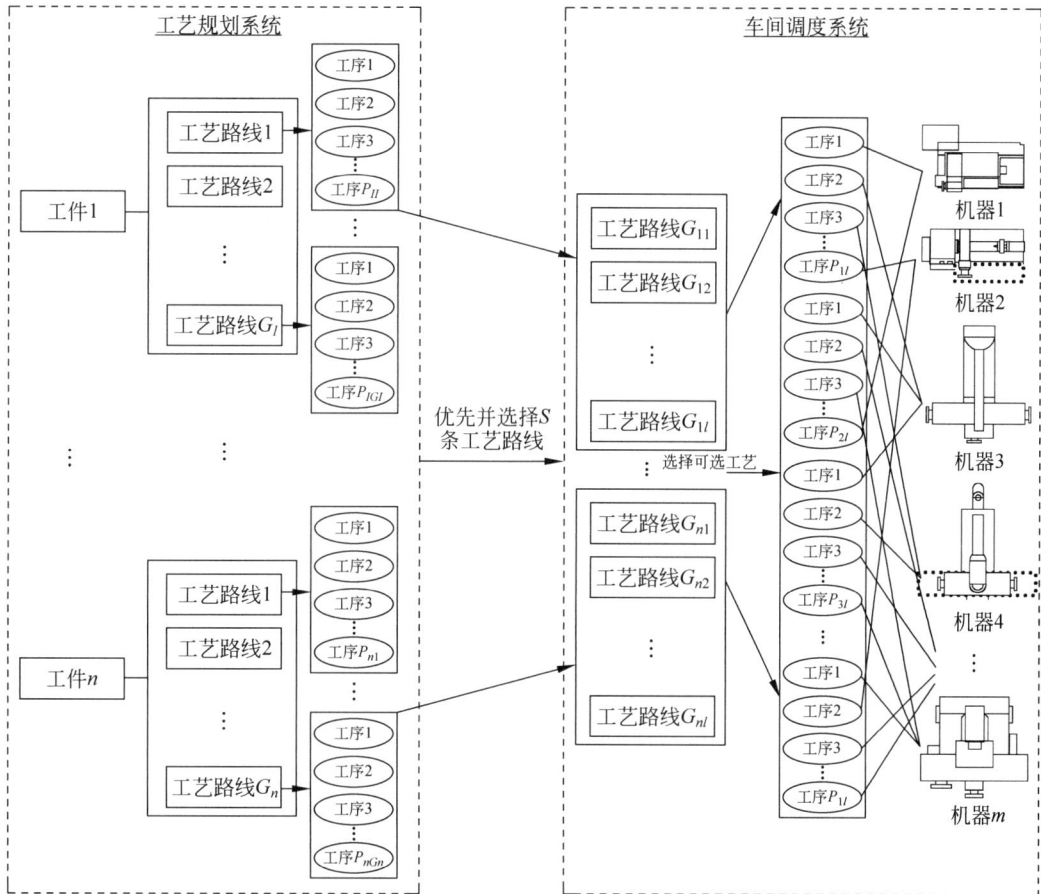

图 5-1　IPPS 问题的优化策略

IPPS 问题中表示工件工艺的方法有多种,其中工艺网络图应用广泛。图 5-2 为两个零件的可选工艺路线。

图 5-2 中主要包括节点、有向弧、AND/OR 关系三大要素。节点表示零件的工序,有向弧表示工序之间的先后次序,AND/OR 表示某道工序和/或某些工序之间的关系。图中零件 1 包含 11 道工序。第一道工序为 O_{11},第二道工序有两种选择,即 O_{12} 或 O_{14},因为此处存在 OR 关系,选择 O_{12} 就不能同时选择 O_{14},二者代表两条不同工艺路线。如果选择工序 O_{11},则下一道工序为 O_{12},工序 O_{11} 与 O_{12} 之间的有向弧代表工序 O_{11} 必须安排在工序 O_{12} 之前。$O_{11} \rightarrow O_{12} \rightarrow O_{13} \rightarrow O_{19} \rightarrow O_{110}$ 代表零件 1 的可选工艺路线 OL_{11},如果选择 O_{14},则选择下一道工序时存在 AND 关系,意味着 O_{15}、O_{16}、O_{17}、O_{18} 都要选。同理,工序之间

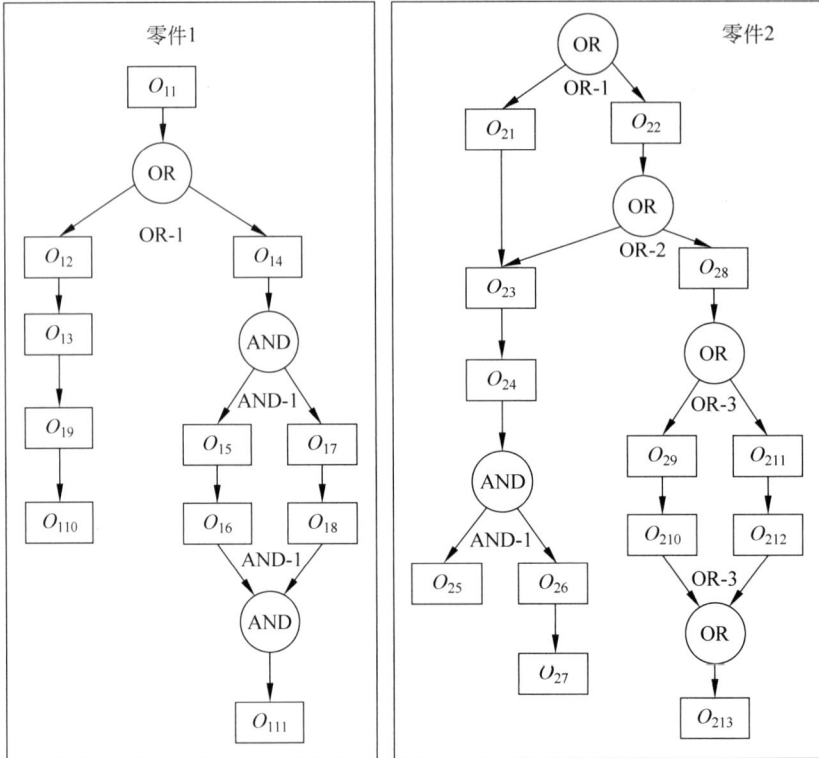

图 5-2　两个零件的可选工艺路线

的有向弧代表工序之间的优先关系，形成两条可选工艺路线 OL_{12}（$O_{11} \rightarrow O_{14} \rightarrow O_{15} \rightarrow O_{16} \rightarrow O_{17} \rightarrow O_{18} \rightarrow O_{111}$）和 OL_{13}（$O_{11} \rightarrow O_{14} \rightarrow O_{17} \rightarrow O_{18} \rightarrow O_{15} \rightarrow O_{16} \rightarrow O_{111}$），同时工序 O_{15} 与工序 O_{17}、O_{18} 之间不存在有向弧，工序 O_{16} 同理，因此零件 1 包含 7 条可选工艺路线。零件 2 包含 13 道工序，包含一个 AND 关系、两个 OR 关系。图 5-2 所示 IPPS 问题的工艺路线如表 5-1 所示。

表 5-1　示例 IPPS 问题的工艺路线

零 件	工艺路线代码	工艺路线名称	工艺路线内容
	1	OL_{11}	$O_{11} \rightarrow O_{12} \rightarrow O_{13} \rightarrow O_{19} \rightarrow O_{110}$
	2	OL_{12}	$O_{11} \rightarrow O_{14} \rightarrow O_{15} \rightarrow O_{16} \rightarrow O_{17} \rightarrow O_{18} \rightarrow O_{111}$
	3	OL_{13}	$O_{11} \rightarrow O_{14} \rightarrow O_{17} \rightarrow O_{18} \rightarrow O_{15} \rightarrow O_{16} \rightarrow O_{111}$
零件 1	4	OL_{14}	$O_{11} \rightarrow O_{14} \rightarrow O_{15} \rightarrow O_{17} \rightarrow O_{16} \rightarrow O_{18} \rightarrow O_{111}$
	5	OL_{15}	$O_{11} \rightarrow O_{14} \rightarrow O_{15} \rightarrow O_{18} \rightarrow O_{17} \rightarrow O_{16} \rightarrow O_{111}$
	6	OL_{16}	$O_{11} \rightarrow O_{14} \rightarrow O_{17} \rightarrow O_{15} \rightarrow O_{16} \rightarrow O_{18} \rightarrow O_{111}$
	7	OL_{17}	$O_{11} \rightarrow O_{14} \rightarrow O_{17} \rightarrow O_{15} \rightarrow O_{18} \rightarrow O_{16} \rightarrow O_{111}$
	1	OL_{21}	$O_{21} \rightarrow O_{23} \rightarrow O_{24} \rightarrow O_{25} \rightarrow O_{26} \rightarrow O_{27}$
	2	OL_{22}	$O_{21} \rightarrow O_{23} \rightarrow O_{24} \rightarrow O_{26} \rightarrow O_{27} \rightarrow O_{25}$
零件 2	3	OL_{23}	$O_{21} \rightarrow O_{23} \rightarrow O_{24} \rightarrow O_{26} \rightarrow O_{25} \rightarrow O_{27}$
	4	OL_{24}	$O_{22} \rightarrow O_{23} \rightarrow O_{24} \rightarrow O_{25} \rightarrow O_{26} \rightarrow O_{27}$
	5	OL_{25}	$O_{22} \rightarrow O_{23} \rightarrow O_{24} \rightarrow O_{26} \rightarrow O_{27} \rightarrow O_{25}$

续表

零　件	工艺路线代码	工艺路线名称	工艺路线内容
	6	OL_{26}	$O_{22} \rightarrow O_{23} \rightarrow O_{24} \rightarrow O_{26} \rightarrow O_{25} \rightarrow O_{27}$
零件 2	7	OL_{27}	$O_{22} \rightarrow O_{28} \rightarrow O_{211} \rightarrow O_{212} \rightarrow O_{213}$
	8	OL_{28}	$O_{22} \rightarrow O_{28} \rightarrow O_{29} \rightarrow O_{210} \rightarrow O_{213}$

由于实际生产中,对于零件而言,除了工艺路线是"柔性"的外,完成某道工序的机床也是"柔性"的,因此,需要在 AND/OR 图中增加每道工序的可选机床及该工序在相应机床的加工时间。对图 5-2 所示两个零件的 AND/OR 图进行改进,改进后的 AND/OR 图如图 5-3 所示。

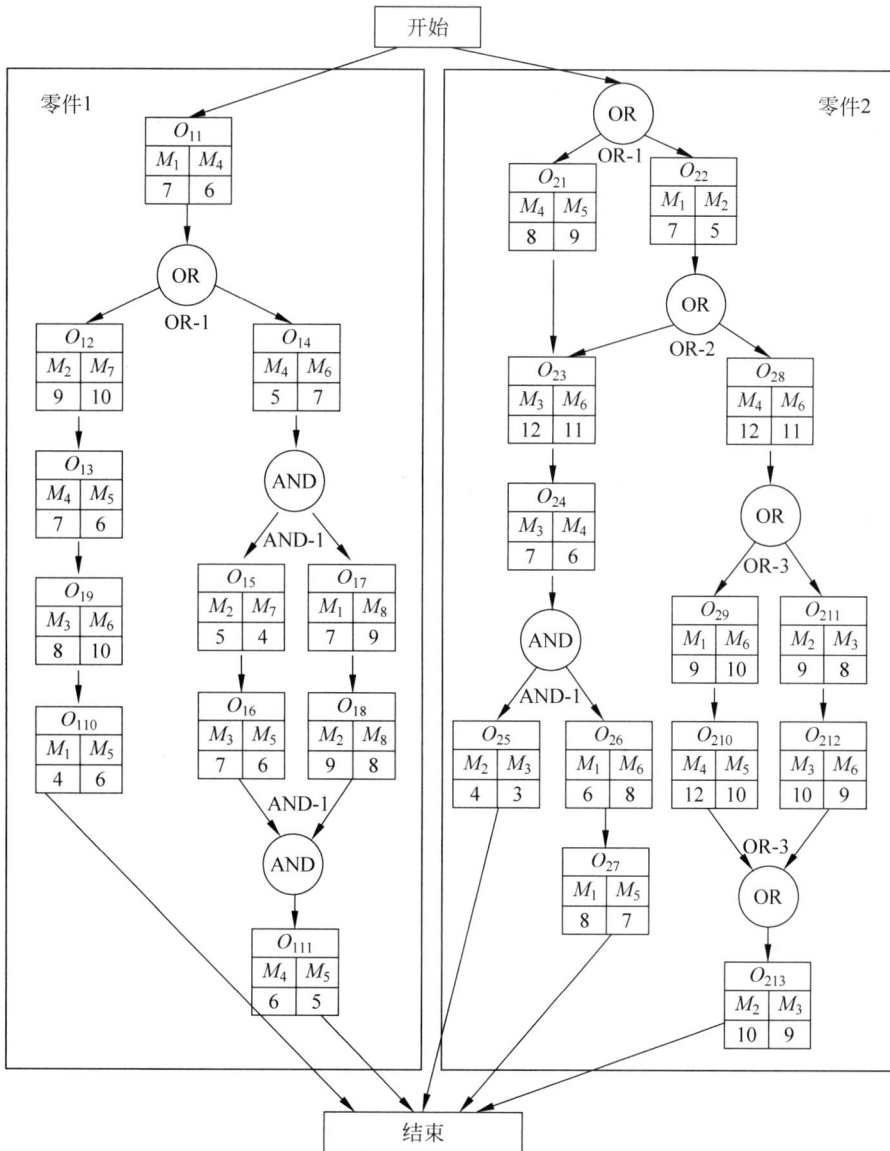

图 5-3　改进后的 AND/OR 图

图 5-3 中的每道工序增加了可选机床及工作时间,例如,零件 1 的工序 O_{11} 可由两台机床 M_1 和机床 M_4 完成加工,其加工时间分别是 7s 和 6s。零件 2 的工序 O_{21} 可由两台机床 M_4 和机床 M_5 完成加工,其加工时间分别是 8s 和 9s。

因为 IPPS 问题可看作工艺路线不确定的多零件柔性作业车间调度问题,因此,IPPS 问题的性能指标与 FJSP 基本类似。其性能指标包括基于所有作业(零件)完成时间的指标、基于交货期的指标、基于成本的指标和基于机床负荷的指标,各指标的具体定义参考 4.2.2 节相关内容。

工艺规划与
车间调度
集成建模

5.2 利用遗传算法求解工艺规划与车间调度集成问题

利用遗传算法求解 IPPS 问题的流程如下。

步骤 1:初始化遗传算法,包括种群规模、最大迭代次数、复制概率、交叉概率和变异概率等。

步骤 2:对每个零件进行种群初始化,形成工艺路线代码表、工序代码表和机床代码表。

步骤 3:从每个零件工艺路线的初始化种群中,按照一定的比例随机组合、初始化,形成 IPPS 问题的初始种群。

步骤 4:利用遗传算法进行 IPPS 问题求解。

步骤 4.1:计算种群中每个染色体的适应度。

步骤 4.2:判断遗传算法是否达到系统设定的最大迭代次数,如果达到,则转至步骤 5;如果未达到,则继续执行。

步骤 4.3:执行复制、交叉和变异操作,产生新一代种群。

步骤 4.4:迭代次数增加 1 次,继续执行步骤 4.1。

步骤 5:更新最优染色体,获得求解方案。

5.2.1 基因编码

根据工艺规划和车间调度集成问题的解决方案,整个求解过程可分为两个阶段:第一阶段,确定各零件的工艺路线;第二阶段,确定完成各零件工艺路线各工序及机床资源的分配。在此基础上,染色体由三部分构成,分别是工艺路线基因部分、工序基因部分和机床基因部分。其中,工序基因部分和机床基因部分参考柔性作业车间调度方案的染色体编码方案,而工艺路线基因部分另行设计。由于三部分信息组成了染色体,所以基因编码规则存在很多方案。由于 IPPS 问题最终不仅要形成各零件的工艺路线,而且要形成最终的调度方案,因此,参考 FJSP 问题的工序基因部分和机床基因部分的编码方案,形成以工序为基本信息的染色体编码方案,针对图 5-3 中 IPPS 问题的染色体 A 如表 5-2 所示,其对应的甘特图如图 5-4 所示。

表 5-2 染色体 A

代码	代表工序	O_{11}	O_{21}	O_{14}	O_{17}	O_{23}	O_{24}	O_{18}	O_{26}	O_{15}	O_{27}	O_{25}	O_{16}	O_{111}
OL	工艺路线基因	3	2											
OP	工序基因	1	2	1	1	2	2	1	2	1	2	2	1	1
M	机床基因	1	4	6	8	6	3	2	1	2	5	2	3	5

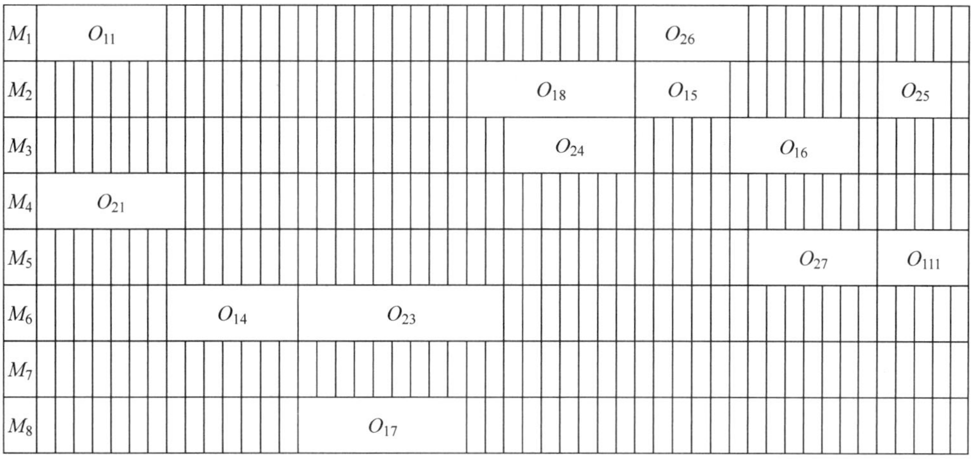

机床	工序（按甘特图位置）
M_1	O_{11}　O_{26}
M_2	O_{18}　O_{15}　O_{25}
M_3	O_{24}　O_{16}
M_4	O_{21}
M_5	O_{27}　O_{111}
M_6	O_{14}　O_{23}
M_7	
M_8	O_{17}

图 5-4　染色体 A 对应的甘特图

工艺路线基因部分表示 IPPS 问题中所有零件的工艺路线代号,其码位数为 IPPS 问题涉及的零件数,各码位的取值为各零件的工艺路线代号。本例中,工艺路线基因部分包含两个码位,分别代表零件 1 和零件 2 的工艺路线代号,根据表 5-1,第 1 码位备选码为{1,2,3,4,5,6,7},第 2 码位备选码为{1,2,3,4,5,6,7,8}。本例中工艺路线基因部分第 1 码位的"3"代表零件 1 的第 3 条工艺路线,第 2 码位的"2"代表零件 2 的第 2 条工艺路线。

工序基因部分包含的码位数为该 IPPS 问题所有零件所选工艺路线包含的工序数。对于染色体 A 来说,因为零件 A 的第 3 条工艺路线包含 7 道工序,零件 2 的第 2 条工艺路线包含 6 道工序,所以,染色体 A 的工序基因部分包含 13 个码位。各码位取值为该零件的编号,即零件 A 的 7 道工序全部取 1,依次表示零件 A 第 3 条工艺路线包含的所有工序。零件 B 的 6 道工序全部取 2,依次表示零件 B 第 2 条工艺路线包含的所有工序。因此,整个染色体的工序基因由 7 个"1"和 6 个"2"组成。

机床基因部分则为工序基因部分所代表工序的机床代码。例如,工序基因部分第 1 码位取"3",表示零件 1 第 3 条工艺路线的第 1 道工序 O_{11},根据图 5-3,该工序可以由两台机床加工,分别为 M_1 和 M_4,其加工时间分别为 7s 和 6s,相应码位的机床基因部分取"1",表示该工序的加工机床是 M_1。同理,工序基因部分的第 11 码位为"2",表示零件 2 第 2 条工艺路线的第 6 道工序 O_{25},相应码位的机床基因部分为"2",表示该工序的加工机床是 M_2。

5.2.2　种群初始化

因为染色体由三部分基因组成,因此针对这三部分基因编码规则,分别进行初始化,初始化流程如下。

步骤 1:根据 IPPS 问题,生成各零件所有工艺路线的代码表 T_1、工序代码表 T_o、机床代码表 T_m。

步骤 2:根据 IPPS 问题的 AND/OR 图及工序代码表,更新各工序的工序代码表 T_o。

步骤 3:根据工艺路线代码表,按照零件顺序,随机生成一个 $1 \sim n$(各零件工艺路线数)

的数码,形成工艺路线基因部分。

步骤 4:根据第 3 步所选工艺路线及工序代码表 T_o,随机生成工序基因部分。

步骤 5:根据第 4 步生成的工序基因部分和机床代码表 T_m,随机生成机床基因部分。

其中,工序代码表 T_m 和工艺路线代码表 T_l 分别如表 5-3 和表 5-4 所示,而迭代过程中形成工艺路线代码表需要记录动态访问工序,如表 5-5 所示。

表 5-3　工序代码表 T_m

数据类型	变量	描述
Int	Op_id	工序编号
Int[]	M_id[]	该工序的候选机床
Dec[]	M_t[]	该工序候选机床的加工时间
Int()	Op_id[]	可访问工序
Int()	Op_tp[]	访问类型,取值为 -1、0、1,分别代表 OR、直接、AND

表 5-4　工艺路线代码表 T_l

数据类型	变量	描述
Int	Pt_id	零件编号
Int	Ol_id	工艺路线编号
Int[]	Op_id	构成该条工艺路线的所有工序

表 5-5　访问工序代码表

数据类型	变量	描述
Int	Op_id	工序编号
Int	M_id	机床编号
Dec	M_t	加工时间
Int[]	Op_id_next	访问工序

5.2.3　复制、交叉和变异

复制、交叉和变异算法的基本操作如 3.3.5 节所述。为能够简明清楚地说明交叉和变异操作,以图 5-3 中由两个零件构成的 IPPS 问题为例,构建染色体 B 如表 5-6 所示。

表 5-6　染色体 B

代码	代表工序	O_{11}	O_{21}	O_{14}	O_{15}	O_{16}	O_{17}	O_{18}	O_{23}	O_{24}	O_{26}	O_{27}	O_{111}	O_{25}
OL	工艺路线基因	3	2											
OP	工序基因	1	2	1	1	1	1	1	2	2	2	2	1	2
M	机床基因	4	5	4	2	3	8	6	4	1	5	5	3

由于采用三段式基因编码方案,即工艺路线基因部分、工序基因部分和机床基因部分,因此,交叉操作针对三个部分分别设计交叉算法。

1) 工艺路线基因部分

该部分的交叉较为特殊,因为本节采用以工序为基本信息的染色体编码方案,因此,为实现工序和机床的交叉操作,必须保证选择的两个染色体具有相同的工序和机床码位。在此前提下用于交叉操作的两个染色体,其工艺路线基因部分各码位不能随意确定。因此,工艺路线基因部分的交叉操作流程如下。

步骤 1:判断 IPPS 问题中零件的个数 N,如果 $N < 3$,则不执行工艺路线基因部分的交叉操作;否则,执行下一步。

步骤 2:随机选择用于交叉操作的染色体 A,确定该染色体包含的各零件工艺路线编号,并检查工艺路线各工序的变量 Op_tp[ ]是否存在等于 1 的情况。如果不存在,则以一定概率选择的染色体 B 必须具有与染色体 A 相同工序数量的工艺路线基因部分。如果存在等于 1 的情况,则执行下一步。

步骤 3:以一定概率选择与染色体 A 具有相同 AND 选项的其他染色体 B。

2)工序基因部分

步骤 1:随机产生两个交叉点 u、v。

步骤 2:在其中一个染色体 A 的工序顺序基因部分取出两个交叉点 u、v 之间的基因,交叉点外的基因保持不变。

步骤 3:在另一个父代染色体 B 的工序顺序基因部分找第一个染色体 A 工序顺序基因部分交叉点外缺少的基因。按照 B 原来的排列顺序插入 A 两个交叉点之间的位置,形成一个新染色体 C 的工序顺序基因部分。

步骤 4:将父代染色体 A 中相应工序所选择机床填入子代染色体 C 交叉点之间的相应工序位置。

以表 5-2 中的染色体 A、表 5-6 中的染色体 B 为例,说明工序基因部分的双点交叉算法,取染色体 A 的交叉点 $u=4$ 和 $v=8$,工序基因部分两点交叉算法执行过程如图 5-5 所示,经过交叉运算,形成新的子代染色体 C,如表 5-7 所示。

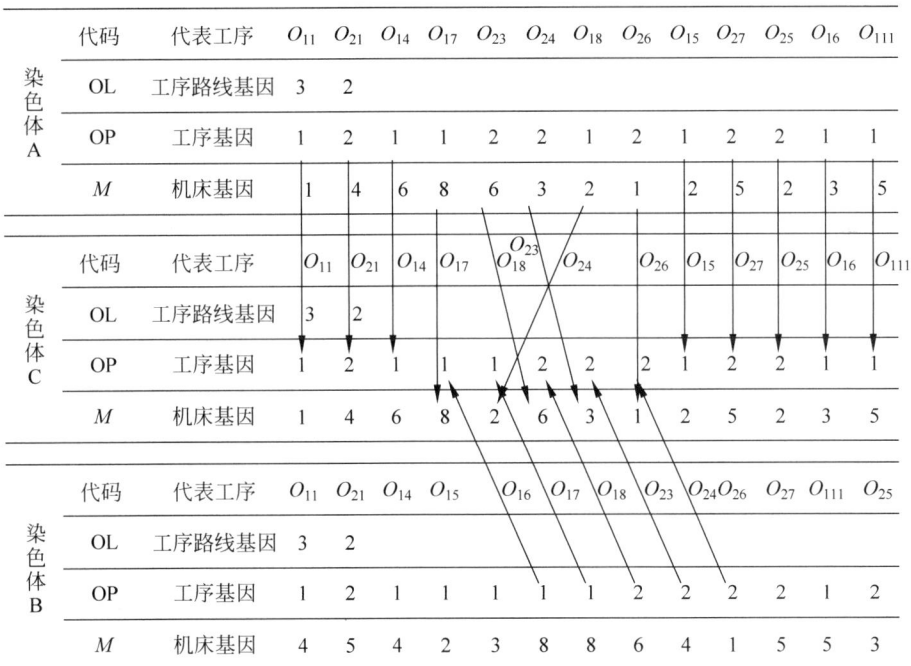

	代码	代表工序	O_{11}	O_{21}	O_{14}	O_{17}	O_{23}	O_{24}	O_{18}	O_{26}	O_{15}	O_{27}	O_{25}	O_{16}	O_{111}
染色体 A	OL	工序路线基因	3	2											
	OP	工序基因	1	2	1	1	2	2	1	2	1	2	2	1	1
	M	机床基因	1	4	6	8	6	3	2	1	2	5	2	3	5

	代码	代表工序	O_{11}	O_{21}	O_{14}	O_{17}	O_{18} O_{23}	O_{24}	O_{26}	O_{15}	O_{27}	O_{25}	O_{16}	O_{111}
染色体 C	OL	工序路线基因	3	2										
	OP	工序基因	1	2	1	1	1	2	2	2	1	2	2	1	1
	M	机床基因	1	4	6	8	2	6	3	1	2	5	2	3	5

	代码	代表工序	O_{11}	O_{21}	O_{14}	O_{15}	O_{16}	O_{17}	O_{18}	O_{23}	O_{24} O_{26}	O_{27}	O_{111}	O_{25}
染色体 B	OL	工序路线基因	3	2										
	OP	工序基因	1	2	1	1	1	1	2	2	2	2	2	1	2
	M	机床基因	4	5	4	2	3	8	8	6	4	1	5	5	3

图 5-5　工序基因部分两点交叉算法执行过程

表 5-7　两点交叉后的染色体 C

代码	代表工序	O_{11}	O_{21}	O_{14}	O_{17}	O_{18}	O_{23}	O_{24}	O_{26}	O_{15}	O_{27}	O_{25}	O_{16}	O_{111}
OL	工艺路线基因	3	2											
OP	工序基因	1	2	1	1	1	2	2	2	1	2	2	1	1
M	机床基因	1	4	6	8	2	6	3	1	2	5	2	3	5

进行类似的操作,以染色体 B 为基础,按照上述交叉算法流程,生成染色体 D,如表 5-8 所示。

表 5-8　染色体 D

代码	代表工序	O_{11}	O_{21}	O_{14}	O_{17}	O_{23}	O_{18}	O_{15}	O_{16}	O_{24}	O_{26}	O_{27}	O_{111}	O_{25}
OL	工艺路线基因	3	2											
OP	工序基因	1	2	1	1	2	1	1	1	2	2	2	1	2
M	机床基因	4	5	4	8	6	2	2	3	4	1	5	5	3

3）机床基因部分

由于受到工序允许加工机床的限制,采用两点交叉,可能导致机床基因部分的交叉操作失败,因此,机床基因部分采用均匀交叉操作。交叉算法流程如下。

步骤 1:选择上述工序基因部分执行交叉操作生成的染色体 C 和染色体 D。

步骤 2:随机产生两个交叉点 u、v,代表准备进行交叉操作的工艺路线编号。

步骤 3:保持染色体 C 工序基因部分不变,将染色体 C 中工艺路线 u 和 v 所有工序选择的机床与染色体 D 中工艺路线 u 和 v 所有工序选择的机床相互交叉,替换相应工序的机床基因部分。

以表 5-7 中的染色体 C、表 5-8 中的染色体 D 为例,进行机床基因部分交叉运算。对于本例来说,因为只存在两个零件,所以交叉点只有 3 和 2,即染色体 C 经过交叉运算形成新的子代染色体,其算法执行过程如图 5-6 所示,获得的染色体 E 如表 5-9 所示。同理,染色体 D 进行交叉运算,形成新的染色体 F,如表 5-10 所示。

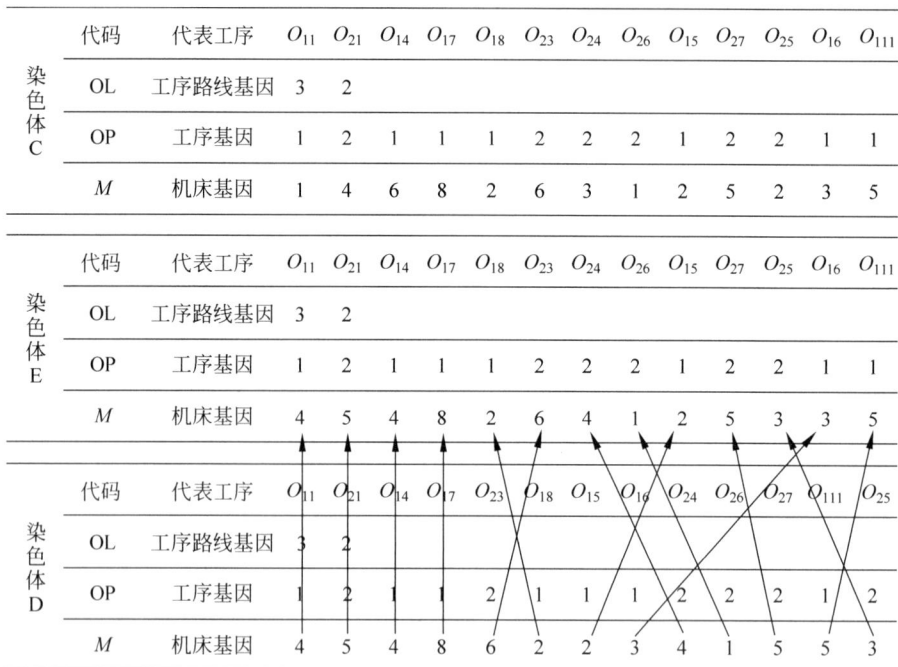

染色体 C

代码	代表工序	O_{11}	O_{21}	O_{14}	O_{17}	O_{18}	O_{23}	O_{24}	O_{26}	O_{15}	O_{27}	O_{25}	O_{16}	O_{111}
OL	工序路线基因	3	2											
OP	工序基因	1	2	1	1	1	2	2	2	1	2	2	1	1
M	机床基因	1	4	6	8	2	6	3	1	2	5	2	3	5

染色体 E

代码	代表工序	O_{11}	O_{21}	O_{14}	O_{17}	O_{18}	O_{23}	O_{24}	O_{26}	O_{15}	O_{27}	O_{25}	O_{16}	O_{111}
OL	工序路线基因	3	2											
OP	工序基因	1	2	1	1	1	2	2	2	1	2	2	1	1
M	机床基因	4	5	4	8	2	6	4	1	2	5	3	3	5

染色体 D

代码	代表工序	O_{11}	O_{21}	O_{14}	O_{17}	O_{23}	O_{18}	O_{15}	O_{16}	O_{24}	O_{26}	O_{27}	O_{111}	O_{25}
OL	工序路线基因	3	2											
OP	工序基因	1	2	1		2	1	1	2	2	2	1	2	
M	机床基因	4	5	4	8	6	2	2	3	4	1	5	5	3

图 5-6　机床基因部分均匀交叉算法执行过程

表 5-9　染色体 E

代码	代表工序	O_{11}	O_{21}	O_{14}	O_{17}	O_{18}	O_{23}	O_{24}	O_{26}	O_{15}	O_{27}	O_{25}	O_{16}	O_{111}
OL	工艺路线基因	3	2											
OP	工序基因	1	2	1	1	1	2	2	2	1	2	2	1	1
M	机床基因	4	5	4	8	2	6	4	1	2	5	3	3	5

表 5-10　染色体 F

代码	代表工序	O_{11}	O_{21}	O_{14}	O_{17}	O_{23}	O_{18}	O_{15}	O_{16}	O_{24}	O_{26}	O_{27}	O_{111}	O_{25}
OL	工艺路线基因	3	2											
OP	工序基因	1	2	1	1	2	1	1	1	2	2	2	1	2
M	机床基因	1	4	6	8	6	2	2	3	3	1	5	5	2

利用遗传
算法求解
IPPS 问题 1

同样,因为 IPPS 染色体部分包含工艺路线基因部分、工序基因部分和机床基因部分。变异操作也针对三部分分别设计算法。

1)工艺路线基因部分

步骤 1:判断 IPPS 问题中零件的个数 N,如果 $N<2$,则不执行工艺路线基因部分的交叉操作;否则,执行下一步。

步骤 2:以一定概率选择用于进行变异操作的染色体 A,随机选择两个用于进行变异操作的变异点 u、v,表示发生变异的零件编号。

步骤 3:保证染色体 A 中不发生变异的零件工序基因不变,将发生变异的零件新工艺路线包含的工序按照原来的工序基因空位补充到染色体 A 中,若空位不够,则按照顺序排列到染色体的最末位置。

步骤 4:保证染色体 A 中不发生变异零件的机床基因不变,将发生变异零件的工序补充到染色体 A 的基因空位时,随机确定机床编号。

以表 5-2 中的染色体 A 为例说明工艺路线部分变异操作。染色体 A 只有两个零件,所以 u、v 分别为 1 和 2。假定工艺路线基因部分第 1 码位和第 2 码位分别变异为 2 和 4,则变异后的染色体 G 如表 5-11 所示。

表 5-11　染色体 G

代码	代表工序	O_{11}	O_{22}	O_{14}	O_{15}	O_{23}	O_{24}	O_{16}	O_{26}	O_{17}	O_{27}	O_{25}	O_{18}	O_{111}
OL	工艺路线基因	2	4											
OP	工序基因	1	2	1	1	2	2	1	2	1	2	2	1	1
M	机床基因	1	2	6	7	6	4	3	1	1	5	2	2	4

2)工序基因部分

步骤 1:对种群中所有染色体以事先设定的变异概率确定进行变异操作的染色体 A。

步骤 2:随机产生两个变异点 u、v,将 u、v 两个变异点的基因互换。

步骤 3:检查互换位置的工序基因部分是否满足要求,即后一道工序必须在前一道工序加工结束后进行,如果不能满足要求,则返回步骤 2。

步骤 4:将互换的 u、v 两个位置点工序的所属机床互换。

因此,针对表 5-2 中的染色体 A,取变异点 $u=3$ 和 $v=8$,经检验,如果对第 3 个和第 8

个变异点的工序基因进行交换,即工序 O_{14} 与工序 O_{26} 位置交换,那么会导致工序 O_{17} 和工序 O_{18} 安排在工序 O_{14} 之前,且工序 O_{26} 安排在工序 O_{23} 和工序 O_{24} 之前,显然这不符合实际工序约束条件。因此,取变异点 $u=10$ 和 $v=12$,经过工序基因部分变异后生成的染色体 H 如表 5-12 所示。

表 5-12　变异后生成的染色体 H

代码	代表工序	O_{11}	O_{22}	O_{14}	O_{15}	O_{23}	O_{24}	O_{16}	O_{26}	O_{17}	O_{18}	O_{25}	O_{27}	O_{111}
OL	工艺路线基因	2	4											
OP	工序基因	1	2	1	1	2	2	1	2	1	1	2	2	1
M	机床基因	1	2	6	7	6	4	3	1	1	2	2	5	4

3)机床基因部分

步骤 1:随机选择上述工序基因部分执行变异操作生成的染色体 H 和 G。

步骤 2:随机产生两个变异点 u、v,代表准备进行变异操作的机床编号。

步骤 3:保持工序基因部分不变,将变异点 u、v 所属工序的机床编号更换为该工序的其他机床编号。

因此,针对表 5-12 中的染色体 H,取变异点 $u=3$ 和 $v=8$,将工序 O_{14} 与工序 O_{26} 的所属机床,分别由机床 6 和机床 1 变更为机床 4 和机床 6,经过机床基因部分变异操作后生成的染色体 I 如表 5-13 所示。

表 5-13　变异后生成的染色体 I

代码	代表工序	O_{11}	O_{22}	O_{14}	O_{15}	O_{23}	O_{24}	O_{16}	O_{26}	O_{17}	O_{18}	O_{25}	O_{27}	O_{111}
OL	工艺路线基因	2	4											
OP	工序基因	1	2	1	1	2	2	1	2	1	1	2	2	1
M	机床基因	1	2	4	7	6	4	3	6	1	2	2	5	4

5.2.4　适应度函数

优化目标不同,适应度函数也不同。例如,如果优化目标为最大生产效率,则适应度函数可直接将生产率作为优化目标。如果以完工时间最小为优化目标,无论是最大完工时间最小化,还是总完工时间最小化,其适应度函数均可取完工时间的倒数,保证完工时间最小的工艺路线集合具有最大的适应度。基于最大完工时间最小化的适应度函数可参考式(3-27)。

IPPS 问题调度方案的解码过程与 FJSP 解码过程类似,具体见 4.3.5 节。本节染色体 A 至染色体 F 对应的甘特图见附录 5-1。

利用遗传
算法求解
IPPS 问题 2

5.3　利用蚁群算法求解工艺规划与车间调度集成问题

5.3.1　加权有向图

图 5-2 中的 AND/OR 图表示了零件 1 和零件 2 的 IPPS 问题,但是该图两个子图中零

件 1 和零件 2 的工艺路线都是相互独立的。在解决 IPPS 组合优化问题时,面临一个问题,即各零件的可选工艺路线是相互独立的,蚂蚁在一次迭代过程中无法遍历每个零件可选工艺路线的每道工序。当蚁群中的蚂蚁从初始节点出发时,虽然最终能够到达结束节点,但是由于零件之间的工序具有独立性,算法可能无法遍历全部零件可选工艺路线的工序,最终蚁群算法无法正常工作,无法完成路径寻优。

因此,基于图 5-3 中的 IPPS 表达方法难以应用蚁群算法进行 IPPS 的组合优化,需要对图 5-3 中的 IPPS 表达方法进行进一步改进。在原有节点集、AND/OR 关系和有向弧集三大要素的基础上增加无向弧集。有向弧表示不同工序间的优先级关系,主要体现在同一零件同一道工艺路线的内部工序之间,蚂蚁在这些具有优先关系的节点之间遍历时,必须遵循它们之间的优先级关系。而无向弧是指不同零件任意工序之间增加的没有方向的弧段,该弧段能够确保蚂蚁遍历所有零件任一条可选工艺路线的所有工序。由于工序之间没有明确的优先关系,在该弧段上行走的蚂蚁不必遵循优先级关系,蚂蚁在无向弧连接的节点之间可以无阻碍通行,从而保证蚁群算法正常工作。因此,针对图 5-3,改进的两个零件的 AND/OR 图如图 5-7 所示。

图 5-7 增加了不同零件之间的无向弧,原则上某个零件的每道工序与其他零件的所有工序之间都增加无向弧。例如,图 5-7 中零件 2 的工序 O_{21} 和零件 1 的 11 道工序建立无向弧,能够保证蚂蚁按照一定的概率遍历整个 IPPS 的 AND/OR 图。为避免图 5-7 过于零乱,图中仅表示了工序 O_{21} 与其他工序间的无向弧。

基于上述改进的 IPPS 表达方法,蚁群算法在解决 IPPS 问题时,主要面临两个问题:选择下一道工序,即 AND/OR 图中的节点;选择通往下一道工序节点的路径。因此,基于改进的 AND/OR 图的蚁群算法在解决 IPPS 问题时分为两个阶段。

(1) 工序选择阶段。处于当前工序节点的蚂蚁 k,根据一定的概率选择下一道工序。此时节点的特性是选择的主要依据,当蚂蚁 k 进行第一次迭代时,一般将工序在相应机床的加工时间作为主要选择依据。在后续的蚂蚁迭代中,根据加工时间和蚁群在以前迭代中残留在节点的信息素进行工序节点的选择,蚁群中的其他蚂蚁按照同样原理进行迭代。

(2) 路径选择阶段。当蚁群确定零件的可选工艺路线后,在蚂蚁 k 和蚁群其他蚂蚁的后续迭代中,只访问工序选择阶段确定的工序。此时节点和有向弧/无向弧的特性是选择的依据,即蚂蚁在此阶段迭代时,根据节点的加工时间和蚁群在以前迭代中残留在弧段的信息素进行路径(有向弧和无向弧)的选择。

针对图 5-7,蚁群中的某只蚂蚁从开始节点选择第一道工序,此时蚂蚁有三种选择,即 O_{11}、O_{21} 和 O_{22},其中,每道工序可由两台机床完成加工。假设蚂蚁当前处于工序 O_{23} 代表的某个节点时,选择下一道工序时有 12 种选择,包括零件 2 当前工艺路线的下一道工序 O_{24}(通过有向弧进行),也包括零件 1 的 11 道工序(通过无向弧进行)。蚂蚁可按照一定概率从 12 个工序所属的 24 个节点中选择某个节点。当蚂蚁按照一定的方式选择节点后,形成一个合理的节点集,该节点集包含 AND/OR 图中所有零件的某条可行工艺路线。如图 5-7 中,该 AND/OR 图中包含两个零件,假设经过第一阶段蚁群所有蚂蚁的迭代,形成的零件 1 和零件 2 的工艺路线分别是 OL_{11} 和 OL_{21},那么节点集则包括 OL_{11} 和 OL_{21} 的所有工序及其加工机床和时间。在路径选择阶段,蚂蚁只需遍历节点集中包含的所有节点,对于

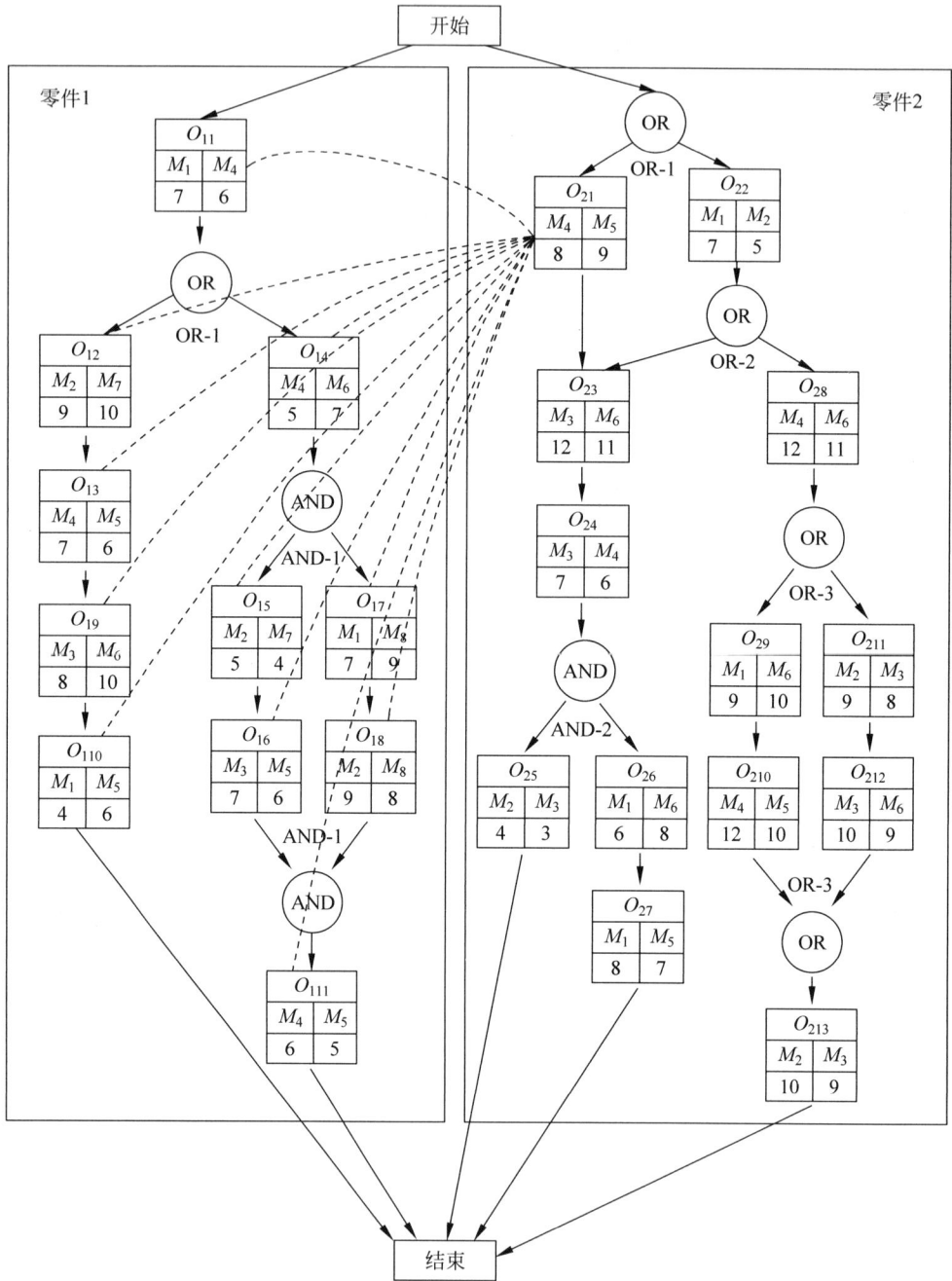

图 5-7　改进的两个零件的 AND/OR 图

不属于节点集的节点则无须考虑,按照一定的概率,选择蚂蚁途径的有向弧和无向弧,规划合理路径,形成满足一定性能评价指标的调度方案。

5.3.2　两段式的蚁群算法求解 IPPS 问题

蚁群算法在工序选择和路径选择两个阶段完成的工作不同,因此,其算法执行流程不同,节点选择、信息素更新等策略也略有差异。两段式的蚁群算法解决 IPPS 问题的具体流程如下。

步骤 1:初始化,设置最大重复次数 MaxRpt、蚁群规模 m、信息素量 τ_0 初值等参数。

步骤 2:将所有蚂蚁置于初始节点,置重复次数 NumRpt=0。

步骤 3:所有蚂蚁选择下一个节点。

步骤 4:判断所选节点是否为结束节点,如果否,则转到步骤 3;如果是,则转到步骤 5。

步骤 5:更新节点信息素量,形成蚂蚁 k 节点访问列表 S_k,并判断生成迭代节点访问列表 S_{ib}。

步骤 6:判断连续两次迭代最优节点列表是否相同,如果相同,则执行 NumRpt++;如果不相同,则执行 NumRpt=0。

步骤 7:判断是否达到最大重复次数 MaxRpt,如果否,则转到步骤 3;如果是,则输出 S_{gb};并转到步骤 8。

步骤 8:将所有蚂蚁置于初始节点,NumRpt=0。

步骤 9:所有蚂蚁从第 7 步形成的列表 S_{gb} 中选择下一个节点。

步骤 10:判断所选节点是否为结束节点,如果否,则转到步骤 9;如果是,则转到步骤 12。

步骤 11:更新弧段信息素量,形成蚂蚁 k 弧段访问列表 X_k,并判断生成迭代弧段访问列表 X_{ib}。

步骤 12:判断是否达到最大迭代次数 MaxRpt,如果否,则执行 NumRpt++,转到步骤 9;如果是,则输出 X_{gb}。算法结束。

1. 工序选择阶段

1) 初始化

设置蚁群规模 m、最大重复次数 MaxRpt、初始信息素量 τ_0、信息素挥发系数 ρ、能见度影响系数 E、信息素增量系数 Q、信息素权重系数 α、能见度权重系数 β、蚁群一次迭代最优弧段列表 S_{ib}、蚁群最终最优弧段列表 S_{gb},访问列表 aces[k] 置空。

2) 迭代

将蚁群中的所有蚂蚁置于开始节点,置迭代次数 NumIte=0,蚂蚁 k 开始按照一定的概率选择下一个节点。标准的蚁群算法中,当蚂蚁置于开始节点时,AND/OR 图中的所有节点都可能成为蚂蚁访问的下一个节点。但是由于工艺路线中工序之间存在优先级关系,所以蚂蚁在选择下一节点时需要严格遵守此约束关系。并且,如果选中了某个节点,就确定了该道工序,也就确定了相应的工艺路线,那么该零件其他工艺路线中的工序节点将被排除在下一个节点列表之外。因此,有必要构建蚂蚁当前所处节点的下一个访问节点列表。例如,图 5-7 中,当蚂蚁处于开始节点时,其可访问节点列表为 O_{11}、O_{21}、O_{22} 三道工序的 6 个节点,蚂蚁按照一定的节点选择规则选择下一个节点,当蚂蚁选择工序 O_{21} 的 M_1 节点时,此时零件 2 的可选工艺路线由 6 条变成了 2 条,即 OL_{21} 和 OL_{22},理论上其下一步可访问工序为零件 1 的 11 道工序和零件 2 的工序 O_{23},其节点列表为 12 个工序的 24 个节点。但是由于零件 1 工序之间存在先后次序,其下一步可访问工序只有零件 1 的工序 O_{11} 和零件 2

的工序 O_{23}，其节点访问列表为工序 O_{11} 和 O_{23} 的 4 个节点，当蚂蚁选择工序 O_{11} 的 M_2 节点、工序 O_{14} 的 M_3 节点时，零件 1 的可选工艺路线由 3 条变为 2 条，即 OL_{12} 和 OL_{13}，蚂蚁下一步的访问工序为 O_{15}、O_{17} 和 O_{23}，可访问节点列表为 O_{15}、O_{17} 和 O_{23} 的 6 个节点。以此类推，当蚂蚁确定当前访问节点后，即可确定其可访问节点列表。由以上分析可知，确定蚂蚁当前访问列表 aces[k] 主要考虑以下几点。

（1）相同零件的可替换工艺路线。即如果确定了某零件的某一道或几道工序，则该零件的工艺路线基本确定，而该零件可替换工艺路线的其他工序就无法进入当前节点的访问列表。

（2）不同零件工序之间的工艺约束。不同零件工序之间的无向弧可使蚂蚁在不同零件的工序间自由寻优，但是由于零件工艺路线的工序之间存在先后次序，所以构建当前节点的访问列表时须考虑工序间的先后次序。

此阶段的目的是形成蚂蚁的访问节点列表，因此，AND/OR 图中的节点是蚂蚁寻优过程中信息素的携带者。当前节点的蚂蚁选择以一定的概率访问下一节点，该选择概率的大小主要取决于两方面：下一访问节点的能见度 η_{uv}；蚂蚁迭代过程中遗留在节点的信息素 τ_{uv}。该选择概率如式(5-1)所示。

$$p_{uv}^k = \begin{cases} \dfrac{[\tau_{uv}^k]^\alpha [\eta_{uv}]^\beta}{\sum\limits_{w \in S_k} [\tau_{uw}^k]^\alpha [\eta_{uv}]^\beta}, & v \in S_k \\ 0, & v \notin S_k \end{cases} \tag{5-1}$$

式中，u 为源节点，v 为目标节点，η_{uv} 为从源节点 u 到目标节点 v 的能见度，τ_{uv}^k 为蚂蚁 k 从源节点 u 到节点 v 遗留在节点 v 的信息素，α 为能见度的权重系数，β 为信息素的权重系数，S_k 为蚂蚁 k 在节点 u 的可访问节点集合。当各蚂蚁进行初始迭代时，其访问概率取决于能见度大小，与信息素无关，此时 $\alpha=1,\beta=0$。

当蚁群进行第一次迭代时，下一节点的能见度主要取决于节点工序在相应机床的加工时间。通常情况下，工序加工时间越短，蚂蚁选择该节点的概率越大。因此，节点 v 的能见度如式(5-2)所示：

$$\eta_{uv} = \frac{E}{T_{ijk}} \tag{5-2}$$

式中，T_{ijk} 为工序 O_{ij} 在机床 M_k 的加工时间，E 为能见度影响系数，为正常数，其取值大小取决于 T_{ijk}。由式(5-2)可看出，节点 v 的能见度与 T_{ijk} 成反比，T_{ijk} 越小，蚂蚁选择该节点的概率越大。

蚂蚁每次迭代过程中，都会在其访问节点中堆积信息素，该信息素会随着时间历程逐渐消退。最终堆积在各节点的信息素将引导蚂蚁选择相应的节点。堆积在各节点的信息素主要由两部分构成：本次迭代前各节点的信息素量和本次迭代后蚂蚁在各节点堆积的信息素量。各节点的信息素 τ_{uv} 如式(5-3)所示：

$$\tau_{uv}^k = (1-\rho)\tau_{uv}^k + \Delta\tau_{uv}^k \tag{5-3}$$

式中，τ_{uv}^k 为蚂蚁 k 迭代后堆积在工序节点 v 的信息素，ρ 为信息素挥发系数，$\Delta\tau_{uv}^k$ 为蚂蚁 k

本次迭代结束后,工序节点 v 的信息素增量。其中,该增量大小与蚂蚁 k 完成本次节点迭代后的时间历程有关。因此,工序节点 v 的信息素增量 $\Delta\tau_{uv}^k$ 如式(5-4)所示:

$$\Delta\tau_{uv}^k = \frac{Q}{C_k} \tag{5-4}$$

式中,Q 为信息素增量系数,为正常数,其取值与 C_k 有关。C_k 为蚂蚁 k 完成本次迭代后形成调度方案的最大完工时间。C_k 的确定是调度方案解码为甘特图的过程,解码方法与 FJSP 解码方法类似,具体见 4.3.5 节。

当蚁群中的所有蚂蚁完成一次迭代后,AND/OR 图中相应的访问节点就会堆积一定的信息素。当蚂蚁进行第一次迭代时,各节点会设定信息素初值 τ_0,该值大小需要综合考虑多种因素。蚁群中的蚂蚁经过多次迭代后,最终会在 AND/OR 图中形成一条相对固定的较优路径,该路径为所有作业选择了唯一一条可行的工艺路线。因此,该路径包含上述选择的每条工艺路线中的所有节点。该节点列表 S_{gb} 即为工序选择阶段的输出结果,也是第二阶段调度方案形成阶段的输入结果。

以图 5-7 所示改进的 AND/OR 图中的 IPPS 问题为例,在某些参数条件下,确定各节点工序,形成节点列表 S_{gb},原 AND/OR 则转变为图 5-8 所示的 AND/OR 图。

2. 路径选择阶段

当第一阶段工序选择阶段完成节点列表 S_{gb} 的构建后,第二阶段则根据 S_{gb} 列表完成各工序排序。

1) 初始化

设置蚁群规模 m、最大重复次数 MaxRpt、初始信息素量 τ_0、信息素挥发系数 ρ、能见度

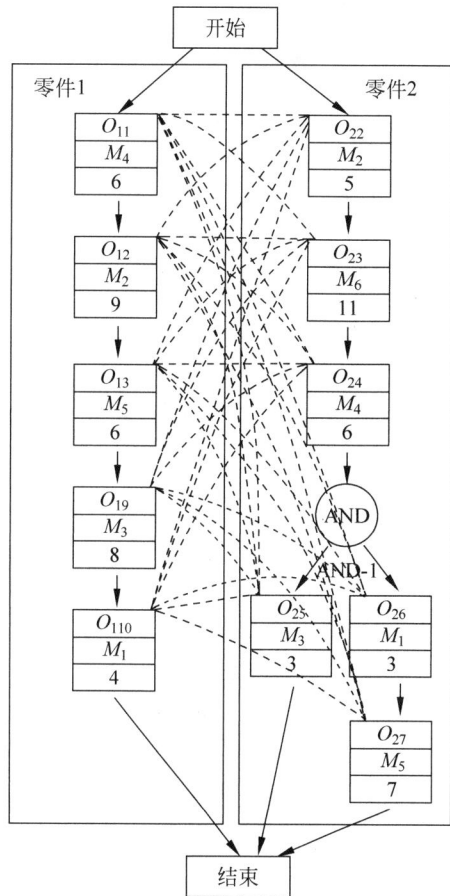

图 5-8　工序选择后的 AND/OR 图

影响系数 E、信息素增量系数 Q、信息素权重系数 α、能见度权重系数 β、局部收敛判断指标 StdRpt、蚁群一次迭代最优弧段列表 X_{ib}、蚁群最终最优弧段列表 X_{gb},访问列表 $aces[k]$ 置空。

2) 迭代

本阶段蚁群只需要访问第一阶段所形成节点列表中的节点即可,与第一阶段相同。本阶段为提高蚂蚁访问速度,也需要对每只蚂蚁构建其当前节点的可访问节点列表 $aces[k]$。

区别于第一阶段,本阶段目的是形成弧段访问列表,得到的最终结果是调度方案。因此,AND/OR 图中的有向弧和无向弧是信息素的携带者,而不是节点。当前某一节点的蚂蚁按照一定的概率选择下一节点。该选择概率主要取决于弧段的信息素量,而与节点集的能见度关系不大。因此,该选择概率如式(5-5)所示:

$$p_{uv}^k = \begin{cases} \dfrac{[\tau_{uv}^k]^\alpha [\eta_{uv}]^\beta}{\sum\limits_{w \in S_k} [\tau_{uw}^k]^\alpha [\eta_{uv}]^\beta}, & v \in S_k \\ 0, & v \notin S_k \end{cases}$$

(5-5)

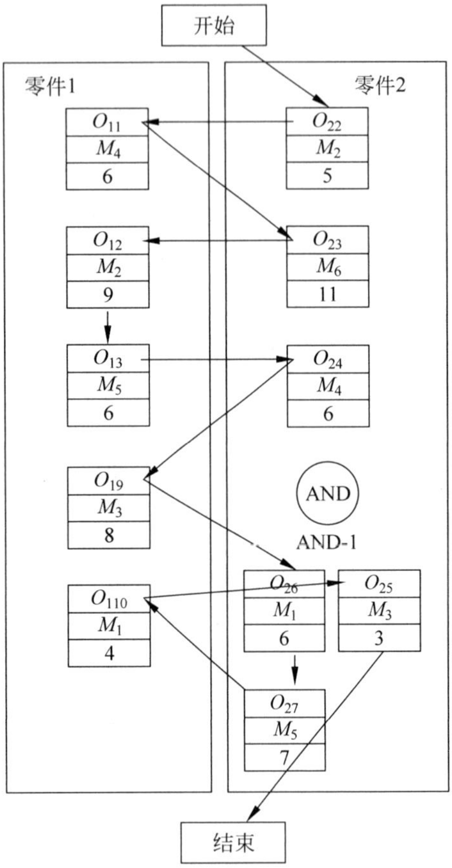

式(5-5)与式(5-1)相同,但是执行过程中略有区别,主要体现于蚁群的第一次迭代。本阶段将蚁群中所有蚂蚁第一次迭代的能见度权重系数 β 设置为 1,而信息素权重系数 α 设置为 0,即第一次迭代时,所有蚂蚁的路径都依据节点的能见度选择,并同时设置各弧段信息素初始值 τ_0。

式(5-5)中节点 v 的能见度如式(5-2)所示,节点 u 到节点 v 之间弧段的信息素如式(5-3)所示,信息素增量 $\Delta \tau_k$ 如式(5-4)所示。

在图 5-8 所示的 AND/OR 图中,应用第二阶段蚁群算法进行路径寻优,可获得最优路径 X_{gb},如图 5-9 所示,最优调度方案如图 5-10 所示,输出调度方案甘特图如图 5-11 所示。

图 5-9　最优路径

开始 $\to O_{22} \to O_{11} \to O_{23} \to O_{12} \to O_{13} \to O_{24} \to O_{19} \to O_{26} \to O_{27} \to O_{110} \to O_{25} \to$ 结束

图 5-10　最优调度方案

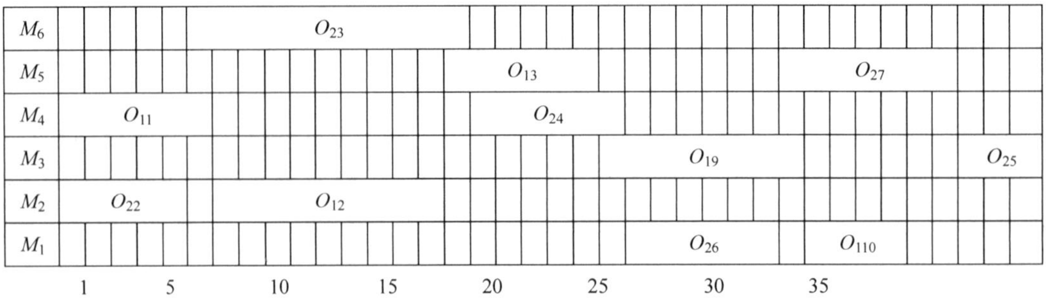

图 5-11　输出调度方案甘特图

利用蚁群
算法求解
IPPS 问题 2

习题

1. 什么是工艺规划与车间调度集成问题？

2. IPPS 问题的评价指标包括哪些？

3. 试描述 IPPS 问题的 AND/OR 图表述方法。

4. 试描述利用遗传算法求解 IPPS 问题时的基因编码规则。

5. 举例说明利用蚁群算法求解 IPPS 问题时的有向弧和无向弧。

附录 5-1

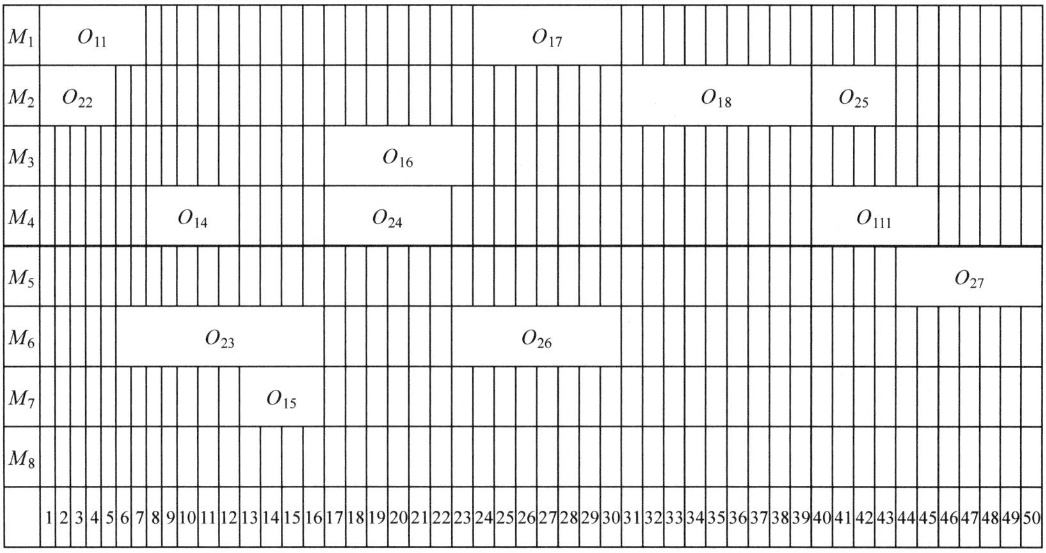
M_1
O_{11}
O_{17}
M_2
O_{22}
O_{18}
O_{25}
M_3
O_{16}
M_4
O_{14}
O_{24}
O_{111}
M_5
O_{27}
M_6
O_{23}
O_{26}
M_7
O_{15}
M_8
1 2 3 4 5 6 7 8 9 10 11 12 13 14 15 16 17 18 19 20 21 22 23 24 25 26 27 28 29 30 31 32 33 34 35 36 37 38 39 40 41 42 43 44 45 46 47 48 49 50

图 5-12　染色体 I 对应甘特图

附录 5-2

IPPS 问题测试数据集一

该数据集来自论文：KIM Y K，PARK K，KO J. A symbiotic evolutionary algorithm for the integration of process planning and job shop scheduling［J］. Computers & Operations Research，2003，30(8)：1151-1171.

该数据集描述了 24 个标准测试问题，如表 5-14 所示。

标准 IPPS 问题测试案例

表 5-14　IPPS 标准测试问题

问题编号	涉及的零件数量	涉及的总工序数量	涉及的具体零件编号
1	6	79	1→2→3→10→11→12
2	6	100	4→5→6→13→14→15
3	6	121	7→8→9→16→17→18
4	6	95	1→4→7→10→13→16
5	6	96	2→5→8→11→14→17
6	6	109	3→6→9→12→15→18
7	6	99	1→4→8→12→15→17
8	6	96	2→6→7→10→14→18
9	6	105	3→5→9→11→13→16
10	9	132	1→2→3→5→6→10→11→12→15
11	9	168	4→7→8→9→13→14→16→17→18
12	9	146	1→4→5→7→8→10→13→14→16
13	9	154	2→3→6→9→11→12→15→17→18
14	9	151	1→2→4→7→8→12→15→17→18
15	9	149	3→5→6→9→10→11→13→14→16
16	12	179	1→2→3→4→5→6→10→11→12→13→14→15
17	12	221	4→5→6→7→8→9→13→14→15→16→17→18
18	12	191	1→2→4→5→7→8→10→11→13→14→16→17
19	12	205	2→3→5→6→8→9→11→12→14→15→17→18
20	12	195	1→2→4→6→7→8→10→12→14→15→17→18
21	12	201	2→3→5→6→7→9→10→11→13→14→16→18
22	15	256	2→3→4→5→6→8→9→10→11→12→13→14→16→17→18
23	15	256	1→4→5→6→7→8→9→11→12→13→14→15→16→17→18
24	18	300	1→2→3→4→5→6→7→8→9→10→11→12→13→14→15→16→17→18

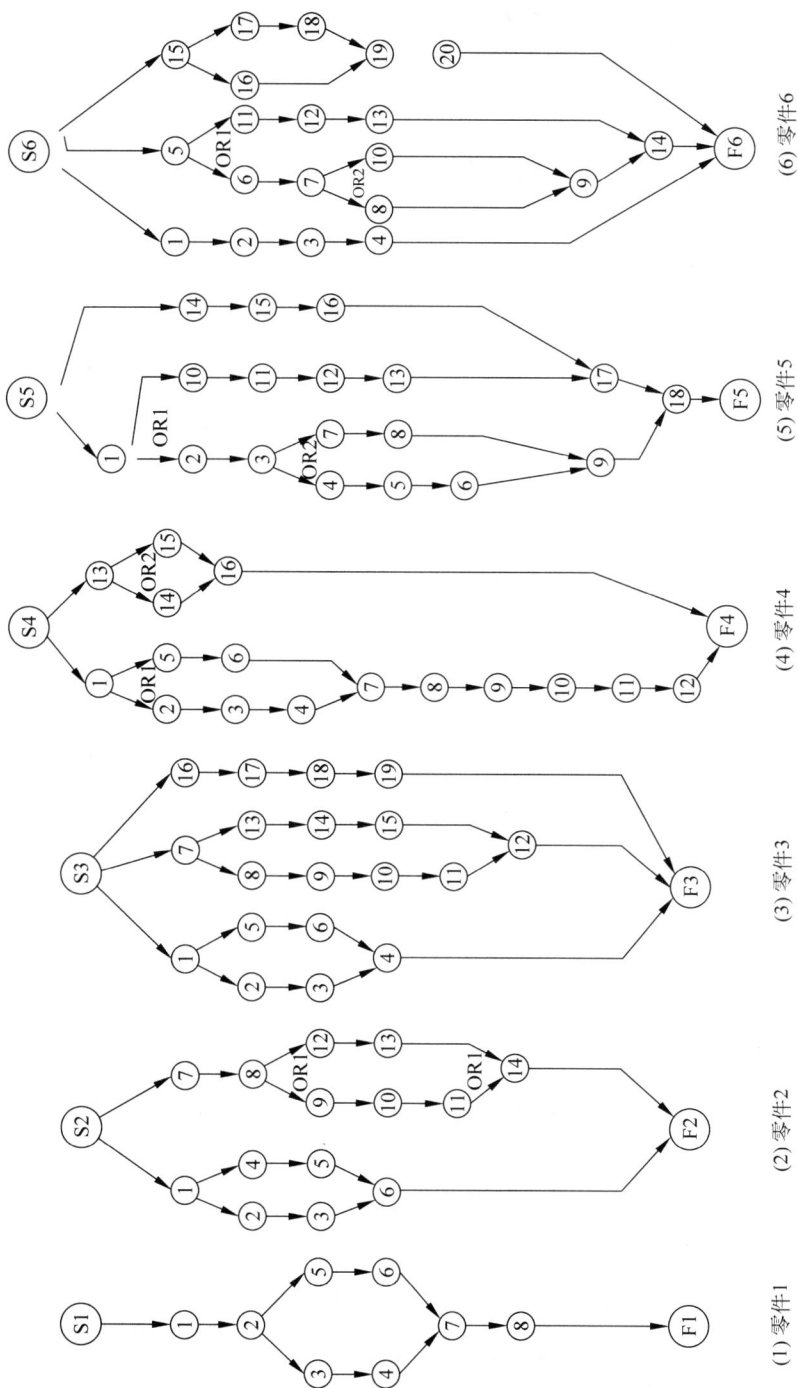

图 5-13　零件 1～零件 6 的柔性工艺路线

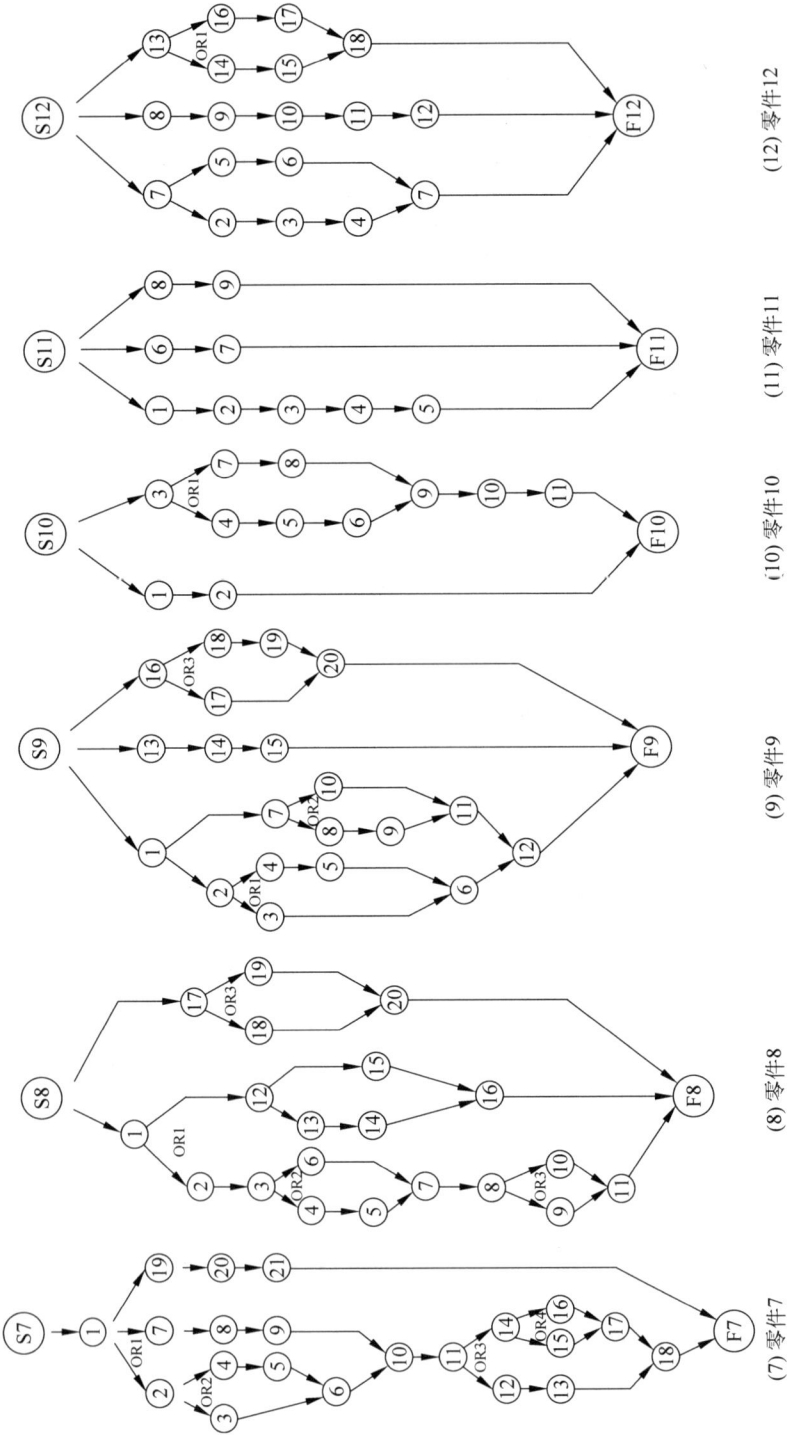

图 5-14　零件 7~零件 12 的柔性工艺路线

(7) 零件7　　(8) 零件8　　(9) 零件9　　(10) 零件10　　(11) 零件11　　(12) 零件12

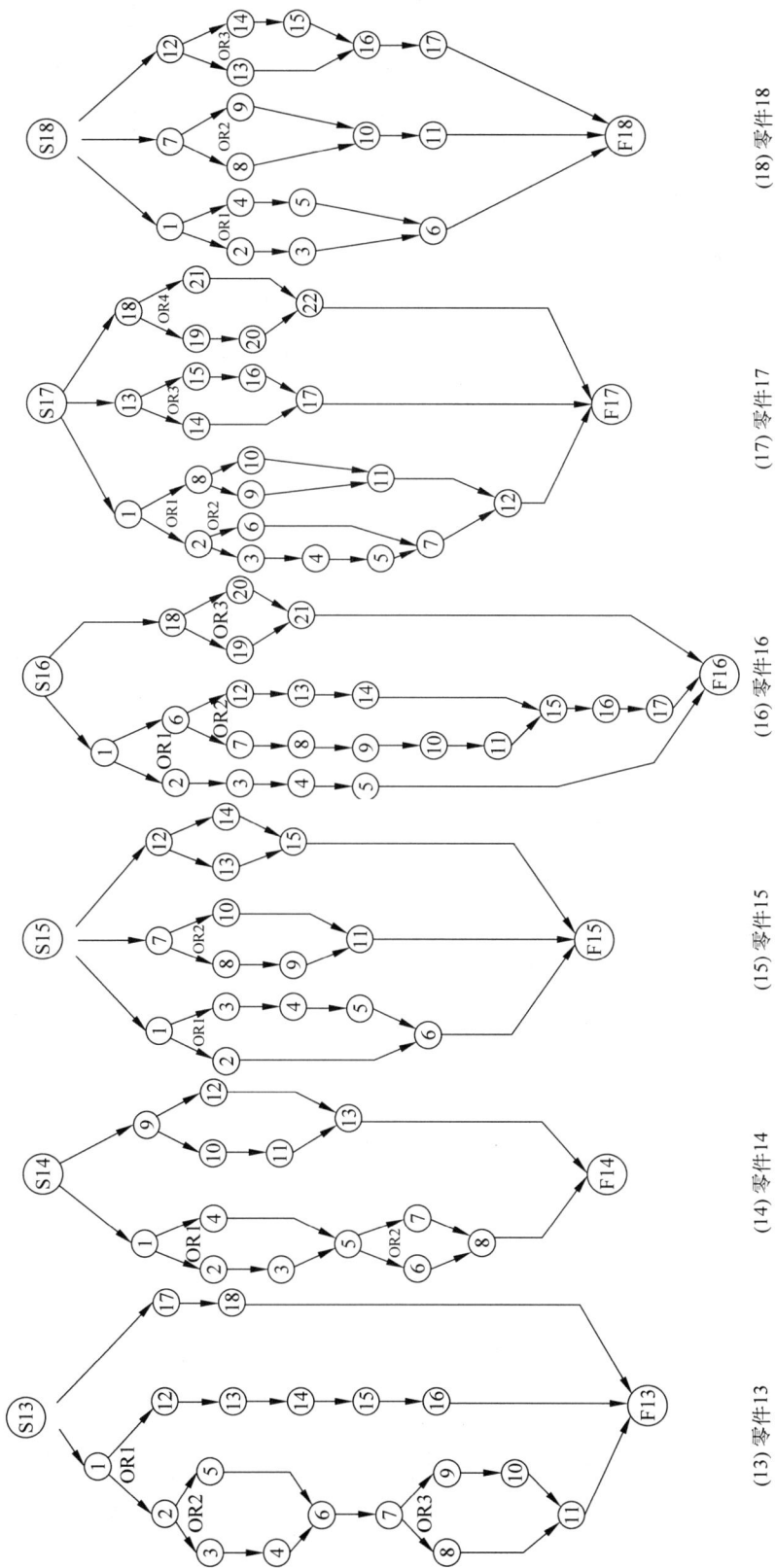

图 5-15　零件 13～零件 18 的柔性工艺路线

(18) 零件18

(17) 零件17

(16) 零件16

(15) 零件15

(14) 零件14

(13) 零件13

表 5-15 每个零件每道工序的加工机床

工序＼零件	1	2	3	4	5	6	7	8	9	10	11	12	13	14	15	16	17	18
1	9.14	5.8.14	4.7.11	2	3.4.5.11	3.4.11	7.8	4	5.9.12.13.14	1.2.3.4	1.6	1.11	3.4.10.11.13	3.9	1.11	1.2.11	10.11	3.8
2	11.15	8.9.15	2.8.11.12.15	8.12	1.3.5.10.15	2.3.6	2.5.8.12	8.15	7	6.15	5.8.14.15	8.15	5.7.10.12.15	1.2.7.12	12.13	7	5.10	5.6.8
3	15	4	1.6.7.10.14	9	11.15	5	11.15	12	7.9.10.13	1.13	3.5.11.12.13	5.11	2.7	4.7.8	6	3.6.13	4	2
4	12	6.9.7.12	2.3.6.7	5.11	2.6.7.10.14	5.8	7	4.8.7	3.15	10.13	5.6.8.13.14	12	1.3.4.6.15	3.6	7	4.5.7.9.15	12.13	1.5.10
5	13	1.7.11	2.3.4.5.7	3	6.12.13.14	3.6.11	2.3.9	2.11	3.6.9.12.13	4.7	3.4.6	15	6.8.10	4	2.15	1.2.6	7.12	9
6	4.12	1.5	1.7.10.12.13	2.4.5	11.12	2.3.10	4.11.13	4.13	1.2.5.6.10	5.9	2.10	2.13	1.9.12.15	3.4.13	4.5	6.12	13	5.8
7	1.5.11	6.11.15	1.5.6.13	1.10	2.4.10.12.14	3.9.15	3	1.3	4.10.11.13.15	8.12.14	1.14.15	8.11	2.8.10.12	5.9	9	3.5.6.11.14	2.11	3.7.13
8	8	10.15	1.12	6	6.10.11.13	8	10.5	6.15	1.4.8.9.12	12	2.7.9.11.14	3.12	2	2.3	8.12	5.7.9	1.5.9	5.6.13
9		2.13	3.4.5.13.14	3.12	3.4.13	4.11	1.2.6	9	4.7.14	2.3.6.9	5.9.13	6.14	3.6.7.9	5.12.15	2.8	1.4.9.10.13	2.12	8.15
10		11.14.15	3.4.7.12.13	5.9	1.4.5.8.9	8.10.15	6.12.13	5.14	3.9.10.11.15	3.12		4	1.2.5.9.10	9.15	14	6.11.12.13.14	13.15	3.11.15
11		6.11	2.4.9	7.11	6.10.11.14.15	1.4.9.13	2.9	1.5.8	4.5.7.8.14	14		7	10.11.12	4.14.15	8.13	4.7.8.10.15	1	10.13
12		4.8.12	1.4.9.12.14	14.15	6.7.9.12.13	7.12	1.8	3.10	4.6			6.10	4.6.13	9.10.14	5.7	5.8.14	4.8	5.13.15
13		7	9.14.15	1.2.6	6.10.13.14.15	1.2.6	9.13.14	10	2			2.3	1.9.10.12	6.10	1.5.6	1.4.7.8.15	6	3.6.9
14		10.12	2.4.6.7	10.14	2.8.10.12	7.10	7.11	13.14	4.5.14.15			1.8.13	1.4.6.13.14		3.6.9	1.2.8.9	1.3.6	2
15			1.8.12.13.14	12	3.5.13	2.13.14	7.8.13	10.13	2.5.6.9.14			9	3.4.6.13		1.12	1.2.4.5.7	5.8	1.14
16			10.15	7.9	4.8.13	1.4.5.8	6.14	14	2.4.13			7.10	5.11.14			9.12	1.8	4.15
17			10.12.13		2.3.4.7.14	1.12	4.5.7	2.10	1.3.5.6.15			4.12	8.9.11			1.3.8.13.15	2	3.10.14
18			6.7.9.10.13		3.7.10.14	9.10.13	4.5.13	5.7	2.7.9.10.11			5.9.13	2.15			4.5.10.11	2.10	
19			3.8.10.14.15			1.5.12	1.2	11	2.13							3.11	1.6	
20						9.11	5.6.11	3.12	4.6.8.12							7.8.14.15	9.10.11	
21							1.7.10									2.12.14	3.12	
22																	6.11.14	

表 5-16 每个零件每道工序在表 2 相应机床上的加工时间

工序＼零件	1	2	3	4	5	6	7	8	9	10	11	12	13	14	15	16	17	18
1	13,10	10,16,13	29,36,34	18	35,29,36,31	38,33,36	12,17	50	31,27,21,28,23	34,39,40,33	38,30	31,29	46,47,44,41,50	46,43	20,18	43,45,41	46,44	8,13
2	24,18	6,8,7	35,29,27,30,33	14,10,20,13	40,34,44,41,39	22,21,19	7,6,8,11	23,21	21,22,25,20,28,23,21	27,20	39,40,36,44	46,44	8,5,10,11,9	10,17,11,13	41,43	32	16,13	16,12,13
3	43	40	11,9,8,19,12,30,33	18,20,27,13	31,33,29,27,25	14	30,27	35	21,22,25,20	22,24	11,13,9,12,8,21,23,29,27,25	5,11,41	16,12	8,9,10,18,25	17,8	33,39,35,40,43,41,44,49	11,13,14	21,13,16,18
4	43	38,30	18,20,27,13	29	34,33,30,29,26,32	17,20	27	11,16,13	13,15	22,20	21,23,29,27,25	41	7,5,13,12,8	18,25	8	40,43,41,44,48	13,14	13,16,18
5	30	42,38	19,24,22,31,37	13,9,8,14	28,29	36,33,39	10,11,16	18,20	6,5,7,10,9	37,35	28,27	24	26,24,28	9	12,15	25,30,31	11,17	17
6	32,25	25,33,30	13,8,12,9,5,31,37	36,33,39	24,20,18	21,17,24	46,50,49	38,35	37,33,39,29,32,7,8,9,5,6	39,32,36	40,42,46	42,45	5,4,7,9	29,27,33	48,43	7,5,9,8,10	46	46,47
7	40,49,39	41,44	50,39,44,48	10,11,16	31,24,28,26,32,34,33,30,29	21,17,24	22	16,17	42,41,39,45,44,10,9,14	44	6,8,10,11,7	18,20	27,30,33,29	30,29	28,30	16,19,18	20,18,17	44,48,49
8	47	10,12	6,9	36,41	38,35	38	10,9	24	23,26	17	40,39,36	39	44,38,41	35,31,29	42,47	8,7,6,9,10	8,7	17
9		34,24,30	44,36,30,39,33	6,5,7,10,9	41,37,40	19,15	8,5,11	23,26	47,43,44,42	23,24,21,19,48,45	40,39,36	18	47,49,50	28,25	50	19,11,16,20,21	24	48,50
10		38,42	29,36,33	36,41	48,50,44,41,47	14,19,17	47,48	23,26	28,24,27,22,20	48,45		39	47,49,50	42,43,47	6,7	31,39,30,33,40	24	48,50
11		25,26,30	20,33,39	31,29	26,32,38	25,21,19,28	42,43	43,49	45,41	17		13,7	44,38,41	35,31,29	48,45	28,27,24	21,17	31,32,36
12		39	19,20,17,16,21	28,22,21	26,32,38,29,30	10,14	27,30	32,31	44			26,22	22,21,16,18	9,7	9,10,11	50,44,47,49,48	33	30,28,26
13		37,40	40,33,35	18,28	23,20,25,18,22	48,42,46	18,19,20	44	47,43,44,42	23,24,21,19	40,39,36	5,8,9	15,18,13,14,19	18,10,19	22,24	17,19	17,12,14	30,28,26
14			11,12,14,15	24	14,11,17,13	10,14	22,20	32,31	17,14,20,21,18	48,45		39	6,4,5,9	28,25	22,24,21	20,21	20,21	11
15			10,19,20,17,16,49,44	24	27,24,26	14,16,13	13,11,14	36,38	45,42,46	17		10,13	15,18,13,15,16,19	18,10,19	42,47	8,7,6,9,10	8,7	16,18
16			20,33,39	23,25	20,19,14	36,33,31,34	15,10	28	27,25,23,28,20		41,38	41,38	15,16,19	28,25		21,20,24,19,23	5,6	18,19
17			30,29,40,39,33,20,29,40,34,31		39,34,40,35,30,29	36,32,31,34	21,26,20	39,34	27,25,23,28,20		15,16,19	41,38		44,50		21,20,24,19,23	42	36,32,35
18						30,26,29	29,30,26	18,15	10,12,17,16,11			21,22,19	44,50			26,27,24,18	15,18	
19						18,19,15	35,31	16	9,10								6,7	
20						24,25	22,18,23	45,48	18,23,21,25							19,20,15,23	5,10,9	
21							32,33,28									27,29,14	15,18	
22																	19,17,20	

第6章

生产计划与智能排产

　　企业生产计划可以划分为三个不同的层次：战略计划、经营计划和作业计划。企业生产计划以战略计划为主体，经营计划和作业计划辅助战略计划。战略计划着眼于整个企业的发展目标和方向，指导企业的全部活动，对企业的成功具有决定性影响。企业的决策者应具有丰富的市场营销经验，了解行业最新科技发展动态，对企业产品未来的发展趋势具有敏锐的市场洞察力。而通常情况下战略计划对企业进行宏观的规划，例如，新产品的开发、市场占有率、利润率等，这些较为宏观的计划是基于对未来科技发展和市场变化的预判，因此该计划周期较长，一般为 3～5 年，甚至更长。而为实现企业战略规划，需要将战略计划转化为企业生产经营计划。经营计划是战略计划的细化，计划周期一般为 1～3 年，例如，需要将利润率、市场占有率等宏观计划分解到具体的产品体系结构、营销系统、劳资系统等方面，使长期战略计划的目标和任务变得切实可行。而作业计划是计划产品的具体生产和实施，它不仅需要对产品短期的市场销售进行预测，而且要考虑产品的仓储以平衡生产资源和加工负荷。按照时间段，作业计划分为长期作业计划和短期作业计划。长期作业计划提前期一般为 1 年，也可称为年度作业计划。短期作业计划没有提前期，周期一般为 1 个月。企业生产计划框架体系如图 6-1 所示。

1. 长期计划

　　战略计划属于长期计划，企业决策者在制订战略计划时最重要的任务是基于科技发展和市场变化的把控，进行市场需求的长期预测。而与战略计划相对应的是战略资源规划，即为实现战略计划需要哪些资源。

2. 中期计划

　　中期计划属于企业的经营计划，从计划周期看，中期计划的计划周期为 1～3 年。从计划内容看，中期计划包括主生产计划（master production scheduling，MPS）、能力需求计划、物料需求计划（material requirement planning，MRP）。其中，能力需求计划又分为粗能力计划（rough cut capacity planning，RCCP）、细能力需求计划（capacity requirement planning，CRP）。一般情况下，能力需求计划指的是细能力需求计划。

　　由于长期计划和中期计划的周期相差较大，为了实现在复杂生产环境下制造资源、劳动力、库存水平等指标的综合优化，综合生产计划（aggregate production planning，APP）应运而生，它是指导企业进行高效率、高质量经营生产活动的纲领性文件。

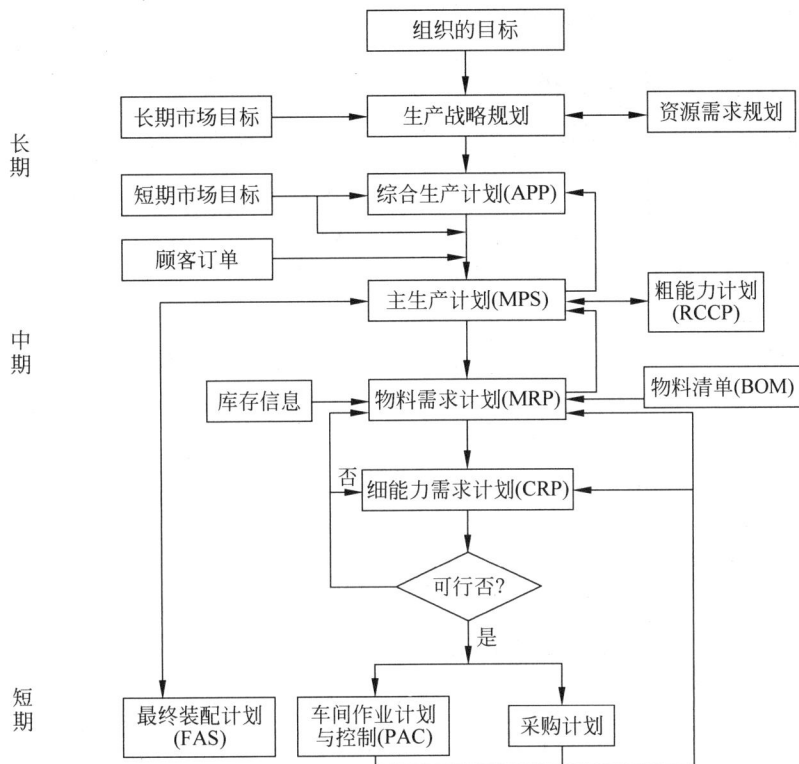

图 6-1　企业生产计划框架体系

3. 短期计划

短期计划是车间生产层面的生产计划,是实现零件加工、产品装配、样机试运行的主要计划方式,包括最终装配计划(final assembly scheduling,FAS)、生产作业计划和工序、采购计划等。

最终装配计划是将 MPS 的物料组装成产品的计划。MPS 执行 MRP 时,将形成生产作业计划和采购计划。生产作业计划具体规定每种作业的完工时间,以及各种零件在每台设备上的加工顺序。在安排生产作业计划时,应根据生产要求考虑设备的负荷及产品的交付期等要素。车间生产作业计划及调度的相关内容已在第 3 章介绍。

6.1　主生产计划

MPS 是企业实现战略规划最重要的一环,也是企业正常生产经营三大计划之一。由于 MPS 是连接市场销售预测与生产经营的纽带,所以,需要随时响应市场的变化,并能够及时调整生产计划。由于 MPS 的计划对象是具有独立需求的最终产品,因此,它是物料需求计划的主要输入,需要向生产销售部门提供生产和库存信息。在传统模式下 MPS 追求的是最大生产效率、最优产品质量、最小库存和最高制造资源利用率。随着市场需求的变化,个性化的消费需求日益增长,MPS 在进行生产组织时,可能要求更小的能源消耗,更优的客户体验等新指标。此时 MPS 涉及的部门不仅包括产品生产和销售部门,也包括政策、法规等职能部门。

6.1.1 主生产计划对象

综合生产计划的生产对象是产品大类,而主生产计划是产品大类下的具体产品型号。某汽车制造企业主打三类汽车产品:家庭轿车、SUV 和皮卡,综合生产计划的计划对象是上述产品大类,而该企业家庭轿车分为 4 种型号:A、B、C、D,而主生产计划的对象则是 4 种家庭轿车。假设综合生产计划规划家庭轿车年总生产量为 10 万辆,而主生产计划则规划每种型号汽车的生产量,如 A 型车为 10000 辆、B 型车为 30000 辆、C 型车为 25000 辆、D 型车为 35000 辆,如图 6-2 所示。综合生产计划规划的第一个月总产量为 13000 辆。在此基础上编制主生产计划时,要将该产品群每种型号的汽车产量分解到每个时间周期,由图 6-2 可以看出,第 1 周生产 B 型车 3000 辆、C 型车 1000 辆;第 2 周生产 A 型车 2500 辆、D 型车 1500 辆;第 3 周生产 D 型车 2000 辆;第 4 周生产 A 型车、B 型车和 C 型车各 1000 辆。

汽车的综合生产计划	月	1	2	3
	汽车产量/辆	13000	12000	11000

各种型号汽车的主生产计划	周次	1	2	3	4	5	6	7	8	9	10	11	12
	A型号		2500		1000	2500				1000		2000	
	B型号	3000			1000			3500					1500
	C型号	1000			1000	2000			2000		3000		
	D型号		1500	2000					2000	2500			1000

图 6-2　汽车主生产计划

6.1.2 主生产计划方式

产品类型不同,其主生产计划方式也不相同,通常情况下主生产计划方式分为三种:面向库存生产(make to stock,MTS)、面向订单设计(engineer to order,ETO)和面向订单生产(make to order,MTO)。

1. 面向库存生产

该类产品一般具有结构简单、价值低等特点。在组织生产时不考虑客户订单,而只考虑产品库存,当产品库存低于安全库存时,即开始组织生产,也就是说,当接到客户订单时直接从库房发货。肥皂等日常生活用品都属于这一类。

2. 面向订单设计

该类产品具有结构复杂、价值高、需求量较少等特点。例如,高铁列车、航天器等产品都需要进行反复设计,甚至需要针对特殊工况条件定制产品零件,这类产品只能在接到客户订单之后开始设计,然后组织生产,即面向订单设计。面向订单设计和面向库存生产是两种比较极端的生产组织方式,大部分产品的生产组织方式介于两者之间,即接到客户订单后开始组织生产的面向订单生产。

3. 面向订单生产

面向订单生产的产品特点介于复杂产品和通用产品之间,其产品结构一般是倒金字塔结构和计时沙漏结构。该计划方式分为三种情况:第一种情况是纯粹的面向订单生产,该计划方式只有在接到产品订单后才开始组织生产,包括物料的准备、制造资源的组织、零件的制造、产品的装配和测试;第二种情况是面向订单完成,该计划方式生产的准备工作已经完成,当接到订单后,开始组织零件的制造、产品的装配和测试;第三种情况是面向订单装配,该计划方式产品的所有零部件已经准备完毕,只剩下最后的装配和测试。

一个企业的主生产计划方式不但与产品的结构特点有关,还与产品的生命周期有关。产品的生命周期包括四个阶段:开发期、增长期、成熟期和衰退期。产品生命周期与主生产计划方式的关系如图 6-3 所示。

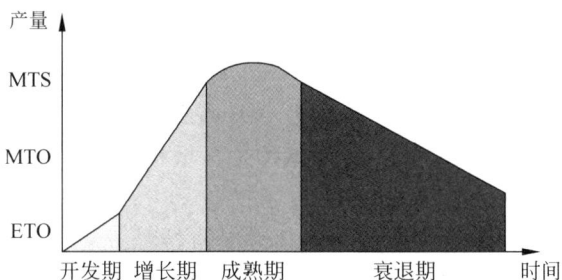

图 6-3　产品生命周期与主生产计划方式的关系

在新产品的开发期,产品对市场的适应是一个渐进的过程,在此过程中客户会不断对产品提出改进意见,因此,该阶段的主生产计划方式以面向订单的设计为主。在产品增长期,随着产品结构的不断改进及性能的不断提升,客户对产品的需求不断增加,主生产计划方式应当转换为面向订单生产,尤其是当产品逐渐成熟时,基本上不需要对产品结构和性能指标进行大的调整,此时为提高交货效率,面向库存生产的主生产计划方式能够极大地提高交货效率。

6.1.3　主生产计划逻辑模型

为便于理解主生产计划,以 MTO(面向订单生产)生产模式为例说明主生产计划的逻辑模型。该模型引入如下概念。

(1)计划展望期。主生产计划的计划展望期一般为 3~18 个月。

(2)时段。主生产计划的时段可以用每天、每周、每月或每季度表示。时段越短,生产计划越详细。

(3)时界。时界是 MPS(主生产计划)中的参考点,MPS 设有两个时界点:需求时界(demand time fence,DTF)、计划时界(planning time fence,PTF)。

(4)时区。在需求时界和计划时界的基础上,MPS 将计划展望期划分为需求时区、计划时区和预测时区。如图 6-4 所示。

MPS 通过设立 3 个时区将订单分成 3 种不同的状态,即计划状态、确认状态和下达状态。

(5)预测量。根据历史经营数据,预测最终产品在某一时段将要生产的数量,预测量分

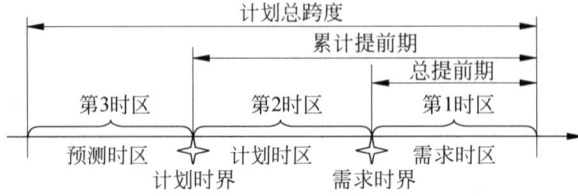

图 6-4 时区与时界

布在预测时区。与预测量不同的是,订单量是企业已经与客户签订订单的产品数量。

(6) 毛需求量(gross requirement,GR)。毛需求量是指产品的初步需求量,在不同的时区,毛需求量根据预测量和订单量计算。

(7) 计划接收量(scheduled receipts,SR)。计划接收量是指在制定 MPS 之前已经发出,且在本计划期内即将到达的订单数量。

(8) 预计可用库存量(projected available balance,PAB)。PAB 是指现有库存中扣除了预留给其他用途的已分配量之后,用于需求计算的那部分库存。

(9) 净需求量(net requirement,NR)。NR 是指根据毛需求量、安全库存量、本期计划产出量和期初结余计算得到的需求量。

(10) 批量规则。目前 MPS 的批量规则主要有直接批量法、固定批量法、固定周期法和经济批量法。直接批量法是指完全根据实际需求量确定主生产计划的计划量,即主生产计划的计划量等于实际需求量。固定批量法是指主生产计划的计划量固定,但是下达的间隔期不一定相同。固定周期法与固定批量法刚好相反,主生产计划的计划量下达间隔周期相同,但其数量不尽相同。经济批量法是指某种物料的订购费用和保管费用之和最低时的最佳主生产计划批量法。

(11) 计划产出量(planned order receipts,PORC)。如果预计可用库存量(PAB)出现负值,则需要根据批量规则计算应该供应的产品量及供应时段,即计划产出量。

(12) 计划投入量(planned order releases,PORL)。由于产品的产出需要提前期,根据计划产出量及其产出时段,按照该产品的提前期确定其投入数量和时段,即计划投入量。

(13) 可供销售量(available to promise,ATP)。ATP 是销售部门可以销售的产品数量。计算 ATP 的方法有三种,即离散 ATP、向前看的累计 ATP 和不向前看的累计 ATP。

离散 ATP 计算方法的基本原则是:只在出现计划接收量的时区出现 ATP,ATP 计算值为本时区的计划接收量减去下一个计划接收量出现之前各时区的所有订单之和。如果第1时区没有计划接收量,则第 1 时区的 ATP 为初始库存量减去下一次出现计划接受量之前所有时区中未交付的客户订单之和。计算离散 ATP 示例如表 6-1 所示。

表 6-1 主生产计划和离散 ATP(初始库存量 30)

时区/周	1	2	3	4	5	6
客户订单	20	15	5	10	10	0
计划接收量	0	40	0	40	0	40
离散 ATP	10	20	0	20	0	40

不向前看的累计 ATP 计算的基本原则与离散 ATP 的计算方法类似,只在出现计划接

收量的时区出现 ATP,ATP 计算值为前一时区的 ATP 加上本时区的计划接收量减去本时区未交付的客户订单。同理,如果第 1 时区没有计划接收量,则第 1 时区的 ATP 为初始库存量减去本时区的客户订单。计算不向前看的累计 ATP 示例如表 6-2 所示。

表 6-2　主生产计划和不向前看的累计 ATP(初始库存量 30)

时区/周	1	2	3	4	5	6
客户订单	25	15	0	50	0	0
主生产计划	0	40	0	40	0	40
不向前看的累计 ATP	5	30	30	20	20	60

向前看的累计 ATP 等于前一时区的 ATP 加上本时区的计划接收量,减去本时区的客户订单,再减去所有为满足未来时区的客户订单承诺需求的量,如表 6-3 所示。

表 6-3　主生产计划和向前看的累计 ATP(初始库存量 30)

时区/周	1	2	3	4	5	6
客户订单	25	15	0	50	0	0
计划接收量	0	40	0	40	0	40
向前看的累计 ATP	5	20	20	20	20	60

以上三种 ATP 的概念和相应的计算方法适用于不同的产品,一般情况下,如果产品的时令性比较强,则适合使用离散 ATP;否则,适合使用向前看的累计 ATP。

6.1.4　主生产计划编制

MPS(主生产计划)不是一成不变的,它需要动态调整以适应生产环境的变化。而 MPS 常规的动态调整包括两类:第一,MPS 制定完之后,必须经过 RCCP 检验,满足负荷/能力需求后的 MPS,才是合理可行的 MPS。第二,在 MPS 执行过程中,当接收到新的客户订单时,需要将新的订单插入 MPS,此时需要调整 MPS。因此,编制主生产计划涉的工作包括收集需求信息、制定生产计划大纲、计算主生产计划、编制粗能力计划、评估主生产计划、下达主生产计划等,MPS 的编制如图 6-5 所示。

生产计划大纲是企业经营计划或战略规划等长期计划的细化,它主要用于指导企业编制 MPS,并有计划地组织生产。生产计划大纲的编制最重要的步骤是收集数据,表 6-4 为某汽车制造企业编制生产计划大纲时搜集的数据。

表 6-4　某汽车制造企业编制生产计划大纲编制时搜集的数据

数 据 来 源	数　　　据	例　　　子
经营计划	销售目标 库存目标	该企业当年销售额为 1000000 元 库存占用为 1000000 元
市场部门	产品类分时间段销售预测(数量,而不是金额)	产品的定义是可变的,如该企业决定:家庭轿车产品,预测为 3000 辆;SUV 产品,预测为 1500 辆;皮卡产品,预测为 375 辆
	分销与运输要求	分销是 2.5 星期,占用资金=2.5×20000=50000 元

数据来源	数 据	例 子
工程部门	资源清单：每单位产品类所需的劳动与机器、材料采购单	(1) 每生产一辆汽车需要的钢材数量 (2) 每类产品需要的劳动力和装配工时
	专用设备需求	工具、冲模、铸模
	特殊说明（宏观水平）	材料管理政府规定
	影响资源计划的产品设计、材料或生产方式	
生产部门	资源可用性，包括：可用劳力；可用机械小时/工作中心小时；按库存生产的当前库存水平；按订单生产的当前未交付订货	每年工时：2000；每月工时：167；锻压中心：230；碎石中心：150；汽车期初库存400辆；汽车期初未交付订货250辆
财务部门	单位产品的收入 单位产品的成本 增加资源的财务能力 资金可用性	(1) 销售一辆汽车收入：195元 (2) 生产1辆汽车成本：45元 (3) 后两年设备预算：1000000元 (4) 流动资金约束：250000元 (5) 信贷约束：4000000元

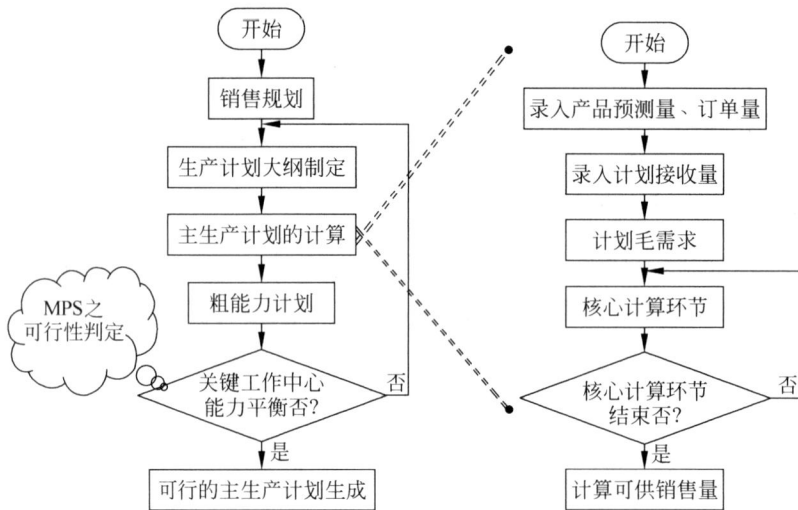

图 6-5　MPS 的编制

下面分别介绍按库存生产和按订单生产两种生产条件下生产计划大纲的编制方法。

1. 按库存生产

具体编制步骤如下：①在计划展望期上合理分布产品预测；②计算期初库存（=当前库存水平－拖欠订货数）；③计算库存变化量（=目标库存－期初库存）；④计算总生产量（=预测数量＋库存变化量）；⑤根据均衡生产率原则将总生产量和库存变化量按时间段分布在整个展望期上。

【例 6-1】 某企业产品 A 年预测量为 6000，当前库存为 3250，拖欠定货量为 2350，目标库存为 600，试编制其生产计划大纲。

解：假定将 6000 的年预测量平均分布到计划展望期 12 个月内，如表 6-5 所示。由上述计算方法可知,期初库存为 900,库存水平变化为 -300,总生产量为 5700,按照均衡生产率原则,总生产量和库存变化量在展望期的分布如表 6-5 所示。其中本月库存量为上月库存量＋本月生产计划大纲－本月销售预测。

表 6-5　MTS 生产方式下某企业的生产计划大纲

项　　目	1 月	2 月	3 月	4 月	5 月	6 月	7 月	8 月	9 月	10 月	11 月	12 月	全年
销售预测	500	500	500	500	500	500	500	500	500	500	500	500	6000
生产计划大纲	470	470	470	470	470	470	470	470	470	470	500	500	5700
期初库存 900 预计库存	870	840	810	780	750	720	690	660	630	600	600	600	目标库存 600

由于大纲的相对稳定性,编制实际生产计划大纲可通过较为严密的算法实现。根据【例 6-1】所示求解过程,MTS 环境下生产计划大纲的编制算法如下。

若将表 6-5 视为一个 3×13 的矩阵 $\boldsymbol{D}$:

$$\boldsymbol{D}=\begin{bmatrix} d_{11} & d_{12} & \cdots & d_{1n} \\ d_{21} & d_{22} & \cdots & d_{2n} \\ d_{31} & d_{32} & \cdots & d_{3n} \end{bmatrix} \tag{6-1}$$

式中,$n=13$;$d_{1j}(j=1,2,\cdots,12)$ 表示第 $1\sim j$ 月份的销售预测,d_{1n} 表示全年销售预测;$d_{2j}(j=1,2,\cdots,12)$ 表示第 $1\sim j$ 月份的生产计划量,d_{2n} 表示全年销售生产计划量;$d_{3j}(j=1,2,\cdots,12)$ 表示第 $1\sim j$ 月份的预计库存量,d_{3n} 表示目标库存量。上述 MTS 环境下生产计划大纲编制步骤如下。

步骤 1:为 $d_{1j}(j=1,2,\cdots,13)$ 变量赋值。

步骤 2:计算期初库存量 S_0。

步骤 3:计算库存变化量 K_s。

步骤 4:计算总产量 G_s。

步骤 5:为满足均衡生产原则,总产量 G_s 的分配方法如式(6-2)所示:

$$\begin{cases} |d_{2i}-d_{2j}| \leqslant m, & i,j=1,2,\cdots,12 \\ \sum_{k=1}^{12} d_{2k}=G_s \end{cases} \tag{6-2}$$

式中,m 为常量,其值越接近零,就越符合均衡生产原则。由于分配 G_s 的策略不唯一,所以生产计划大纲也不唯一。

步骤 6:计算每月库存量。

$$d_{3j}=\begin{cases} d_{2j}+S_0-d_{1j}, & j=1 \\ d_{2j}+d_{3,j-1}-d_{1j}, & j=2,3,\cdots,13 \end{cases} \tag{6-3}$$

2. 按订单生产

其具体编制步骤如下:①在计划展望期上合理分布产品预测;②在计划展望期内合理分布其他未完成的订单;③计算拖欠量(未完成订单)变化(＝期末拖欠量－期初拖欠量);④计算总产量(＝预测量－拖欠量变化);⑤将总产量和预计未完成的订单按时间段分布在计划展望期上。

【例 6-2】　某企业产品 B 年预测量为 4080,期初未完成的订单预计为 1730,其数量为

1月 345,2月 325,3月 295,4月 255,5月 205,6月 165,7月 140,期末未完成订单为 1130，试编制其生产计划大纲。

解：假定将 4080 的年预测量平均分布到计划展望期 12 个月内，期初未完成订单按要求分布在 1—7 月份的计划展望期。根据上述计算方法可知，拖欠量变化为 -600，总生产量为 4680，按照均衡生产率原则，总生产量和预计未完成订单在展望期的分布如表 6-6 所示。本月未完成订单＝上月未完成订单＋本月销售预测－本月生产计划大纲。

表 6-6 MTO 生产方式下某企业的生产计划大纲

项　　目	1月	2月	3月	4月	5月	6月	7月	8月	9月	10月	11月	12月	全　　年
销售预测	340	340	340	340	340	340	340	340	340	340	340	340	4080
期初拖欠量(未完成订单)1730	345	325	295	255	205	165	140						
本月未完成订单	1680	1630	1580	1530	1480	1430	1380	1330	1280	1230	1180	1130	期末拖欠量(未完成订单)1130
生产计划大纲	390	390	390	390	390	390	390	390	390	390	390	390	4680

同理，根据【例 6-2】的求解过程，MTO 环境下编制生产计划大纲的算法如下。

表 6-6 可视为一个 4×13 的矩阵 $\boldsymbol{E}$：

$$\boldsymbol{E} = \begin{bmatrix} e_{11} & e_{12} & \cdots & e_{1n} \\ e_{21} & e_{22} & \cdots & e_{2n} \\ e_{31} & e_{32} & \cdots & e_{3n} \\ e_{41} & e_{42} & \cdots & e_{4n} \end{bmatrix} \tag{6-4}$$

式中，$n = 13$；$e_{1j}(j = 1, 2, \cdots, 12)$ 表示第 $1 \sim j$ 月份的销售预测，e_{1n} 表示全年销售预测；$e_{2j}(j = 1, 2, \cdots, 12)$ 表示第 $1 \sim j$ 月份未完成订单，若该月无未完成订单，则其值为 0；$e_{3j}(j = 1, 2, \cdots, 12)$ 表示第 $1 \sim j$ 月份的预计未完成订单量，e_{3n} 表示期末未完成订单量；$e_{4j}(j = 1, 2, \cdots, 12)$ 表示第 $1 \sim j$ 月份的生产计划量，e_{4n} 表示全年销售生产计划量。上述 MTO 环境下生产计划大纲的编制步骤如下。

步骤 1：为变量 $e_{1j}(j = 1, 2, \cdots, 13)$ 赋值。

步骤 2：将未完成的订单量赋给变量 $e_{2j}(j = 1, 2, \cdots, 13)$，若该月无拖欠订单，则其值为 0。

步骤 3：计算拖欠量变化 K_0。

步骤 4：计算总产量 G_0。

步骤 5：为满足均衡生产原则并保证月生产量满足该月拖欠订单的要求，总产量 G_0 的分配方法如式(6-5)所示。

$$\begin{cases} |e_{4i} - e_{4j}| \leqslant m, & i, j = 1, 2, \cdots, 12 \\ \sum_{k=1}^{12} e_{4k} = G_0 \\ e_{4i} \geqslant e_{2i}, & i = 1, 2, \cdots, 12 \end{cases} \tag{6-5}$$

式中，m 为常量，其值应接近零。同理，总生产量 G_0 的分配策略也不是唯一的，也就是说在 MTO 环境下生产计划大纲也不是唯一的。

步骤 6：计算每月的拖欠量：

$$e_{3j} = \begin{cases} e_{1j} + M_0 - e_{4j}, & j=1 \\ e_{1j} + d_{3,j-1} - d_{4j}, & j=2,3,\cdots,13 \end{cases} \tag{6-6}$$

确定的生产计划大纲应满足经营计划的目标。正式下达生产计划大纲后，开始编制主生产计划，主生产计划的计算过程如下。

步骤 1：根据生产计划大纲和清单确定每个最终产品的预测量。

步骤 2：计算 GR，由产品预测量和订单量确定的初步需求数量。在需求时区的毛需求量为合同量，在预测时区的毛需求量为预测量，在计划时区的毛需求量为测量或合同量中最大者。

步骤 3：计算 NR，NR＝GR－SR－PAB上一时段＋安全库存量；如果出现净需求，就意味着出现产品短缺，因此本时段需要一个计划产出量予以补充，并以此推算 MPS 的计划投入量和投入时间。

步骤 4：计算 PAB；PAB初值＝PAB上一时段＋SR－GR；PAB＝PAB上一时段＋SR－GR＋PROC。

步骤 5：计算 ATP；ATP＝PROC＋SR_下一次出现计划产出量前各时段合同量之和。

步骤 6：计算粗能力，用粗能力计划评价主生产计划方案的可行性。

步骤 7：评估主生产计划。对主生产计划的需求和涉及的能力进行评估。如果需求和能力基本平衡，则同意主生产计划；如果需求和能力偏差较大，则否定主生产计划，并提出修正方案，力求达到平衡。

步骤 8：在 MRP 运算及细能力平衡评估通过后，批准和下达主生产计划。

上述主生产计划计算过程如图 6-6 所示。

【例 6-3】　某产品现有库存量为 80 辆，安全库存为 20 辆，MPS 批量为 100 辆，需求时界为 3，计划时界为 8，提前期为 1，预测量与合同量如表 6-7 所示。

解：

表 6-7　MPS 计划编制案例

时　段	当期	1 03/04	2 03/11	3 03/18	4 03/25	5 04/01	6 04/08	7 04/15	8 04/22	9 04/29	10 05/06	11 05/13
预测量		60	60	60	60	60	60	60	60	60	60	60
合同量		110	80	50	70	50	60	110	150	50		20
毛需量		110	80	50	70	60	60	110	150	60	60	60
计划接受量		100										
（PAB 初值）	现有	70	－10	40	70	10	50	－60	－10	30	70	10
预计库存量（PAB）	量80	70	90	140	70	110	50	140	90	130	70	110
净需求			60	10		40		110	60	20		40
计划产出量			100	100		100		200	100	100		100
计划投入量		100	100		100		200	100	100		100	
（ATP 初值）		70	20	－20		－10		90	－50	50		80
可供销售量 ATP		70	20					90		50		80

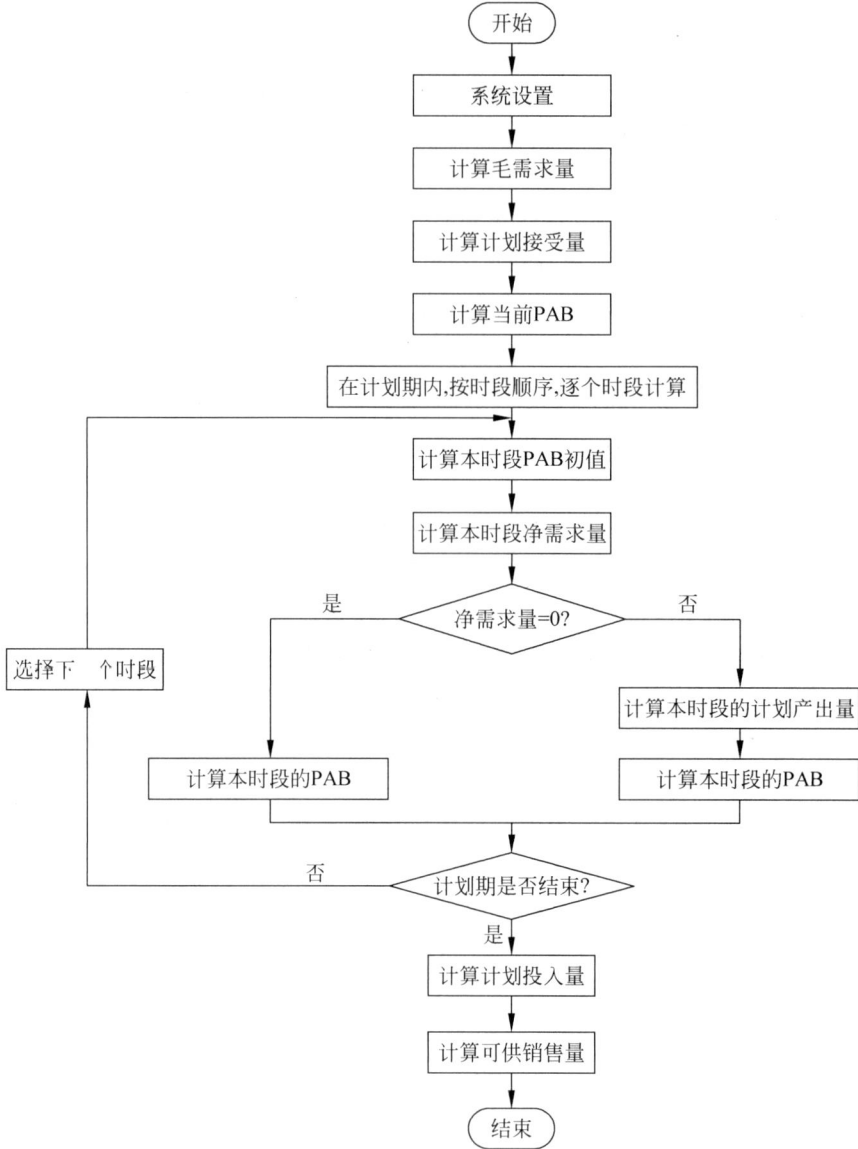

图 6-6　主生产计划计算过程

6.1.5　粗能力需求计划

粗能力需求计划是产品生产时关键工作中心的能力需求计划。产品生产按照一定的工艺路线进行,工艺路线中涉及的设备种类和数量往往较多,那些价格昂贵、不可替代和影响生产的瓶颈工作中心,称为关键工作中心。粗能力计划对主生产计划和关键工作中心的能力需求建立关联关系,通过评估关键工作中心的能力判断主生产计划是否可行。

1. 工作中心

工作中心(work center,WC)是各种生产单元的统称。工作中心可以是一台功能独特的机床或生产设备、一组功能相同的设备、一条生产线或装配线、一个或多个操作人员、一个班组或一个工段、一个成组加工单元或一个装配场地等。工艺路线文件中,一道工序对应一个工作中心,也可多道工序对应一个工作中心。工作中心是生产进度安排、能力核算和成本计算的一个基本单位,也是编制物料需求计划与能力需求计划的重要基础数据。工作中心能力数据的定义通常包括三个方面:选择计量单位、计算定额能力和计算实际能力。

关键工作中心(critical work center,CWC)是对产品或零部件生产质量和数量产生决定性影响的工作中心,一般具有价格昂贵、负荷大、操作复杂和不可替代等特点。对关键工作中心进行能力负荷评估是粗能力需求计划的内容,并以此评价主生产计划是否可行。

2. 物料清单

物料清单(bill of material,BOM)描述的是产品的构成及其数量,所以,物料清单是构成父项产品的所有装配件、零件和原材料的清单。

物料清单表明产品与零件之间的结构关系,以及每个组成部分包含的数量和提前期。物料是指与生产有关的所有产品、半成品和在制品等。提前期(lead time,LT)是指执行一项生产活动应提前的时间跨度。由于物料清单常为树型结构,因此又称为产品结构树。物料清单至少包括 4 个数据项:物料标识、需求量、层次码及提前期。其中,物料标识是指物料码;需求量是指每个父项所需该子项的数量;层次码是系统统一分配每种物料的数字码,其范围为 $0 \sim N$,最顶层物料的层次码为 0,下一层物料的层次码为 1,依次类推;对于加工工序而言,提前期是指该零件的加工时间,对于装配工序而言,提前期是指该装配体的装配时间;对于最终产品而言,提前期是指交货期前的准备时间。

图 6-7 是一辆家庭轿车的简易物料清单,其中,装配汽车提前期为 1,装配发动机的提前期为 3,装配底盘的提前期为 2,装配车身和电气系统的提前期为 1。汽车的层次码为 0,其他组成部分的层次码为 1。

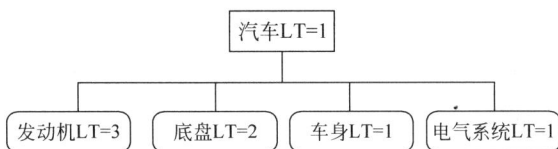

图 6-7　家庭轿车的简易物料清单

利用物料清单编制粗能力计划的步骤如下:①根据产品性质和订单等信息,确定主生产计划中的较为重要的典型产品,并分析其工艺路线;②根据上述分析结果,确定各产品涉及的关键工作中心;③根据产品的工艺路线、工时定额,确定主生产计划典型产品各计划周期对各关键工作中心的能力需求;④分析各关键工作中心的能力/负荷情况,并提出建议。

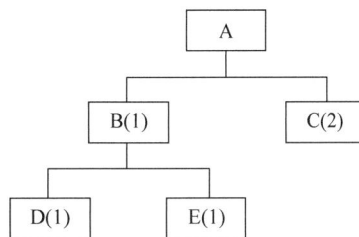

图 6-8　产品 A 的物料清单

【例 6-4】 产品 A 的物料清单如图 6-8 所示,其主生产计划如表 6-8 所示,产品 A 及其组成件的粗工艺路线及工时定额如表 6-9 所示,关键工作中心的额定能力如表 6-10 所示,试用物料清单法编制其粗能力计划,并进行能力分析。

表 6-8　产品 A 的主生产计划

计划周期	1	2	3	4	5	6	7	8	9	10
主生产计划	25	25	20	20	20	20	30	30	30	25

表 6-9　产品 A 及其组成件的粗工艺路线及工时定额

项目	工序号	关键工作中心	单件加工时间/h	生产准备时间/h	平均批量	单件准备时间/h	单件总时间/h
A	10	30	0.09	0.40	20	0.0200	0.1100
B	10	25	0.06	0.28	40	0.0070	0.0670
C	10	15	0.14	1.60	80	0.0200	0.1600
	20	20	0.07	1.10	80	0.1380	0.0838
D	10	10	0.11	0.85	100	0.0085	0.1185
	20	15	0.26	0.96	100	0.0096	0.2696
E	10	10	0.11	0.85	80	0.0106	0.1206

表 6-10　关键工作中心的额定能力

关键工作中心	30	25	20	15	10
额定能力(小时/时区)	1.0	2.0	5.5	14.0	5.5

解：首先，计算产品 A 对工作中心的能力需求。对工作中心 10 而言，D 的工序 20 和 E 的工序 10 在工作中心 10 加工，且单件加工时间都为 0.11h；而 D 的单件准备时间 0.0085h，E 的单件准备时间为 0.0106h，且从物料清单可以看出产品 A 需要 D、E 各一件，因此，可计算出产品 A 在工作中心 10 的加工时间和准备时间。同理，对工作中心 15 而言，C 的工序 10 和 D 的工序 20 都在工作中心 15 加工，单件加工时间分别为 0.14h 和 0.26h，生产准备时间分别为 1.6h 和 0.96h，且生产产品 A 需要 2 件 C，由此可计算出产品在工作中心 15 的加工时间和准备时间。

计算产品 A 在其他工作中心 20、25 和 30 的能力，如表 6-11 所示。

表 6-11　产品 A 的能力清单

工作中心	单件加工时间/h	单件生产准备时间/h	单件总时间/h
10	0.22	0.0191	0.2391
15	0.54	0.0496	0.5896
20	0.14	0.0376	0.1676
25	0.06	0.0070	0.0670
30	0.09	0.0200	0.1100
合计	1.05	0.1233	1.1733

然后，计算产品 A 的粗能力需求，并进行能力/负荷分析，分析结果如表 6-12 所示。

表 6-12　产品 A 的粗能力分析结果

项目		计 划 周 期									
关键工作中心	能力分析	1	2	3	4	5	6	7	8	9	10
30	需求负荷	2.75	2.75	2.20	2.20	2.20	2.20	3.30	3.30	3.30	2.75
	额定能力	3.0	3.0	3.0	3.0	3.0	3.0	3.0	3.0	3.0	3.0
	能力超/欠	0.25	0.25	0.80	0.80	0.80	0.80	−0.30	−0.30	−0.30	0.25
	负荷率/%	92	92	73	73	73	73	110	110	110	92
25	需求负荷	1.68	1.68	1.34	1.34	1.34	1.34	2.01	2.01	2.01	1.68
	额定能力	2.0	2.0	2.0	2.0	2.0	2.0	2.0	2.0	2.0	2.0
	能力超/欠	0.32	0.32	0.66	0.66	0.66	0.66	−0.01	−0.01	−0.01	0.32
	负荷率/%	84	84	67	67	67	67	101	101	101	84
20	需求负荷	4.19	4.19	3.35	3.35	3.35	3.35	5.03	5.03	5.03	4.19
	额定能力	5.5	5.5	5.5	5.5	5.5	5.5	5.5	5.5	5.5	5.5
	能力超/欠	1.31	1.31	2.15	2.15	2.15	2.15	0.47	0.47	0.47	1.31
	负荷率/%	76	76	61	61	61	61	92	92	92	76
15	需求负荷	14.74	14.74	11.79	11.79	11.79	11.79	17.69	17.69	17.69	14.74
	额定能力	14.0	14.0	14.0	14.0	14.0	14.0	14.0	14.0	14.0	14.0
	能力超/欠	−0.74	−0.74	2.21	2.21	2.21	2.21	−3.69	−3.69	−3.69	−0.74
	负荷率/%	105	105	84	84	84	84	126	126	126	105
10	需求负荷	5.98	5.98	4.78	4.78	4.78	4.78	7.17	7.17	7.17	5.98
	额定能力	5.5	5.5	5.5	5.5	5.5	5.5	5.5	5.5	5.5	5.5
	能力超/欠	−0.48	−0.48	0.72	0.72	0.72	0.72	−1.67	−1.67	−1.67	−0.48
	负荷率/%	109	109	87	87	87	87	130	130	130	109
总工时		29.34	29.34	23.46	23.46	23.46	23.46	35.20	35.20	35.20	29.34

6.2　物料需求计划

根据物料清单和零件的可用库存量,将主生产作业计划展开为最终、详细的物料需求作业计划,称之为物料需求计划。主生产计划是物料需求计划的主要输入数据。主生产计划的对象是产品,物料需求计划的对象是构成产品的每个零部件。主生产计划最终的输出为产品的计划投入量和可供销售量,而物料需求计划的输出为物料的投入量和采购量。连接主生产计划与物料需求计划的纽带则是构成产品的物料清单,根据物料清单将产品的需求转变为零部件的需求。

MRP 的工作原理如图 6-9 所示,主生产计划、独立需求、物料清单、库存信息和其他因素是 MRP 的 5 项输入数据,采购订单和制造订单是 MRP 的两项输出数据。

图 6-9　MRP 的工作原理

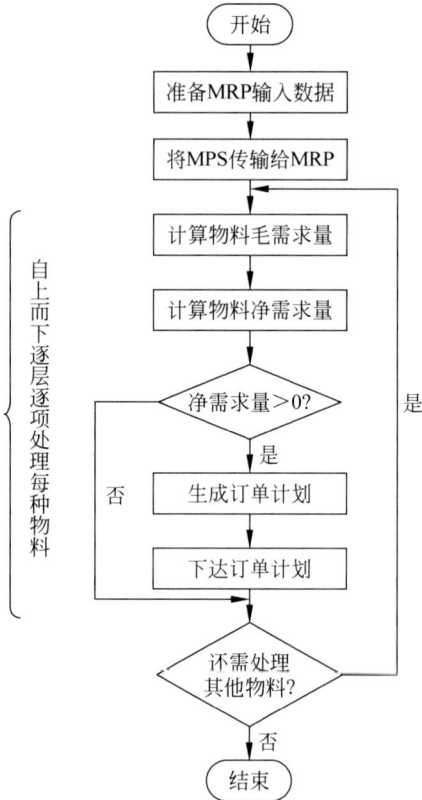

图 6-10 MRP 的处理流程

6.2.1 MRP 处理过程

MRP 的处理流程如图 6-10 所示。

如果某个物料隶属于某个产品的多个父项，或隶属于多个产品，计算该物料的毛需求量时，不仅要考虑该物料本层的需求数量，还要考虑该物料在其他项的需求数量。此时，该物料具有多个层次码，为区别该物料隶属于不同层次的父项，需要引入物料低位码。低位码是指某个物料在所有产品物料清单中所处的最低层数。例如，图 6-11 所示的零件 B 分别处于产品 A 物料清单的 1 层和 2 层，因此零件 B 的低位码为 2，而其他零件的低位码与其层次码相同。在 MRP 运算中，使用低位码可以将物料清单中不同层次码的同一物料"合并"运算，简化运算过程。低位码的具体使用方法将在【例 6-7】中介绍。

综上，MRP 中物料需求计划的计算步骤如下。

（1）计算毛需求量。

$$物料毛需求量＝物料独立需求量＋相关的父项需求量$$

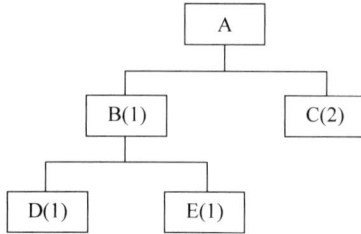

图 6-11 产品 A 的物料清单

其中，相关的父项需求量＝父项的计划订单量×物料清单中需求量。

（2）计算净需求量。首先，计算当前时区的预计可用库存量，公式如下：

$$预计可用库存量＝期初库存量＋计划接收量－毛需求量－已分配量－安全库存量$$

若某个时区的预计可用库存量小于零，则产生净需求量，其值为预计可用库存量的绝对值；否则，其净需求量为零。

（3）生成订单计划。与 MPS 的计算方法类似，利用批量规则生成该物料的订单计划，包括该物料的计划产出量和产出时间。如果考虑损耗系数，则根据损耗系数和计划产出量计算该物料的计划投入量。根据该物料的提前期计算物料的计划投入时间。

（4）利用计划订单数量计算同一周期内更低一层相关物料的毛需求，从（1）开始循环。

6.2.2　MRP 编制案例

【例 6-5】　产品 A 的物料清单如图 6-12 所示,主生产计划要求产品 A 在第 8 个时区有 250 件的产出。试计算各物料的毛需求和订单计划。

解:根据图 6-10 所示的 MRP 计算流程图,容易求得图 6-12 中各物料的毛需求和下达订单计划,如表 6-13 所示。

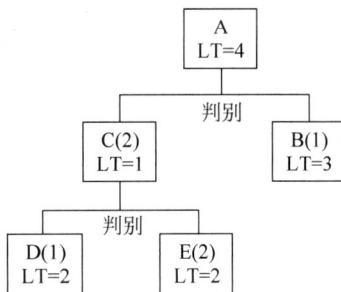

图 6-12　产品 A 的物料清单

表 6-13　各物料的毛需求和下达订单计划

提前期	物料项目	MRP 数据项	时区 1	2	3	4	5	6	7	8
4	A	毛需求量								250
		下达订单计划				250				
3	B	毛需求量				250				
		下达订单计划	250							
2	C	毛需求量				250				
		下达订单计划			250					
1	D	毛需求量				250				
		下达订单计划			250					
1	E	毛需求量			500					
		下达订单计划		500						

【例 6-6】　产品 X 和产品 Y 的物料清单如图 6-13 所示。其中物料 A 分别为二者的组件;同时,A 作为配件又有独立需求。已知主生产计划为:在第 5、8、11、13 个计划周期时产出的产品 X 分别为 100、250、300、450 件;在第 8、12、13 个计划周期时产出的产品 Y 分别为 140、215、330 件;在第 2 个计划周期产出产品 A 300 件。试计算产品 A 的毛需求。

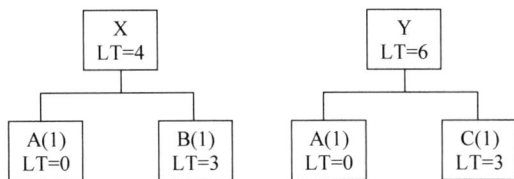

图 6-13　产品 X 和产品 Y 的物料清单

解:根据图 6-10 所示的 MRP 计算流程图可知,物料 A 总的毛需求应为其独立需求与相关需求之和。物料 A 的毛需求计算过程如表 6-14 所示。

表 6-14　物料 A 的毛需求计算过程

MRP 项目	计划周期 1	2	3	4	5	6	7	8	9	10	11	12	13
X(LT=4)					100			250			300		450
Y(LT=6)								140				215	330

续表

MRP 项目	计 划 周 期												
	1	2	3	4	5	6	7	8	9	10	11	12	13
相关需求 X→A	100			250			300		450				
相关需求 Y→A		140				215	330						
独立需求 A		300											
合计	100	440		250		215	630		450				

图 6-14　产品 A 的物料清单

【例 6-7】　产品 A 的物料清单如图 6-14 所示。已知：主生产计划要求在第 8 个时区产出 350 件 A 产品；各物料的计划接收量和已分配量均为 0；物料 A、B、C、D 期初库存量分别为 50、90、80、110 件，安全库存量均为 0；物料 A、B、C、D 批量规则为直接批量法。求物料 A、B、C、D 的净需求。

解：产品 A 的物料清单显示物料 A、B、C、D 的低位码分别为 0、2、1、2。利用低位码求物料的净需求时，只需在该物料所属低位码的层次合并毛需求，求取净需求。

本例中，对于产品 B 来说，暂不计算第 1 层中物料 B 的净需求量；当第 2 层又出现 B 的毛需求量时，应合并毛需求量，求其净需求。计算获得的物料 A、B、C、D 的净需求，如表 6-15(a)所示。

对于物料 B，若不按低位码计算而是直接按层次码计算，则物料 A、B、C、D 的净需求量计算结果如表 6-15(b)所示。其中，物料 B 的净需求为第 5 时区 220 件，第 7 时区 210 件。显然，该结果与上述正确结果"大相径庭"。

表 6-15　物料 A、B、C、D 的净需求量计算

(a) 按低位码计算

提前期	物料名	现库存	需求量	时　区							
				1	2	3	4	5	6	7	8
1	A	0	毛需求量								350
			净需求量								300
2	C	60	毛需求量						300		
			净需求量						220		
3	D	70	毛需求量			220					
			净需求量			110					
1	B	120	毛需求量					220		300	
			净需求量					130		300	

(b) 直接按层次码计算

提前期	物料名	现库存	需求量	时　区							
				1	2	3	4	5	6	7	8
1	A	50	毛需求量								350
			净需求量								300
1	B	90	毛需求量							300	
			净需求量							210	

续表

提前期	物料名	现库存	需求量	时区							
				1	2	3	4	5	6	7	8
2	C	80	毛需求量						300		
			净需求量						220		
3	D	110	毛需求量				220				
			净需求量				110				
1	B	0	毛需求量						220		
			净需求量						220		

【例 6-8】　已知某产品的毛需求量如表 6-16 所示,提前期为 2,第 2 时区计划接收量为 20 件,现有库存量为 20 件,试分别使用直接批量法和固定批量法(批量为 15)编制 MRP。

解：使用直接批量法编制的 MRP 如表 6-17 所示;使用固定批量法(批量为 15)编制的 MRP 如表 6-18 所示。

表 6-16　某产品的毛需求量

时区	1	2	3	4	5	6	7	8
毛需求量	5	10	18	0	10	6	0	14

表 6-17　使用直接批量法编制的 MRP

时　区		1	2	3	4	5	6	7	8
毛需求量		5	10	18	0	10	6	0	14
计划接受量			20						
现有库存	20	15	25	7	7	0	0	0	0
净需求						3	6		14
计划订单入库						3	6		14
计划订单下达				3	6		14		

表 6-18　使用固定批量法编制的 MRP(批量为 15)

时　区		1	2	3	4	5	6	7	8
毛需求量		5	10	18	0	10	6	0	14
计划接受量			20						
现有库存	20	15	25	7	7	12	6	0	7
净需求						3			8
计划订单入库						15			15
计划订单下达				15			15		

【例 6-9】　已知产品 A 的物料清单如图 6-15 所示,主要输入数据分别如表 6-19 所示, 请编制项目 B、C 的物料需求计划。

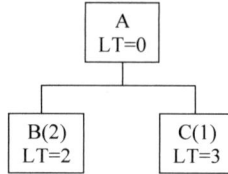

图 6-15 产品 A 的物料清单

表 6-19 编制项目 A 的物料需求计划主要输入数据

（a）项目 A 主生产计划清单

时区	1	2	3	4	5	6	7	8
项目 A	10	10	10	10	10	10	10	10

（b）项目 C 的独立需求

时区	1	2	3	4	5	6	7	8
项目 C	5	5	5	5	5	5	5	5

（c）库存信息

项目	计划收到量（时区）								现有库存	已分配量	提前期	固定配量
	1	2	3	4	5	6	7	8				
B				40					65	0	2	40
C			30						30	0	3	30

解：根据题意可求得物料 B 和 C 的物料需求计划，如表 6-20 所示。

表 6-20 项目 B、C 的物料需求计划

（a）物料 B

时区		1	2	3	4	5	6	7	8
毛需求量		20	20	20	20	20	20	20	20
计划接受量					40				
现有库存	65	45	25	5	25	5	25	5	25
净需求							15		15
计划订单入库							40		40
计划订单下达					40		40		

（b）物料 C

时区		1	2	3	4	5	6	7	8
毛需求量		15	15	15	15	15	15	15	15
计划接受量				30					
现有库存	30	15	0	15	0	15	0	15	0
净需求						15		15	
计划订单入库						30		30	
计划订单下达			30						

6.2.3　MRP 系统的运行方式

MRP 系统有两种基本运行方式：全重排方式和净改变方式。全重排方式是指主生产计划中的所有最终项目需求都要重新加以分解，每个物料清单文件都要被访问，每个库存状态记录都要经过重新处理。由于全重排方式工作量大，一般按一定的周期通过批处理作业完成。两次批处理之间发生的所有变化都要累计起来，等到下一批次一起处理，所以，计划重排结果报告常有延迟，生产系统反映的状态总是滞后于现实状态。

净改变方式采用局部分解的作业方式，对计划进行连续的更新。局部分解是指库存处理等原因导致的 MPS 局部变化，此时的分解只限于直接涉及的物料及其下属物料。所以，净改变方式可缩小运算范围，提高计划重排效率，使 MPS 更符合生产实际情况。

6.3　能力需求计划

评估车间生产能力是否能够满足物料需求计划的要求，即能力需求计划。粗能力计划评估关键工作中心的生产能力和负荷，而能力需求计划对生产线上所有的工作中心都进行能力/负荷的平衡分析，并进行调整。与粗能力计划类似，产品工艺路线、工时定额和工作中心的可用能力等信息是编制能力需求计划的基础信息。能力需求计划的运行流程如图 6-16 所示。

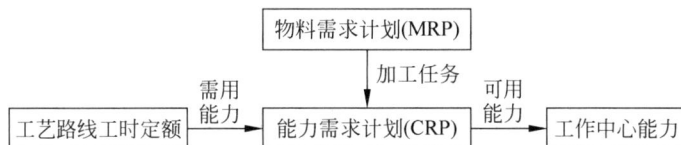

图 6-16　能力需求计划的运行流程

6.3.1　生产排产方法

编制能力需求计划从生产排产开始。生产排产是指为产品及其构成零部件安排生产，尤其是确定每道工序的开始日期和完成日期。生产类型不同，生产排产的方法也不尽相同，常用的生产排产方法包括向前排产、向后排产、有限负荷和无限负荷等方法。

（1）向前排产。如图 6-17 所示，向前排产指的是只有接到产品订单后，才开始安排生产。

（2）向后排产。如图 6-17 所示，向后排产是尽量保证产品在订单截止日期交货，也就是尽量减少库存成本。

（3）无限能力。无限能力是指假定工作中心有无限的能力可供使用，不考虑工作中心能力不足，或者工作中心订单任务竞争。

（4）有限能力。有限能力是指假定工作中心的可用能力是有限的。在同一时间段之内，同一工作中心不能安排不同的生产订单，也不能安排超过其可用能力的生产订单。

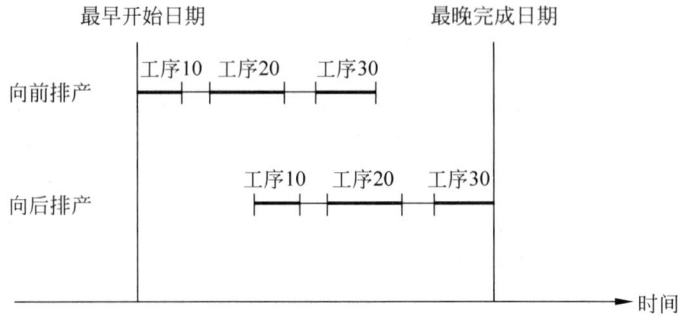

图 6-17　向前排产和向后排产

6.3.2　CRP 编制

CRP 根据物料需求计划中的输出信息及物料,参考工艺路线中涉及的工作中心及占用时间,计算各计划周期内物料在相应工作中心的负荷(需求能力),并与工作中心的可用能力进行比较和平衡。采用向后排产和无限能力排产方法(倒序排产法),主要包括 3 步:数据搜集、编制工序计划和绘制能力/负荷图(表)。

1. 数据搜集

1) 已下达车间订单

该部分订单已经下达车间,订单中包含每种物料的数量、交货期、加工工序、准备时间和加工时间、工作中心号或部门号及设备号等信息。

2) MRP 订单

该部分订单指通过 MRP 运算得到的物料订单,它包含物料的净需求和需求日期。

3) 工作中心能力数据

工作中心能力数据包括定额能力和编制订单计划的必要信息,例如班次、小时数、人数/班、设备/班等;而编制工作中心订单计划需要计划排队时间、移动时间等信息。

4) 工艺路线文件

工艺路线文件提供加工工序、定位基准、工序顺序、加工阶段、切削用量、工时定额等数据。

5) 车间日历

车间日历是能力需求计划使用的日期标识,它只对工作日连续编号,不对工厂休息日编号。

2. 编制工序计划

MRP 使用倒序排产方式确定订单下达日期。倒序排产法以订单交货期为基准,按时间倒排方式编制工序计划,并由此确定物料(工件)工艺路线上各工序的开工时间。编制工序计划主要包括以下 3 个步骤:①获取订单、工艺路线和工作中心等基础数据;②计算每个工作中心上的每道工序负荷、每个计划周期每个工作中心的负荷;③计算工序的开工日期和交货日期。

3. 绘制能力/负荷图(表)

通过绘制能力/负荷直方图或能力/负荷对比图,能够直观地分析能力需求计划是否存在问题,从而为能力和负荷的调整提供依据。

【例 6-10】　某产品 A 的物料清单如图 6-18 所示,其主生产计划、库存信息、工艺路线,以及工作中心工时定额信息和工序间隔时间如表 6-21 所示;零件 B、C 的批量规则为 2 时区(周)净需求量,零件 E 的批量规则为 3 时区(周)净需求,零件 F 的批量规则是固定批量 80;工作时间为 5 天/周,8 小时/天,每个工作中心有一位操作工,所有的工作中心利用率和效率均为 95%。试编制其 CRP 并分析其能力情况。

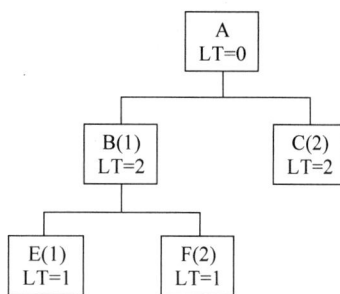

图 6-18　产品 A 的物料清单

表 6-21　编制 CRP 有关输入数据

(a) 项目 A 主生产计划清单

时区/周	1	2	3	4	5	6	7	8	9	10
项目 A	25	25	20	20	20	20	30	30	30	25

(b) 库存信息

项目	计划收到量(时区) 1	2	3	4	5	6	7	8	现有库存	已分配量	提前期	固定批量
A												
B	38								14		1	两周
E		76				19			5		1	三周
F									22		1	80 周
C	72								33		2	两周

(c) 工艺路线及工作中心工时定额信息

项目	工序号	工作中心	单位加工时间/h	生产准备时间/h	平均批量	单位准备时间/h	单位总时间/h
A	10	30	0.09	0.40	20	0.0200	0.1100
B	10	25	0.06	0.28	40	0.0070	0.0670
C	10	15	0.14	1.60	80	0.0200	0.1600
	20	20	0.07	1.10	80	0.0138	0.0838
E	10	10	0.11	0.85	100	0.0085	0.1185
	20	15	0.26	0.96	100	0.0096	0.2696
F	10	10	0.11	0.85	80	0.0106	0.1206

(d) 工作中心工序间隔时间

工作中心	工序间隔时间 排队时间/天	运输时间/天	工作中心	工序间隔时间 排队时间/天	运输时间/天
30	2	1	15	1	1
25	2	1	10	1	1
20	1	1	库房	—	1

解：首先，根据上例编制 MRP，然后编制 CRP，而编制 CRP 包括计算工作中心能力、用倒序排产法计算每道工序的开工日期和完工日期、绘制负荷图 3 个步骤。

1. 编制 MPR

根据 MPR 编制方法及例题的已知条件，编制产品 A 的 MPR，如表 6-22 所示。

表 6-22 产品 A 的 MPR

项目		时区/周									
		1	2	3	4	5	6	7	8	9	10
A	主生产计划	25	25	20	20	20	20	20	30	30	25
B LT=1	毛需求量	25	25	20	20	20	20	30	30	30	25
	计划接受量	38									
	现有库存 14	27	2	20	0	20	0	30	0	25	0
	净需求量			18	0	20	0	30	0	30	0
	计划订单入库			38		40		60		55	
	计划订单下达		38		40		60		55		
E LT=2	毛需求量		38		40		60		55		
	计划接受量		76				19				
	现有库存 5	5	43	43	3	3	55	76	21	21	21
	净需求量						38				
	计划订单入库						114				
	计划订单下达	76				114					
F LT=1	毛需求量		38		40		60		55		
	计划接受量										
	现有库存 22	22	64	64	24	24	44	44	69	69	69
	净需求量		16				36		11		
	计划订单入库		80				80		80		
	计划订单下达	80					80				
C LT=2	毛需求量	50	50	40	40	40	40	60	60	60	50
	计划接受量	72									
	现有库存 33	55	5	40	0	40	0	60	0		
	净需求量			35	0	40	0	60	0	60	0
	计划订单入库			75		80		120		120	
	计划订单下达	75		80		120		120			

2. 编制 CRP

第 1 步：计算工作中心能力

$$工作中心能力＝件数×单件加工时间＋准备时间$$

例如，对于工作中心 20 来说，只有物料 C 的工序 20 在此加工，单件加工时间和生产准备时间分别为 0.07h 和 1.10h。因此，对于物料 C 而言，第一时区的负荷为 75×0.07＋1.10＝6.35h；第 3 时区的负荷为 80×0.07＋1.10＝6.7h；第 5 时区的负荷为 120×0.07＋

1.10＝9.5h；第 7 时区的负荷为：120×0.07＋1.10＝9.5h。

对于工作中心 10 来说，物料 E 的工序 10 和物料 F 的工序 10 在此加工，而零件 E 的单件加工时间和生产准备时间分别为 0.11h 和 0.85h，因此，零件 E 第 1 时区在工作中心 10 的负荷分别为 76×0.11＋0.85＝9.21h，第 5 时区在工作中心 10 的负荷分别为 114×0.11＋0.85＝13.39h；零件 F 在工作中心 10 上的加工时间和生产准备时间分别为 0.11h 和 0.85h，第 1 时区和第 7 时区的负荷都为 80×0.11＋0.85＝9.65h。同理，其他工作中心所需的能力负荷情况如表 6-23 所示。

表 6-23　工作中心的能力负荷情况

零件	工作中心	拖期	1	2	3	4	5	6	7	8	9	10
A	30	0	2.65	2.65	2.20	2.20	2.20	2.20	1~10	1~10	1~10	2.65
	小计	0	2.65	2.65	2.20	2.20	2.20	2.20	1~10	1~10	1~10	2.65
B	25	0	0	2.65	0	2.68	0	1~88		1~58	0	0
	小计	0	0	2.65	0	2.68	0	1~88		1~58	0	0
C	20	0	6.35	0	6.75	0	9.50	0	9.50	0	0	0
	小计	0	6.35	0	6.75	0	9.50	0	9.50	0	0	0
E	15	0	12.1		12.8		18.4	0	17.0			
	15	0	20.72	0	0	0	30.90	0	0	0	0	0
	小计	0	32.82	0	12.8	0	49.30	0	17.0	0	0	0
F	10	0	9.21	0	0		11~39	0	0	0	0	0
	10	0	9.65					0	9.65	0	0	0
	小计	0	18.86	0	0		11~39	0	9.65	0	0	0

第 2 步：用倒序排产法计算每道工序的开工日期和完工日期

以零件 C 为例说明用倒序排产法计算每道工序的开工日期和完工日期。零件 C 的工序 10 和工序 20 分别在工作中心 15 和 20 上完成。根据该例题的已知条件：5 天/周，8 小时/天，所有的工作中心利用率和效率均为 95%，可以得到各工作中心每天的可用能力为 8×1×0.95×0.95＝7.22h；一周的最大可用能力为 7.22×5＝36.1h。

根据 MRP，零件 C 在第 3、5、7、9 周各有 70、80、120、120 个零件交付库房存储。下面以第一批零件 C 的交付时间，按照倒序排产法倒推零件 C 工序 20 和工序 10 的开工日期和完工日期。零件 C 第一批零件 80 个在第 3 周周一早交付库房存储，也就是说，该零件最后一道工序需在第 2 周周五下班前需要完工，但是表 6-21(d)显示到库房的运输时间为 1 天，因此，工序 20 的完工时间为第 2 周周四下班前。表 6-23 显示该批零件 C 工序 20 的加工时间为 6.35h，而工序 20 所述工作中心 20 的可用能力为 7.22h，因此，需要 0.88 天。表 6-21(d)显示工作中心 20 的排队时间及从零件 C 第一道工序 10 所属的工作中心 15 到工作中心 20 的运输时间都是 1 天，因此，工序 10 的完工时间应为第 2 周周一下班前。表 6-23 显示该批零件 C 工序 10 的加工时间为 12.1h，工作中心 15 的可用能力也是 7.22h，需要 1.68 天，而工作中心 15 的排队时间和运输时间都为 1 天，因此，该批零件 C 工序 10 的开工时间为第 1 周周三（至少工作 4.88h）

同理,可以得到零件 C 的其他批订单的最晚开工时间和完工时间,如表 6-24 所示。

表 6-24　各批次零件 C 的开工时间和完工时间表

订 单 批 次	订 单 数 量	最晚开工时间	完 工 时 间
1	75	第 1 周第三天	第 2 周周五下班前
2	80	第 3 周第三天	第 4 周周五下班前
3	120	第 5 周第二天	第 6 周周五下班前
4	110	第 7 周第三天	第 8 周周五下班前

第 3 步：绘制负荷图

以下以工作中心 15 为例,说明工作中心能力负荷曲线图的绘制过程。由于工作中心 15 的额定可用能力为 36.1h,第 1、3、5、7 周的能力需求分别为 32.82、12.80、49.30、17.0h,因此除了第 5 周因其能力－负荷＝－13.20h＜0,即其负荷处于超负荷状态(其能力处于欠能力状态)外,其余各周均处于超能力或低负荷状态。工作中心 15 的负荷曲线如图 6-19 所示。

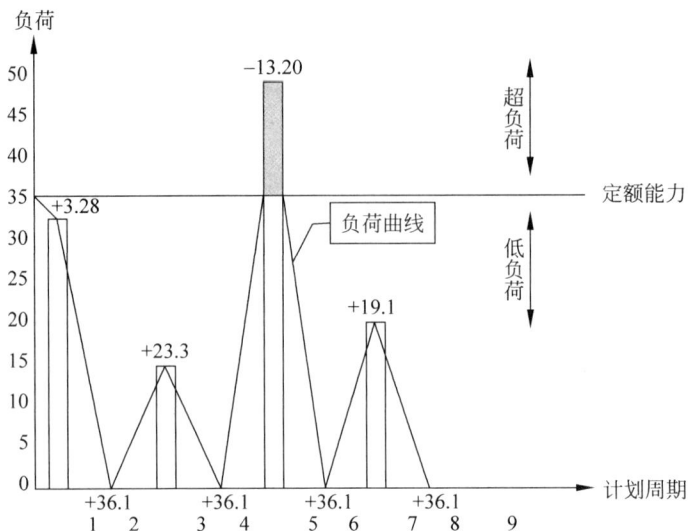

图 6-19　工作中心 15 的负荷曲线

如果超负荷,则说明工作中心能力不足,可能加剧工作中心损耗,影响生产进度。如果负荷不足,则作业费用增大。因此,需要对负荷报告进行分析,并反馈信息,调整计划。

引起能力不平衡的原因很多。在制订主生产计划的过程中,已通过粗能力计划从整体上进行了能力分析和平衡。因此,在制订能力需求计划之前就会发现主要问题。但对计划进行详细的能力检查时,还会发现粗能力计划中不曾考虑的一些因素在起作用。当发现能力/负荷不平衡时,不要轻易调整 MPS,而优先调整能力/负荷,通常情况下,能力/负荷有三种调整方式:调整能力、调整负荷、同时调整能力和负荷。调整能力的措施包括调整劳动力、安排加班或转包生产任务等;调整负荷的措施包括重叠作业、分批生产、调整订单等。

习题

1. 什么是 MPS？MPS 的计划方式有哪些？
2. 简述 MTO 生产模式下，主生产计划逻辑模型中涉及的基本概念。
3. 什么是粗能力计划？
4. 什么是物料需求计划？简述物料需求计划的处理过程。
5. 什么是能力需求计划？阐述能力需求计划的编制过程。
6. 计算题。

某企业生产一种电子游戏机，产品生产的批量为 160，批量增量为 160，提前期为 1 周，需求时区 2 时段，计划时区 4 时段（每时段为 1 周），当前可用库存为 120，安全库存量为 20，无计划接受量，已知所接受的订单情况和销售预测，试根据表 6-25 制订该产品的主生产计划（生产计划的制订日期为 2023/07/08）。

表 6-25　主生产计划制订

时段	时区 当期	1 07/15	2	3	4	5	6	7	8	9	10
预测量		70	70	70	70	70	80	80	80	80	80
订单量		100	90	80	60	70	90	50	100	90	70
毛需求量											
PAB 初值	120										
NR											
计划产出量											
PAB											
计划投入量											
可供销售量 ATP											

(1) 已知上述电子游戏机产品的物料清单如图 6-20 所示，并已知部件 B 的提前期为 1 周，批量为 20；部件 C 的提前期为 1 周，批量为 60；零件 D 的提前期为 3 周，批量为 25。试根据上题确定的主生产计划，计算零件 C 在各时段的物料需求。

(2) 已知图 6-20 中零件 C 的工艺路线如表 6-26 所示，根据上题确定的零件 C 的物料需求，计算该零件第 6 时段的开工日期，节假日不休息，每天 8 小时工作制，产品利用率为 95.1%，效率为 92%。

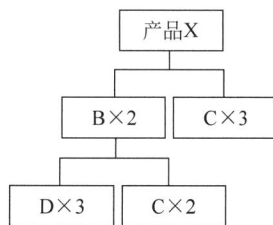

图 6-20　电子游戏机产品的物料清单

表 6-26　零件 C 的工艺路线

工序	工作中心	准终时间 /小时	加工时间 /(小时·件$^{-1}$)	传送、排队时间 /天
锻造	工作中心 1	7	1	4

续表

工序	工作中心	准终时间/小时	加工时间/(小时·件$^{-1}$)	传送、排队时间/天
粗车	工作中心 2	7	0.2	3
精车	工作中心 3	14	0.1	2
热处理、清理	工作中心 4	21	0.5	1

第7章

工程案例概述

7.1 案例1：智能柔性生产解决方案

7.1.1 企业简介

广州明珞装备股份有限公司成立于2008年,专注于汽车装备制造领域的发展。公司在自主创新和数字化转型升级方面积累了丰富经验,逐步形成了从研发、设计到生产、制造及售后服务的完整产业链。作为高端装备提供商和智能制造数字化解决方案服务商,公司致力于提升技术水平和市场竞争力,在国内外行业中占据了重要地位(见图7-1)。

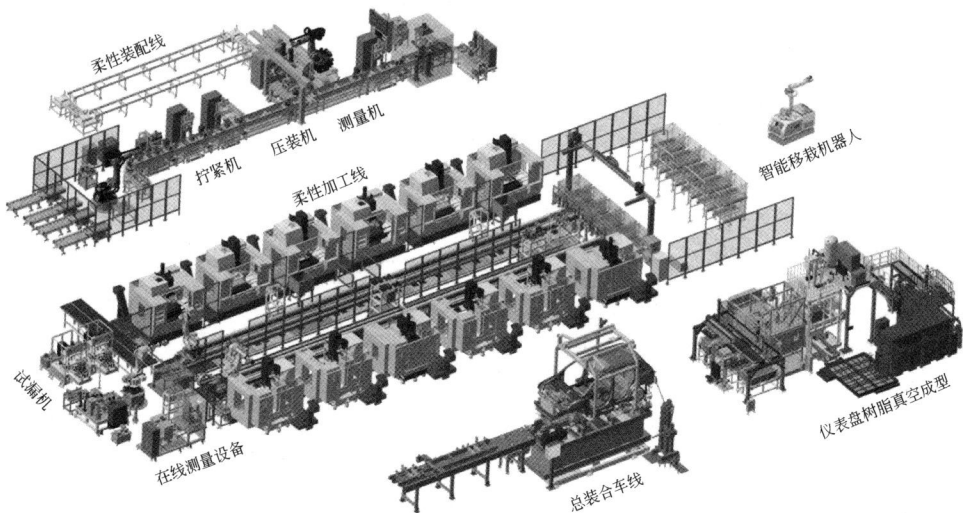

图 7-1 明珞公司一般工业智能制造概念图

公司深度聚焦工业机器人自动化与智能制造行业,着力建设广东省CPS离散制造数字化创新中心、MISP工业物联网等行业生态平台,依托数字制造技术及工业互联网大数据应用软件平台,实现智能制造高价值创造与产业链协同,赋能制造业高质量发展与转型升级(见图7-2)。

图 7-2 明珞智能制造产品支持体系

7.1.2 案例背景

1. 个性化需求催生定制化生产

随着消费升级,客户对"体验"与"个性"的需求愈加突出,传统大规模生产模式难以满足市场对产品多样化、短交期和高质量的要求,定制化生产逐渐成为主流趋势。

定制化生产是一种以较低成本向客户提供个性化产品的模式,以客户需求为核心,结合大规模生产的低成本优势和定制生产的灵活性,通过制造过程的敏捷性、柔性和快速集成,满足个性化设计需求。客户以批量成本购买定制产品。这种生产模式整合了准时竞争、精益生产和微观销售等现代管理理念,是企业参与市场竞争和实现成功的新途径。

定制化生产的主要优势包括:①增强产品市场竞争力,客户参与产品设计和制造,使产品更符合其需求,从而提升竞争力;②降低企业经营风险,通过减小滞销风险并保证产品满足客户需求,使企业的经营风险大幅降低;③降低生产运行成本,产品完全根据客户定制请求生产,减小库存压力和积压风险;④实现生产管理现代化,定制化生产集成了数字技术、智能制造、自动化技术及先进管理理念,助力企业实现一体化经营。

2. 从单件生产走向柔性制造

定制生产的实现面临成本高昂的问题,传统的单件生产模式企业和客户难以承受。柔性制造模式的引入是解决这一问题的关键。"十四五"规划纲要中,国家发改委明确提出"培育发展个性定制、柔性制造等新模式"。柔性制造是一种为应对大规模定制需求而发展的新型生产模式,主要包括以下两方面:一是生产能力的柔性反应,即设备具备小批量生产的能力;二是供应链的敏捷和精准反应,由传统的"以产定销"模式转变为"以销定产",实现"人财产物销"的有效协同。

在当前生产实践中,柔性制造需要以产品的组件化为基础,将产品划分为基础组件、共享组件和定制组件,如图 7-3 所示。

在当前多品种、小批量的离散制造行业中,已出现面向定制化生产的柔性制造解决方案。然而,由于生产工艺复杂、物流纵横交错、装备众多且辅助资源繁杂,这些解决方案在部署过程中面临诸多挑战,柔性生产能力较为有限;同时为确保安全生产,效率也往往受到一定影响。柔性制造主要面临以下几方面问题。

(1)工序不平衡:在流程化生产中,工序节拍平衡是一项至关重要的工作。然而在定制化生产环境中,不同产品的工艺方法、工序数量与时间及作业方式可能存在显著差异,导致工序节拍难以实现平衡。

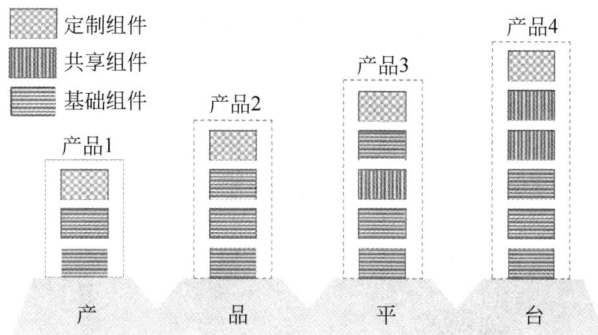

图 7-3 基于产品组件化的定制化生产

（2）资源管理困难：不同产品的制造过程涉及不同的资源，如机器、程序、夹具和刀具等。每种资源又分为多种类型，例如大多数工序加工需要使用特定类型的刀具。资源的数量庞大、种类繁多且相互关系复杂，这给现场管理带来了极大的挑战。

（3）资源浪费严重：在多品种混线生产车间中，机床利用率较低，通常为 40% 左右。同时，为保障交货期，常需提前准备大量生产物料，导致资源浪费现象严重。

（4）生产调整频繁：订单驱动的生产方式导致生产计划频繁调整，插单和撤单现象较多，增加了生产调度的难度。

（5）劳动力短缺：随着人口老龄化问题的日益严重，劳动密集型生产方式难以维系，自动化和智能化生产成为必然趋势，少人化生产已成为企业的迫切需求。

3. 智能柔性生产解决方案

针对上述问题，广州明珞装备股份有限公司与华中科技大学运筹与优化团队紧密合作，专注于柔性全自动产线与智能优化方法的深度融合，联合开发了一整套智能柔性生产解决方案。该方案已成功应用于番禺职业技术学院的教学项目，旨在通过自动建模、少人化生产和智能调度，降低成本、提升生产效率及增强市场响应能力，从而提升企业整体效益。

7.1.3 实施路径

智能柔性生产解决方案可针对柔性制造需求，开发一套能够灵活调整生产布局、自动建立产品模型、进行虚拟生产仿真、快速切换产品类型、进行敏捷高质量生产调度、持续优化生产流程的智能柔性生产解决方案。该解决方案包括硬件、软件、算法三大核心模块，其总体框架如图 7-4 所示。依托自动控制技术、柔性制造产品，采用模块化、可重构设计方法，建设可快速调整、具备柔性生产能力的产线；搭建以调度算法为内核的智能管控平台，通过管理与控制系统实现产线资源集中管理与智能分配、生产过程高效调度、动态扰动下自适应生产；打通"产线—管控平台—上层数字化系统"之间的数据互联互通，形成智能制造生态。该解决方案能够满足 70 多个场景的柔性生产需求，支持 24 小时无人值守的自动化生产，且整体工期缩短约 20%。

1. 模块化、可重构柔性产线

产线是实现产品制造的载体。可依托自动控制技术，选择合适柔性制造产品，采用模块化、可重构设计方法，建设可快速调整、具备柔性生产能力的产线，如图 7-5 所示。

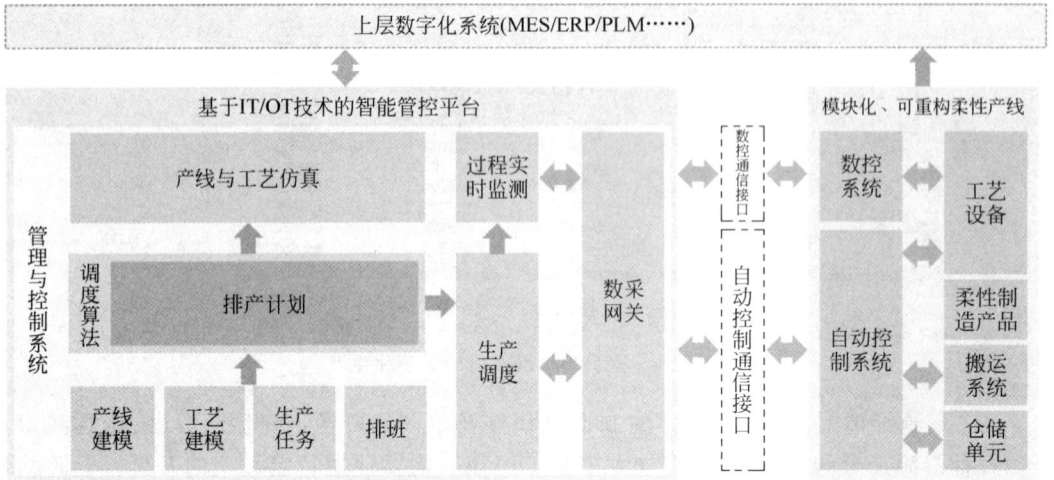

图 7-4　智能柔性生产解决方案总体框架

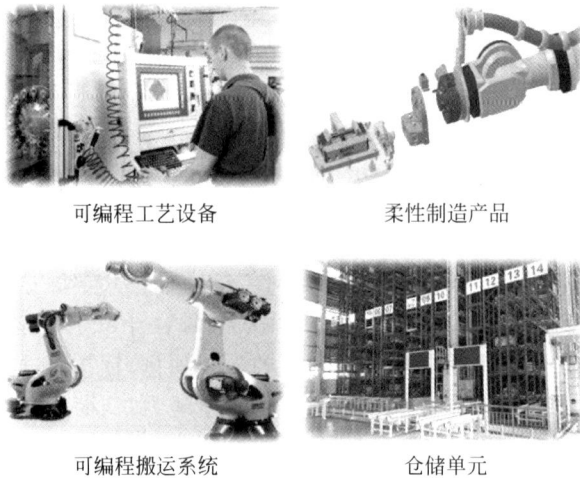

可编程工艺设备　　　　　　柔性制造产品

可编程搬运系统　　　　　　仓储单元

图 7-5　模块化、可重构柔性产线

2. 管理与控制系统

管理与控制系统结构如图 7-6 所示。

管控系统作为整个产线的管理核心,负责统筹数据、资源与生产任务。在产线规划与产品研发阶段,该系统通过产线与工艺仿真功能有效减少设计缺陷,并缩短产品开发周期。系统的主要功能和特点如下。

1) 高度柔性的工艺管理

系统可灵活组合"工件—机器—夹具/刀具/仓储"的关系,构建所需的工艺流程。在生成工艺流程的同时管控系统自动规划匹配的调度路线。其高度柔性体现在:①适用于机加工、装配及混合生产场景;②支持手动操作、自动运行及混合作业方式;③允许自定义工序切换方式,如手动、自动或不切换;④支持自定义程序、加工时间和装夹方式等。

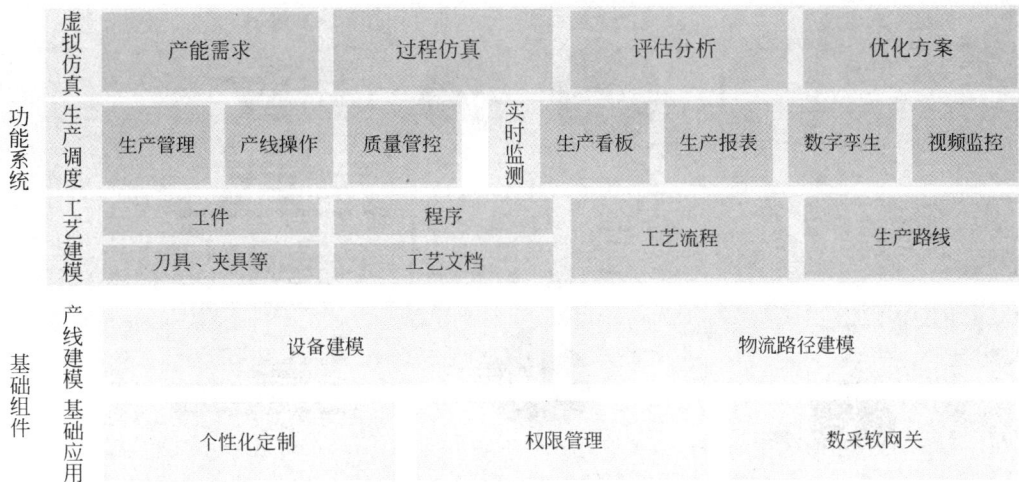

图 7-6　管理与控制系统结构

2）自动化生产的基础信息管理

管控系统涵盖自动控制系统、生产物料、加工中心和订单的管理,结合柔性制造单元,为多品种混线自动化生产提供支持。关键功能包括:①CNC 程序的下载、上传、删除与激活,以及 PLC 程序调用;②夹具的自动与手动切换;③刀具的自动与手动切换及刀补值的下载、上传与删除。

3）科学规划与管理

在产品研发和生产线规划阶段,管控系统对生产过程进行仿真分析:①全方位预评估生产线,提前发现工艺与产线设计缺陷,优化布局方案,提高综合运行效率;②从调度策略、设备配置和资源管理等方面,评估相关因素与系统整体性能的关系,建立综合度量指标体系,挖掘生产过程中的隐藏信息,提升决策的稳定性。

4）动态管理和控制

在生产过程中,管控系统能够快速响应订单变更,如撤销、挂起、加急等,具备高度的灵活性。系统实时监测产线运行状态,并对生产结果进行分析,通过报表形式呈现,如图 7-7所示。企业可以充分利用这些数据优化工艺、进行计划和资源安排,不断提升制造过程的效率,并降低成本。

5）模块化、可重构

在产线重构或企业组织架构调整时,系统能够在不重新部署的前提下两小时内完成与产线物流重构匹配的调整:①产线模型和物流路线的修改;②管控系统具备平台、企业、用户和角色四级权限管理功能,能够灵活应对企业组织架构的优化调整。

3. 智能调度优化算法

智能调度优化算法是智能柔性生产解决方案的核心部分。该算法以产线模型、工艺模型、生产计划和目标期望为输入,采用智能优化方法生成最优排程方案。主要包括以下功能。

1）计算功能

在不考虑辅助资源数量的限制下,基于混合进化算法和多种解耦策略,对各工序的加工

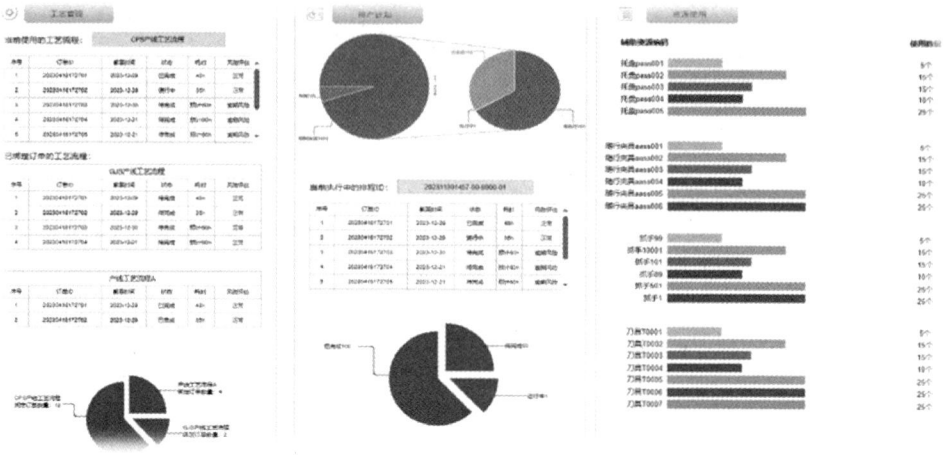

图 7-7　产线生产检测过程图

机器选择及加工顺序进行优化,生成理想的排产计划和资源需求清单。此功能主要用于生产准备阶段,为生产活动提供依据。

2）计划功能

在计算功能的基础上加入辅助资源数量约束,即输入实际可用的生产资源,生成实际的排产计划。

3）重排程功能

针对生产过程中出现的动态扰动事件,如插单、撤单、设备故障及生产进度偏离预期等,系统能够在 60s 内快速响应,实现产线的自适应生产。重排程过程通常在生产中进行,无法避免产生正在加工、任务发出和状态轮询的工序。本方案保留这部分工序并继续加工,同时对后续工序进行重排程。这不仅能避免因截断当前工序而带来的半成品和生产混乱问题,还能最大程度地保证参与重排程的工序数量,从而提升排程结果的优越性,降低交付延期风险。此外,保留这些工序使系统能在处理动态扰动时持续运行,进一步降低交付延期风险。

7.1.4　使用方法

智能柔性生产解决方案的实施全流程通常按照'规划—建设—使用'的流程管理,如图 7-8 所示,主要包括以下步骤。

1. 产线规划

在产线规划阶段,需要综合考虑整体解决方案,而非仅关注单一或少数产品。主要工作包括:①基于产品使用场景进行工艺分析;②建立自动化生产工序,并梳理实现自动化的生产环节;③选择稳定可靠的工艺设备和柔性制造产品;④采用模块化和可重构的设计思路制订产线方案。

2. 产线建模

产线建模阶段需要将成熟的产线方案与实际产线对接。主要工作包括:①对机器、仓储和物流路线进行模型化处理,并导入管控系统,以生成产线数据;②在自动化产线中,需

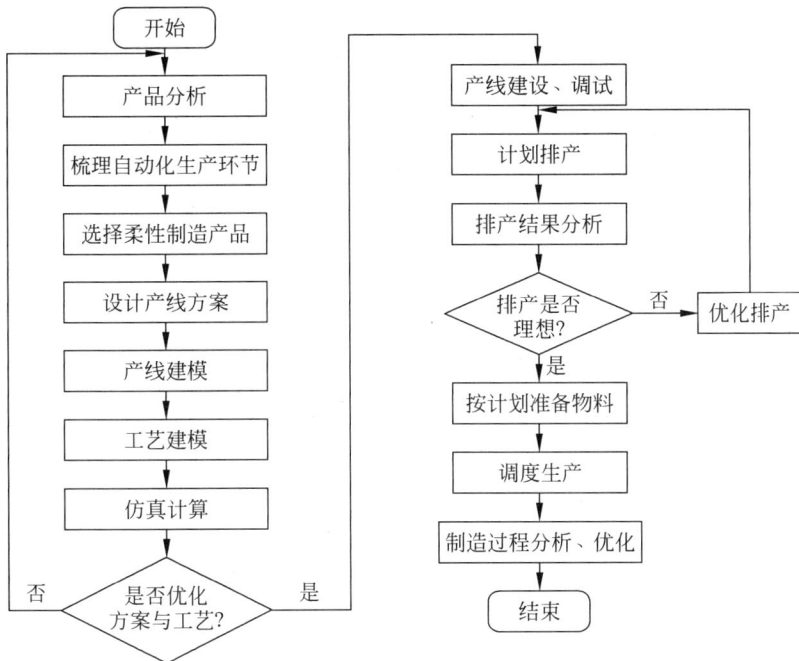

图 7-8　智能柔性生产解决方案实施全流程

要配置 PLC 以接收任务并获取产线状态地址，实现管控系统与产线数据的互联互通。管控系统产线建模界面如图 7-9 所示。

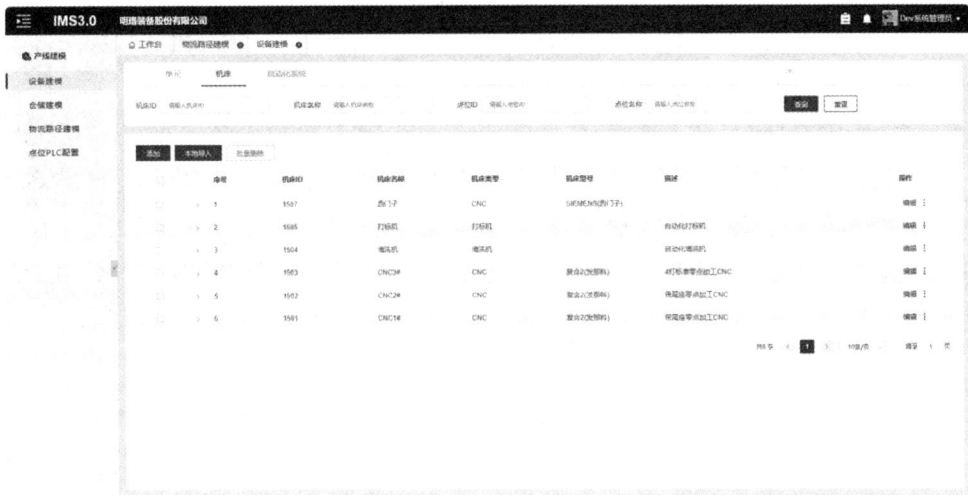

图 7-9　管控系统产线建模界面

3．工艺建模

在完成产线建模后，需进一步梳理入线产品的工艺，生成工艺数据。根据数据类型主要可分为以下几类。

（1）物料信息库：包括物料编码、存储位置、自由属性、工具等。

（2）工艺：包括工艺流程编码、加工零件编号和工艺文件。

（3）工件：包括编码、顺序、属性（加工/装配）、切换方式（手动/自动/不切换）、存储方式和工序间隔时间。

（4）工序：包括机床及其优先级、程序和加工时间。

（5）机器：包括所需的物料清单。

（6）物料：包括编码、切换方式和适用阶段（加工前/加工后）。

将这些数据收集、分类后导入管控系统，刻画完整的工艺流程。

4. 仿真分析

在完成工艺建模后，系统将具备模拟生产的条件。基于产能需求、批次加工量和排班等信息，可以选择一条或多条仿真项目。系统将生成相应的仿真报告。当前可选的仿真项目包括产线方案、工艺流程、生产路线和排班等。

5. 产线建设与调试

系统通过建模和仿真验证方案的可行性，为实体产线建设提供支持。在完成产线建设与调试后，系统可以投入实际生产，带来现实营收。广州明珞装备股份有限公司总部试验线如图 7-10 所示。

图 7-10　广州明珞装备股份有限公司总部试验线

6. 计划排产

在计划排产阶段，系统接收 MES 订单，并根据目标期望和约束条件进行排产计算，以获取排产结果和物料需求清单。目标期望包括：①机床利用率最高；②交期达成率最高；③刀具切换次数最小；④夹具切换次数最小。其中，机床利用率可细分为以下二级目标：平均值、均衡和关键设备。约束条件包括订单基本信息、开机时间、批次加工量等。算法将依据这些最优目标和约束条件，生成物料需求清单和生产调度方案。计划排产条件设置界面如图 7-11 所示。

7. 排产结果分析与优化

管控系统对计划排产结果进行解析，并通过报表形式反馈主要信息，包括：①订单开始

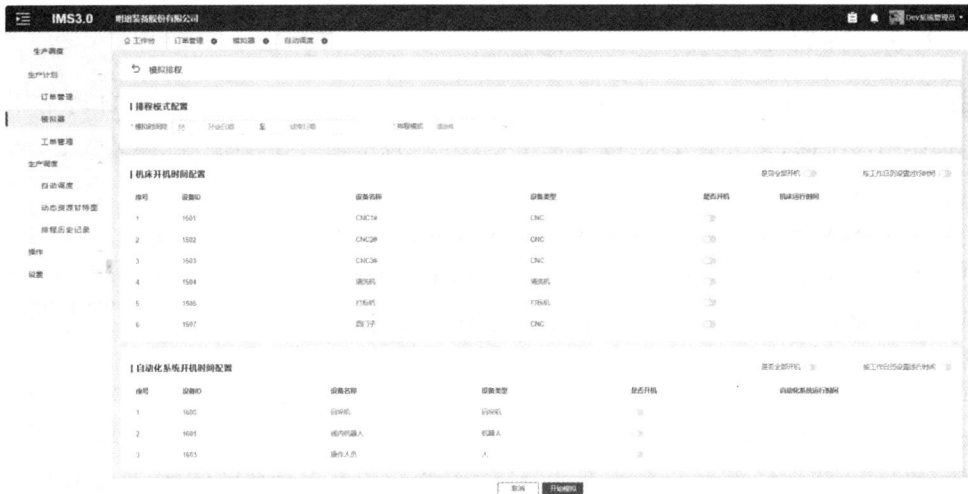

图 7-11 计划排产条件设置界面

时间、交期及逾期天数；②机床利用率、各任务时间及比率；③物料需求清单，包括物料编码和需求数量。此外，系统还以甘特图形式呈现生产计划。

如果生产人员认为排产结果不理想，用户可以根据排产报表调整目标期望和约束条件，以优化排产方案。在此过程中，重新定义物料数量并纳入约束条件，以生成新的计划排产方案。排产报表反馈结果界面如图 7-12 所示。

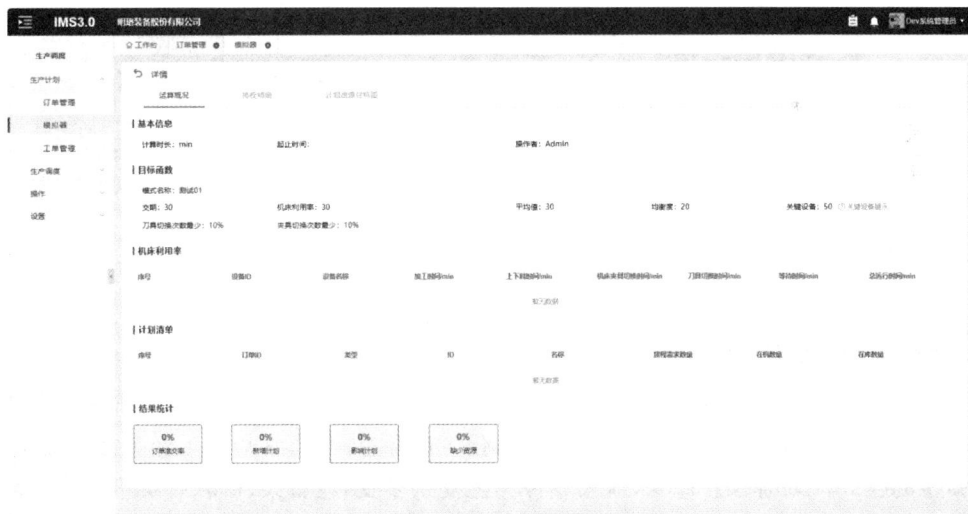

图 7-12 排产报表反馈结果界面

8. 生产准备与控制

工作人员根据需求清单提前调配、准备物料，以避免物料缺失导致的生产等待或物料过多引起的浪费。在生产过程中，管控系统能够实时监测设备故障、品质异常和完工时间偏离计划等动态扰动。当这些扰动发生时，系统会在 1s 内整合相关信息并发送给调度算法，在 60s 内生成新的生产计划，从而实现产线的自适应生产。

7.1.5 实施成效

智能柔性生产解决方案旨在解决多品种混线生产模式下的规划不合理、自动化升级难度大、机床利用率低、交期不可控、物料浪费及生产过程不透明等问题。在测试线上,该方案取得了如下成果。

(1) 产线规划及新产品工艺流程研发周期缩短了约20%。

(2) 排产过程在5min内完成,生产计划准确率提高了约50%。

(3) 订单交期达成率提高了约50%,生产效率提升了约30%,资源综合利用率提升了约30%。

(4) 实现了无人值守的自适应生产,人员仅需在预设时间段进行出入库操作,并在异常报警时处理设备故障。

该方案已入选工信部2023年度智能制造系统解决方案揭榜挂帅项目,并应用于广州番禺职业技术学院的教学项目(图7-13),为新时代技术工人的培训提供支持。

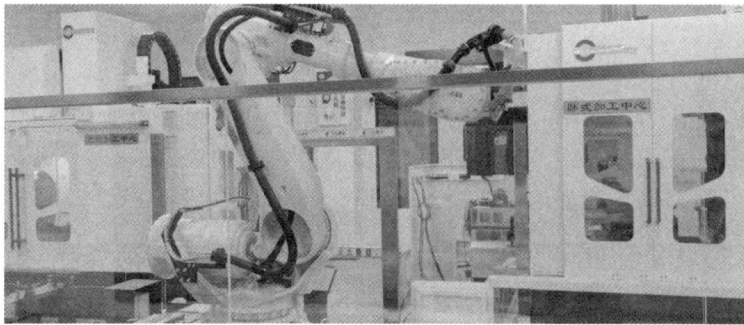

图7-13 广州番禺职业技术学院教学项目

7.2 案例2:航天设备机加工车间调度

7.2.1 案例背景

航天设备制造对国家安全和经济发展至关重要,涉及大量高精度零部件加工。其中,航天设备机加工车间面临多品种、小批量和定制化生产并存问题,常规人工经验排产无法满足频繁调整的生产计划需求。此外,航天零件工艺复杂多变,设备柔性高、种类多,进一步增加了生产管理难度。生产现场的信息化水平较低,数据采集更新不及时,工艺规划与车间调度难以匹配,严重影响了车间运行效率。同时,原材料波动、设备故障和人员变动等不确定性因素也对生产稳定性造成了困扰。因此,本节以航天设备的某A类零件为例,对航天设备机加工车间进行案例分析。

航天设备制造厂的某A类零件机械加工车间生产多种型号的某A类零件,且同一型号零件分为多个不等批次,属于典型的多品种小批量生产。生产过程中,部分工序存在严格的优先关系,而部分工序的加工顺序具有一定的灵活性,展现出工艺柔性。此外,车间配置多台大型数控加工设备,需为每道工序选择最佳设备进行加工。因此,某 A 类零件的生产过程涉及柔性工艺路线、不等批次、可选设备分配等多重问题。

7.2.2　车间概况

航天设备某 A 类零件的机加工车间包含 12 种类型的加工设备,每种类型设备的数量不同。该车间中涉及的设备类型有数控立车、数控卧式镗铣床、数控五轴加工中心、数控五轴镗铣加工中心、检验台、油封设备、钳工设备、热处理中心、表面处理中心、计量站等。设备类型与零件操作密切相关,涉及的机加工工序包括立车、车工、钳工、铣工、清洗、检验、计量、包装等。车间的具体加工设备信息如表 7-1 所示。

表 7-1　车间的具体加工设备信息

序　号	设备型号	设备名称	设备数量	编　号
1	010001	数控立车	4	1～4
2	010002	数控立车	2	5～6
3	010003	数控立车	1	7
4	010011	数控卧式镗铣床	1	8
5	010015	数控五轴加工中心	1	9
6	010017	数控五轴镗铣加工中心	1	10
7	010020	检验台	2	11～12
8	010021	油封设备	2	13～14
9	010022	钳工设备	4	15～18
10	RCL	热处理中心	1	19
11	BCL	表面处理中心	1	20
12	JLZ	计量站	1	21

该车间目前待加工 5 种型号的某 A 类零件(A1～A5),其工艺信息各不相同,如表 7-2 所示,其中包括零件名称、工序总数、所需加工数量及可分批次等。每种零件的工艺信息列于表 7-3～表 7-7 中,包括工序号、工序名称、工种、加工时间(min)、应分配的设备名称、设备型号、与其他工序的优先关系等。对于工序所需的设备数量表 7-1 中大于 1 台的情况,需要从多台设备中选择合适的一台进行加工。此外,工序间的优先关系列规定了必须优先完成的工序,而未提及的工序之间则没有固定的顺序限制。例如,对于工件 1,工序 1～工序 4 必须在工序 5～工序 8 之前完成,但工序 1～工序 4 之间的顺序并未严格规定,导致工件 1 存在多条可选加工路线。因此,这些零件的生产调度问题属于具有批次约束和多资源受限的 IPPS 问题。

表 7-2　待加工零件的工艺信息

序号	零件名称	工序总数	所需加工数量	可分批次
1	A1	9	10	2,3
2	A2	7	10	2,3
3	A3	7	10	2,3
4	A4	7	15	2,3
5	A5	10	10	2,3

表 7-3　零件 A1 的工艺信息

工序号	工序名称	工种	加工时间/min	应分配的设备名称	设备型号	与其他工序的优先关系
1	车工	数控立车	120	数控立车	010002	先于工序 5~8
2	车工	数控立车	300	数控立车	010002	先于工序 5~8
3	车工	数控立车	120	数控立车	010002	先于工序 5~8
4	车工	数控立车	540	数控立车	010002	先于工序 5~8
5	钳工	钳工	60	钳工设备	010022	先于工序 6
6	铣工	数控铣工	180	数控卧式镗铣床	010011	先于工序 7
7	钳工	钳工	60	钳工设备	010022	先于工序 8
8	清洗	油封工	120	油封设备	010021	先于工序 9
9	检验	检验	60	检验台	010020	最后执行

表 7-4　零件 A2 的工艺信息

工序号	工序名称	工种	加工时间/min	应分配的设备名称	设备型号	与其他工序的优先关系
1	车工	数控立车	900	数控立车	010002	先于工序 3
2	车工	数控立车	900	数控立车	010002	先于工序 3
3	钳工	钳工	60	钳工设备	010022	先于工序 4~5
4	车工	数控立车	900	数控立车	010002	先于工序 6
5	车工	数控立车	1620	数控立车	010002	先于工序 6
6	钳工	钳工	60	钳工设备	010022	先于工序 7
7	检验	检验	60	检验台	010020	最后执行

表 7-5　零件 A3 的工艺信息

工序号	工序名称	工种	加工时间/min	应分配的设备名称	设备型号	与其他工序的优先关系
1	立车	数控立车	120	数控立车	010002	先于工序 3
2	立车	数控立车	540	数控立车	010002	先于工序 3
3	钳工	钳工	60	钳工设备	010022	先于工序 4
4	打印	钳工	30	钳工设备	010022	先于工序 5
5	清洗	油封工	120	油封设备	010021	先于工序 6
6	检验	检验	60	检验台	010020	先于工序 7
7	包装	油封工	30	油封设备	010021	最后执行

表 7-6　零件 A4 的工艺信息

工序号	工序名称	工种	加工时间/min	应分配的设备名称	设备型号	与其他工序的优先关系
1	镗工	数控铣工	1080	数控五轴加工中心	010015	先于工序 4
2	铣工	数控铣工	1980	数控卧式镗铣床	010011	先于工序 4
3	铣工	数控铣工	1380	数控五轴镗铣加工中心	010017	先于工序 4
4	钳工	钳工	60	钳工设备	010022	先于工序 5
5	计量	检验	1620	计量站	JLZ	先于工序 6
6	钢印称重	钳工	30	钳工设备	010022	先于工序 7
7	检验	检验	60	检验台	010020	最后执行

表 7-7　零件 A5 的工艺信息

工序号	工序名称	工种	加工时间/min	应分配的设备名称	设备型号	与其他工序的优先关系
1	钳工协调	钳工	120	钳工设备	010022	先于工序 2
2	粗铣基准	数控铣工	2760	数控卧式镗铣床	010011	先于工序 3～4
3	铣外形	数控铣工	4560	数控五轴镗铣加工中心	010017	先于工序 5
4	铣端面	数控铣工	4560	数控卧式镗铣床	010011	先于工序 5
5	铣内型	数控铣工	4560	数控五轴镗铣加工中心	010017	先于工序 6
6	钳工	钳工	60	钳工设备	010022	先于工序 7
7	清洗	油封工	120	油封设备	010021	先于工序 8
8	钢印	钳工	30	钳工设备	010022	先于工序 9
9	称重	钳工	30	钳工设备	010022	先于工序 10
10	检验	检验	60	检验台	010020	最后执行

7.2.3　工艺分析

根据以上 5 种某 A 类零件的工艺信息表,由第 5 章的相关方法,构建某 A 类零件的工艺网络图与可行工艺路线(表 7-8)。由于部分某 A 类零件的工艺柔性大,并不能完全枚举零件的所有工艺路线,因此列举了可选的三条工艺路线。

表 7-8　5 种某 A 类零件的工艺网络图与可选工艺路线

零件名称	工艺网络图	可选工艺路线
零件 A1		$O_1 \to O_2 \to O_3 \to O_4 \to O_5 \to O_6 \to O_7 \to O_8 \to O_9$
		$O_2 \to O_1 \to O_4 \to O_3 \to O_5 \to O_6 \to O_7 \to O_8 \to O_9$
		$O_2 \to O_3 \to O_1 \to O_4 \to O_5 \to O_6 \to O_7 \to O_8 \to O_9$
零件 A2		$O_1 \to O_2 \to O_3 \to O_4 \to O_5 \to O_6 \to O_7$
		$O_2 \to O_1 \to O_3 \to O_4 \to O_5 \to O_6 \to O_7$
		$O_1 \to O_2 \to O_3 \to O_5 \to O_4 \to O_6 \to O_7$

零件名称	工艺网络图	可选工艺路线
零件 A3		$O_1 \to O_2 \to O_3 \to O_4 \to O_5 \to O_6 \to O_7$ $O_2 \to O_1 \to O_3 \to O_4 \to O_5 \to O_6 \to O_7$
零件 A4		$O_1 \to O_2 \to O_3 \to O_4 \to O_5 \to O_6 \to O_7$ $O_2 \to O_1 \to O_3 \to O_4 \to O_5 \to O_6 \to O_7$ $O_3 \to O_2 \to O_1 \to O_4 \to O_5 \to O_6 \to O_7$
零件 A5		$O_1 \to O_2 \to O_3 \to O_4 \to O_5 \to O_6 \to O_7 \to O_8 \to O_9 \to O_{10}$ $O_1 \to O_2 \to O_4 \to O_3 \to O_5 \to O_6 \to O_7 \to O_8 \to O_9 \to O_{10}$

7.2.4 软件介绍

针对航天设备某 A 类零件的生产过程,设计了集成优化的调度软件。该软件由系统管理模块、数据管理模块、车间管理决策模块、运行调度模块、调度方案与反馈模块五大部分组成,各模块之间的关系如图 7-14 所示。系统管理模块采用数据库技术,实现车间数据的存储与检索;数据管理模块用于管理车间资源数据(设备组、工人、班组等)及零件订单数据(零件类型、数量、加工时间、交货期等);车间管理决策模块用于设定车间运行状态、订单状态和订单目标;运行调度模块根据指令指派任务,通过调度算法生成预计调度计划,并结合车间资源和物料数据形成实际调度方案;最后,调度方案与反馈模块以甘特图展示调度结果,供管理者评价和反馈,从而优化调度过程。

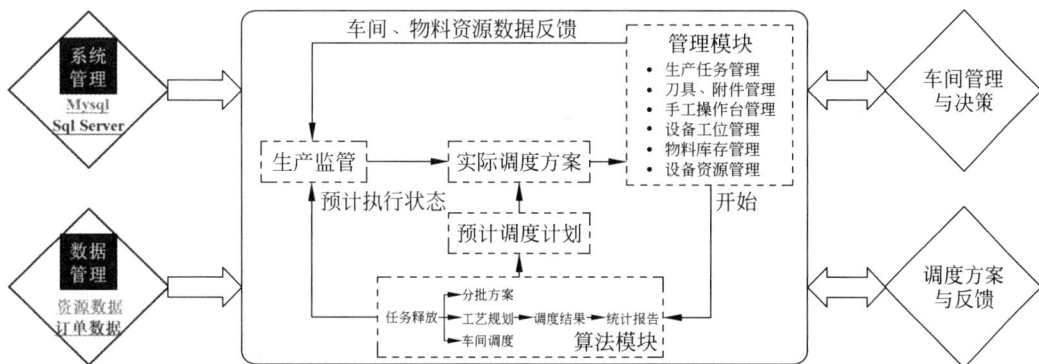

图 7-14 软件各模块之间的关系

调度软件的实施流程如图 7-15 所示。通过控制台功能执行调度任务,生成新的调度方案。调度结果的展示包括任务调度、设备工位调度、手工工位调度、附件调度、工装调度、刀具调度及班次变更等内容,以表格和甘特图的形式呈现。以某次调度任务为例,调度软件的运行进程如图 7-16 所示,其结果展示如图 7-17 所示,调度结果的甘特图展示如图 7-18 所示。

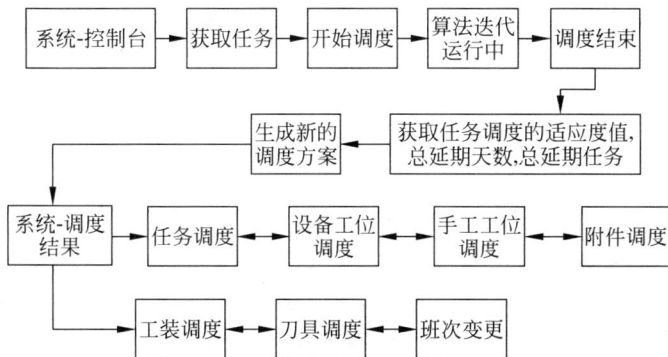

图 7-15 调度软件的实施流程

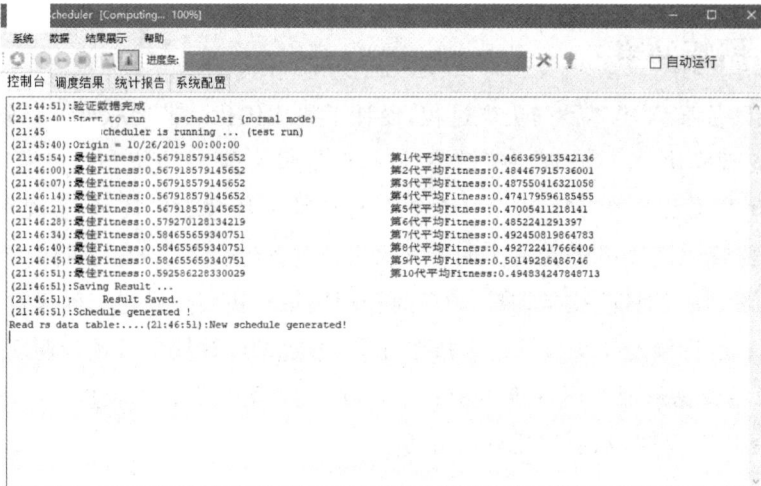

图 7-16　调度软件的运行进程

图 7-17　调度软件结果展示

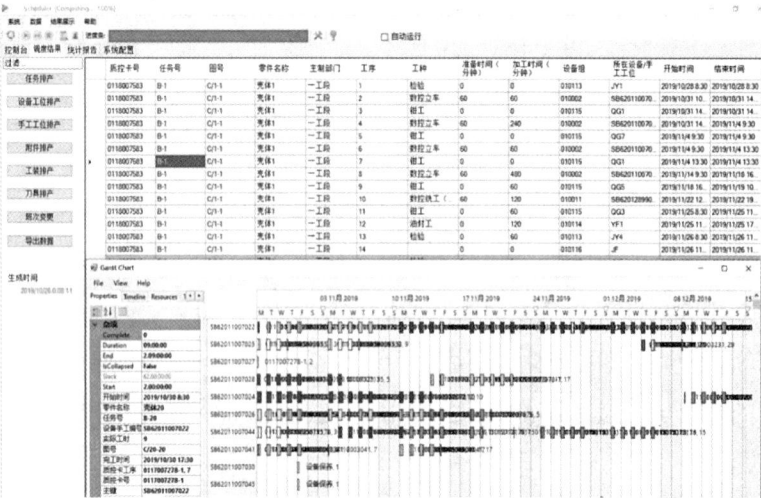

图 7-18　调度结果的甘特图展示

7.3　案例3：精密电子装备装调车间调度

7.3.1　案例背景

随着市场对精密电子装备需求的快速增长,精密电子装备生产车间的制造模式呈现多品种、变批量、产研并行、流程多变的特性。目前,生产组织模式面临以下主要问题：①专线专用的车间建设模式导致建设周期长、成本高,资源综合利用率偏低；②生产过程中的各层次数据采集不全面且缺乏实时性；③组件产线柔性不足、集成装配效率低、全流程自动化测试程度较低；④制造资源匹配复杂,扰动因素频发,车间内公用资源冲突加剧,生产组织难度增加；⑤精密电子装备装调的一次合格率低,制造过程中复杂系统性能参数异常难以定位；⑥现有制造系统无法快速自适应资源和任务的变化。对于精密电子装备多品种、变批量的混线生产需求,尚未形成适应未来发展的制造系统。因此,本节以某精密电子装备装调车间为例,进行多型混线智能装调车间的案例分析。

在该案例中,车间的主要任务是对精密电子装备进行装配和调试。整个场景涉及大量制造资源,并且每种精密电子装备的工艺路线十分复杂,因此装调车间的调度工作涵盖工件选择、设备组合、机器分配、工人调度、批处理及应对多种扰动等多个子问题。为应对这些挑战,基于企业实际需求和车间现状,采用数据挖掘与深度强化学习等技术手段,设计了一款智能生产线调度软件系统。通过灵活的资源配置与智能调度,实现不同型号精密电子装备在同一车间内的高效协同生产。精密电子装备装调车间软件系统的优点如图7-19所示。

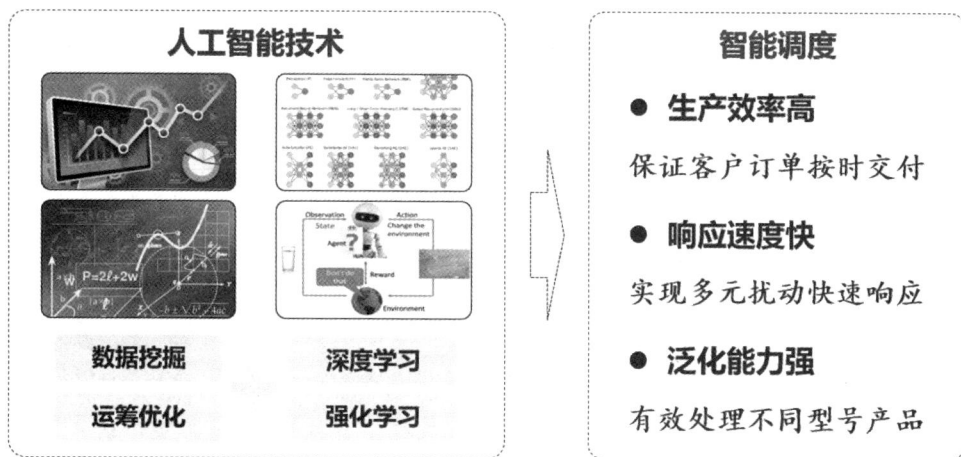

图 7-19　精密电子装备装调车间软件系统的优点

7.3.2　案例介绍

在精密电子装备的装调过程中,产品工序路线较长,各工序所需的操作工人来自不同工种。调试工序不仅需要操作工人,还需使用调测机器完成产品调试。一些调测机器能够用于批处理调试,而部分工序则需多个操作工人协作完成。某些调试工序仅在开始和结束时需要操作工人,其余时间可使用其他相同类型的机器进行操作。此外,部分工序因工艺要求,其持续时间可能长达数天。某精密电子装备的工艺流程信息如表 7-9 所示。

表 7-9 某精密电子装备产品的工序流程信息

工序号	工序名称	工种	机器名称	可同时作业产品数量	工序时长/h	操作时长/h	操作人数
1	GX-1	精装	—	1	1	1	1
2	GX-2	电装	—	1	1	1	1
3	GX-3	有机	—	1	1	1	1
4	GX-4	调试-1	ADM-1	1	8	2.7	2
5	GX-5	调试-2	ADM-2	4	18	5	2
6	GX-6	调试-1	ADM-1	1	8	2.7	2
7	GX-7	精装	—	1	0.5	0.5	1
8	GX-8	调试-3	ADM-3	1	0.8	0.8	4
9	GX-9	调试-1	ADM-1	1	8	2.7	2
10	GX-10	调试-2	ADM-4	16	240	240	2
11	GX-11	调试-1	ADM-1	1	8	2.7	2
12	GX-12	精装	—	1	0.5	0.5	1
13	GX-13	精装检验	—	1	0.5	0.5	1
14	GX-14	电装检验	—	1	0.5	0.5	1
15	GX-15	调试-2	ADM-1	1	2.5	2.5	2
16	GX-16	整机检验	—	1	0.5	0.5	1

精密电子装备装调车间面临设备资源受限的问题。具体而言,每台调测机器由多种测试设备组成,这些测试设备分为通用测试设备和专用测试设备。通用测试设备可用于多种类型产品的调试工序,而专用测试设备仅适用于特定类型产品的调试工序。调测机器的测试设备组成信息如表 7-10 所示,测试设备的数量明细如表 7-11 所示。

表 7-10 调测机器的测试设备组成信息

序号	机器名称	组成设备名称	所需数量	设备资源类型
1	ADM-1	信号模拟器	1	专用测试设备
		射频测控台	1	专用测试设备
		频谱分析仪	1	专用测试设备
		电源供应器	1	通用测试设备
		高频功率计	1	通用测试设备
		功率计探头	1	通用测试设备
		调测专用电脑	1	专用测试设备
		恒温恒湿箱	2	通用测试设备
2	ADM-2	信号模拟器	1	专用测试设备
		射频测控台	1	专用测试设备
		电源供应器	1	通用测试设备
		喇叭	1	通用测试设备
		高频功率计	1	通用测试设备
		功率计探头	1	通用测试设备
		调测专用电脑	1	专用测试设备

续表

序号	机器名称	组成设备名称	所需数量	设备资源类型
3	ADM-3	信号模拟器	2	专用测试设备
		电源供应器	1	通用测试设备
		射频测控台	2	专用测试设备
		工控机	1	专用测试设备
		稳压源	1	通用测试设备
		风冷机	1	通用测试设备
		喇叭	1	通用测试设备
		调测专用电脑	1	专用测试设备
4	ADM-4	电源供应器	16	通用测试设备
		调测专用电脑	1	专用测试设备

表 7-11 测试设备的数量明细

序号	通用/专用测试设备	数量	序号	通用/专用测试设备	数量
1	射频测控台	7	8	恒温恒湿箱	4
2	电源供应器	48	9	风冷机	11
3	高频功率计	8	10	频谱分析仪	1
4	信号模拟器	12	11	工控机	1
5	功率计探头	8	12	调测专用电脑	8
6	工控机	13	13	喇叭	3
7	稳压源	9			

在精密电子装备的装调过程中，装调工人被分为不同的工种，不同工种的班制类型是不同的。班制类型可以分为八小时工作制和轮班倒两种形式，工人工种的班制信息如表 7-12 所示。

在精密电子装备的装调过程中，根据装调工人工种分为不同类别，各工种的班制类型有所不同。班制类型包括八小时工作制和轮班倒班制。

表 7-12 工人工种的班制信息

序号	工人工种	工人数量	班制类型	人员数量	班制时段
1	精装	10	正常上下班	10	08:30—11:30、12:30—17:30
2	电装	5	正常上下班	5	08:30—11:30、12:30—17:30
3	有机	5	正常上下班	5	08:30—11:30、12:30—17:30
4	精装检验	8	正常上下班	8	08:30—11:30、12:30—17:30
5	电装检验	3	正常上下班	3	08:30—11:30、12:30—17:30
6	整机检验	5	正常上下班	5	08:30—11:30、12:30—17:30
7	调试-1	40	班组-1	13	08:00—20:00
			班组-2	14	20:00—08:00(次日)
			班组-3	13	08:00(次日)—20:00
8	调试-2	20	班组-1	7	08:00—20:00
			班组-2	6	20:00—08:00(次日)
			班组-3	7	08:00(次日)—20:00

续表

序号	工人工种	工人数量	班制类型	人员数量	班制时段
9	调试-3	30	班组-1	10	08:00—20:00
			班组-2	10	20:00—08:00(次日)
			班组-3	10	08:00(次日)—20:00

7.3.3 智能生产线调度软件系统

针对精密电子装备装调车间,开发了一套智能生产线调度软件系统。该系统运用面向多元扰动的动态重构技术,自动分析并处理生产流程中的扰动因素。系统基于工艺流程变化和作业资源的动态调整,通过内置算法对原有生产逻辑单元进行重构,优化生产组织方式,以最大化利用现有资源,实现车间的高效重构。

软件系统的架构如图 7-20 所示,包括前端 UI、展示层、业务层、数据层、数据库及运行环境。其模块组织形式如图 7-21 所示,分为以下 4 个模块:①数据管理模块,涵盖产品工艺

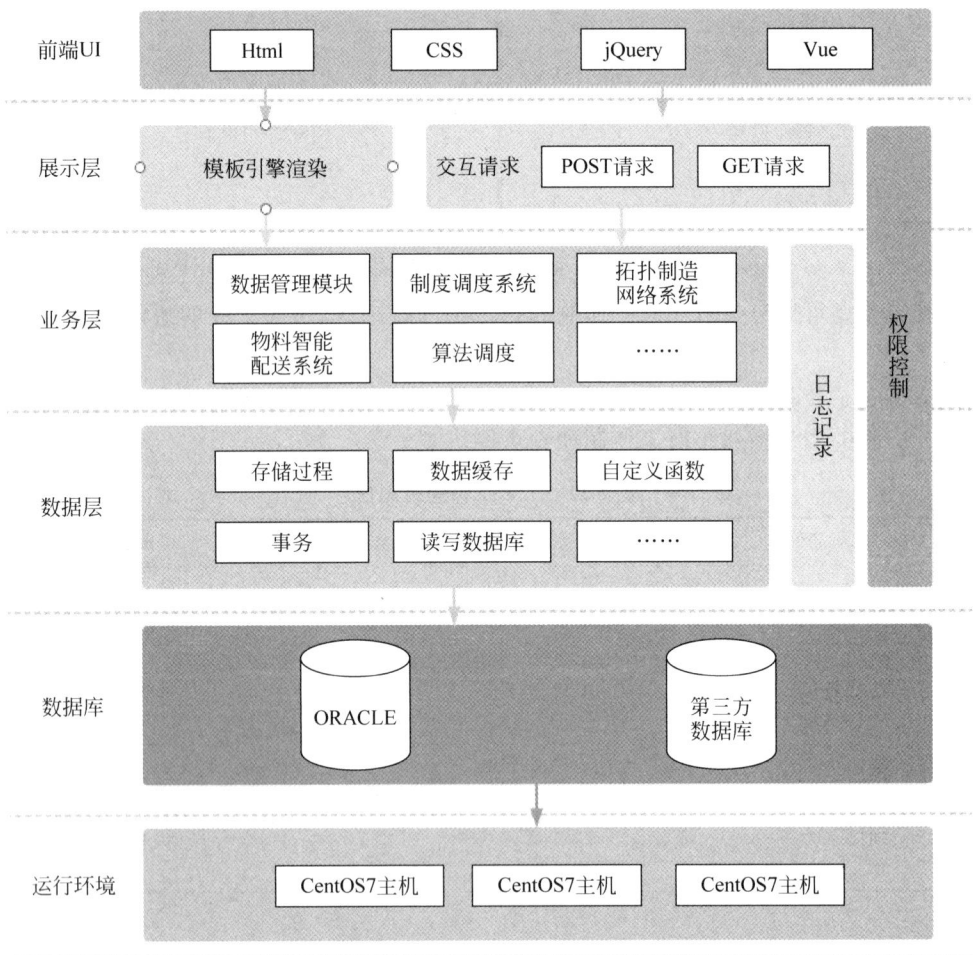

图 7-20 软件系统的架构

信息、设备数据、设备历史维护信息、工人信息、订单管理及扰动事件管理;②智能调度系统,包括作业资源智能管控和高级排产模块;③拓扑制造网络系统,涉及生产系统动态重构及生产网络效能自诊断;④物料智能配送系统,根据生成的排产结果及产品 BOM 表,计算并展示每日所需物料数量等信息。

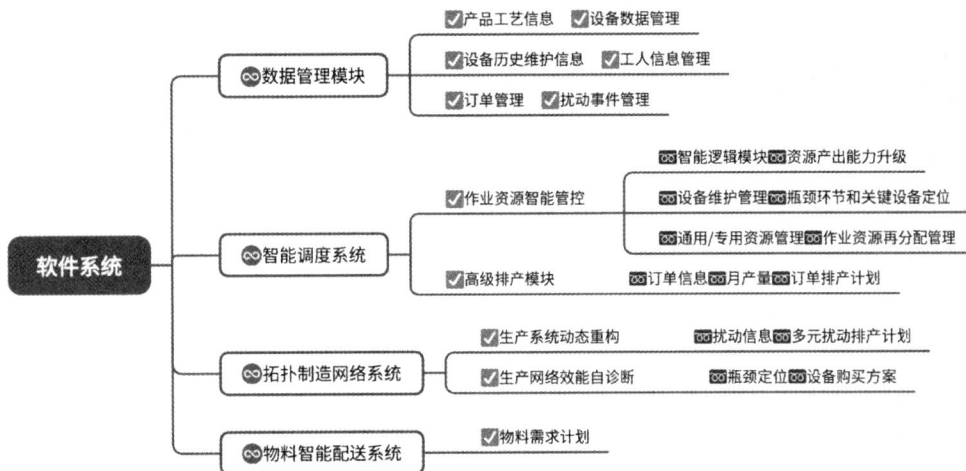

图 7-21 软件系统的模块组织形式

接下来,从生产数据管理和考虑扰动事件的订单排产两个主要角度进行介绍。

1. 生产数据管理

生产数据管理由数据管理模块负责,涵盖产品工艺信息、设备数据管理、设备历史维护信息、工人信息管理、订单管理和扰动事件管理(如图 7-22 所示)。产品工艺信息详细记录每种产品的工艺路线。设备数据管理包括设备单元的名称、编号、资源类型、功能类型及地点。设备历史维护信息记录设备单元的上次维护时间及检定周期。工人信息管理包含工种与对应工人的编号。订单管理涵盖订单编号、产品型号、产品代号、批次号、产品数量、产品编号、订单开始时间、交付时间、工艺路线编号及物料类型。扰动事件管理包括订单插入、工人请假、设备故障、人员离职、人员增加、物料延迟、任务暂停和计划变动 8 种扰动事件。

2. 考虑扰动事件的订单排产

数据管理模块中的订单管理包括订单编号、产品型号、产品代号、批次号、产品数量、产品编号、订单开始时间、交付时间、工艺路线编号和物料类型。添加订单信息后,生成的相关信息将在智能调度系统高级排产模块中的订单信息部分展示。

在数据管理模块中的扰动事件管理中,记录生产现场的扰动事件信息:①订单插入包括订单编号、产品型号、产品代号、批次号、产品数量、产品编号、订单开始时间、交付时间、工艺路线编号和物料类型;②工人请假包括工人编号、工人离岗时间和工人到岗时间;③设备故障包括设备名称、设备编号、设备类型、设备故障时间和设备单元修复时间;④人员离职包括工人编号和工人离职时间;⑤人员增加包括工人编号和工人到岗时间;⑥物料延迟包括订单编号、物料延迟到达时间和订单交期变更——物料延迟;⑦任务暂停包括订单编号、产品型号、产品代号、批次号、产品编号、暂停工序编号和已加工时间;⑧计划变动包括

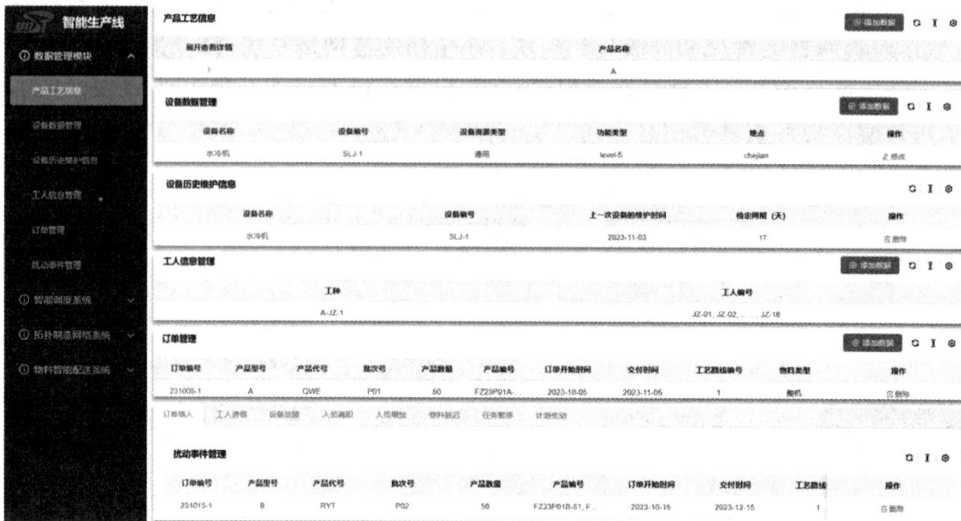

图 7-22　数据管理模块

订单编号、订单优先级和变动时间。添加扰动事件后，生成的相关信息将在拓扑制造网络系统中生产系统动态重构模块的扰动信息部分展示，如图 7-23 所示。

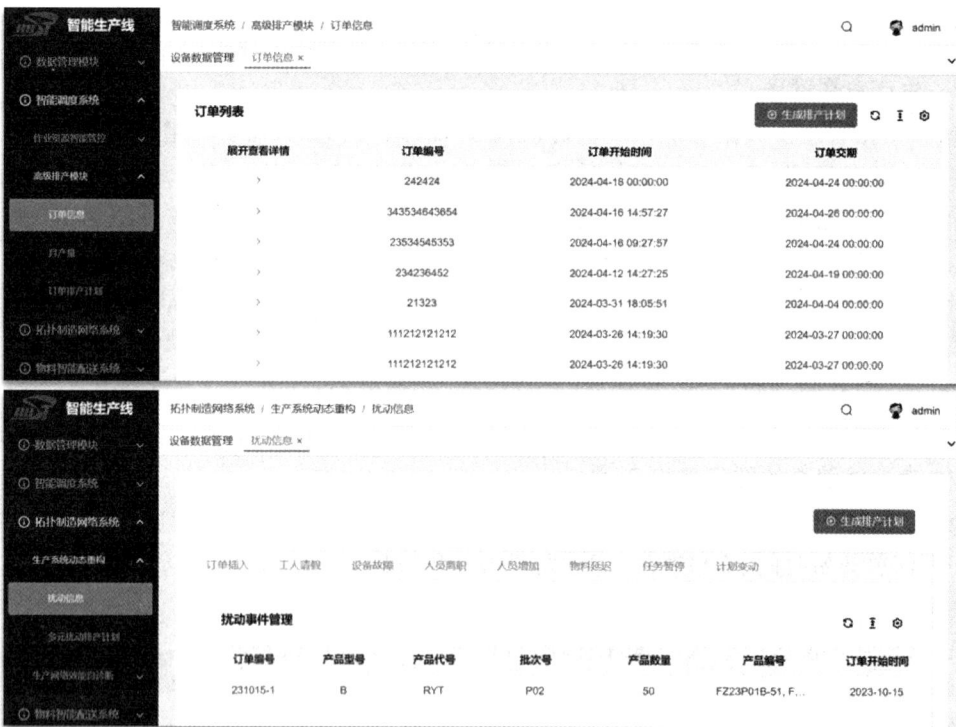

图 7-23　订单信息模块与扰动信息模块

基于数据管理模块中的生产信息，在"拓扑制造网络系统—生产系统动态重构—扰动信息"界面中，单击右上方的"生成排产计划"按钮，软件系统将调用内置的高级排产算法，生成三种维度(资源、订单、工序)的排产计划。生成的排产结果将以甘特图形式展示在订单排产计划模块界面中,如图 7-24 所示。

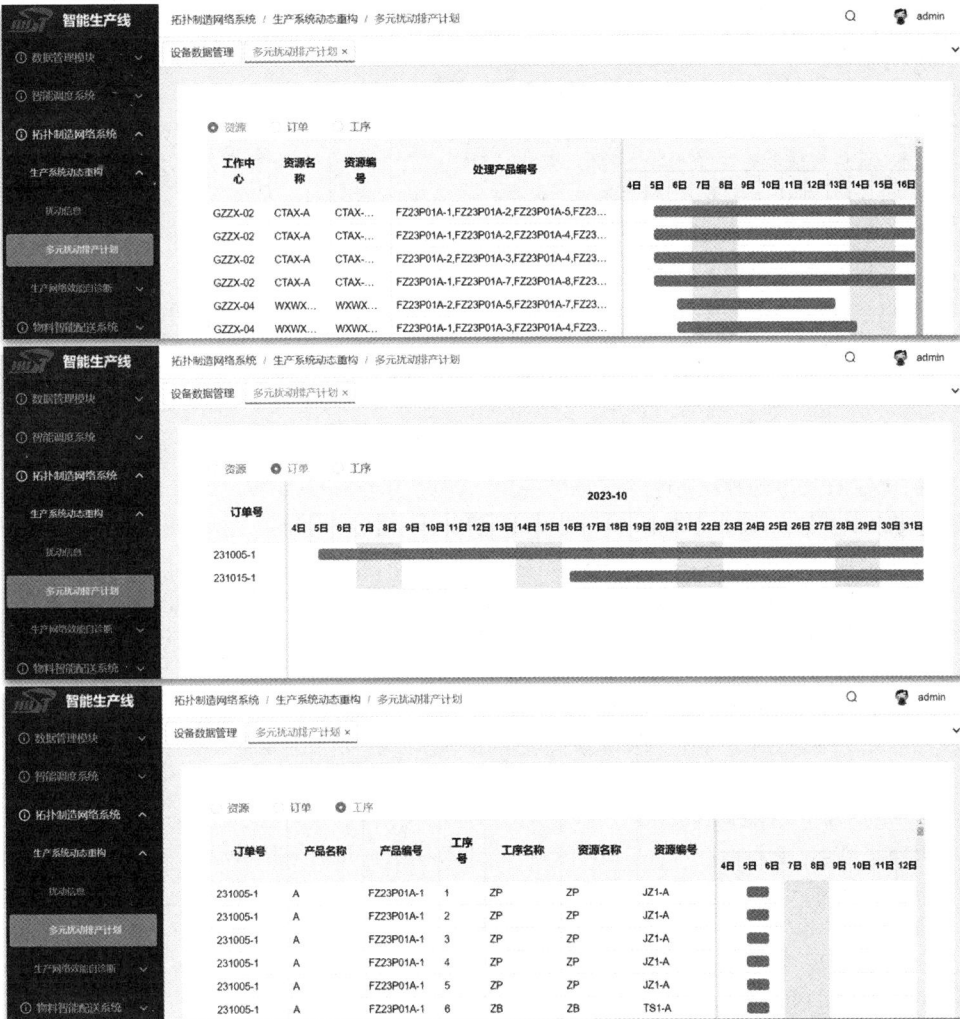

图 7-24　多元扰动订单排产计划模块界面

参 考 文 献

[1] 王爱民.制造系统工程[M].北京:北京理工大学出版社,2017.

[2] 张根保.自动化制造系统[M].北京:机械工业出版社,2017.

[3] 吴澄.现代集成制造系统导论:概念、方法、技术和应用[M].北京:清华大学出版社,2002.

[4] 严隽薇.现代集成制造系统导论:理念、方法、技术、设计与实施[M].北京:清华大学出版社,2004.

[5] 李忠学,武福.现代制造系统[M].西安:西安电子科技大学出版社,2013.

[6] 齐继阳,唐文献,宁善平.可重构制造系统[M].北京:北京理工大学出版社,2018.

[7] 周济,李培根.智能制造导论[M].北京:高等教育出版社,2021.

[8] 周玉清,刘伯莹,周强.ERP原理与应用教程[M].北京:清华大学出版社,2010.

[9] 王丽莉.生产计划与控制.第2版[M].北京:机械工业出版社,2018.

[10] 陈庄,毛华扬,刘永梅.ERP原理与应用教程[M].北京:电子工业出版社,2006.

[11] 罗鸿.ERP原理.设计.实施.第五版[M].北京:电子工业出版社,2020.

[12] 朱宝慧.ERP原理及应用.第2版[M].北京:北京大学出版社,2018.

[13] 闪四清.ERP系统原理和实施.5版[M].北京:清华大学出版社,2017.

[14] 魏玲.ERP原理及应用.第2版[M].北京:科学出版社,2020.

[15] 王丽亚,陈友玲,马汉武,等.生产计划与控制[M].北京:清华大学出版社,2007.

[16] 邵新宇,饶运清.制造系统运行优化理论与方法[M].北京:科学出版社,2010.

[17] 王万良,吴启迪.生产调度智能算法及其应用[M].北京:科学出版社,2007.

[18] 雷德明.现代制造系统智能调度技术及其应用[M].北京:中国电力出版社,2011.

[19] 王爱民.制造执行系统(MES)实现原理与技术[M].北京:北京理工大学出版社,2012.

[20] 刘民,吴澄.制造过程智能化调度算法及其应用[M].北京:清华大学出版社,2003.

[21] 王凌.车间调度及其遗传算法[M].北京:清华大学出版社,2003.

[22] 雷德明,严新平.多目标智能优化算法及其应用[M].北京:科学出版社,2009.

[23] JOHNSON S. Optimal two and three stage production schedules with setup times included[J]. Naval Research Logistics Quarterly,1954,1:61-68.

[24] 越民义,韩继业.n个零件在m台机床上加工顺序问题[J].中国科学,1975(5):462-470.

[25] GAVETT J W. Three heuristic rules for sequencing jobs to a single production facility. Management,1965,11(8):166-176.

[26] LI X Y,GAO L. An effective hybrid genetic algorithm and tabu search for flexible job shop scheduling problem[J]. International Journal of Production Economics,2016,174:93-110.

[27] 肖伟跃.CAPP中的智能信息处理技术[M].长沙:国防科技大学出版社,2002.

[28] 唐荣锡.CAD/CAM技术[M].北京:北京航空航天大学出版社,1994.

[29] 孙正兴.基于特征的零件信息研究[J].计算机辅助设计与制造,1995,7:34-38.

[30] 王先逵,赵杰.智能型机械结构零件和部件工艺过程设计系统ICAPP-MS[J].计算机辅助设计与制造,1995,4(3):23-25.

[31] 许香穗,蔡建国.成组技术[M].北京:机械工业出版社,1986.

[32] LI W D,ONG S K,NEE A Y C. Hybrid genetic algorithm and simulated annealing approach for the optimization of process plans for prismatic parts[J]. International Journal of Production Research,2002,40(8):1899-1922.

[33] WANG J F,WU X H,FAN X L. A two-stage ant colony optimization approach based on a directed graph for process planning[J]. International Journal of Advanced Manufacturing Technology,2015,80(5-8):839-850.

[34] WANG J F,KANG W L,ZHAO J L,et al. A simulation approach to process planning using a modified particle swarm optimization[J]. Advances in Production Engineering & Management,2016, 11(2):77-92.

[35] WEN X Y,LI X Y,GAO L,et al. Honey bees mating optimization algorithm for process planning problem[J]. Journal of Intelligent Manufacturing,2016,25(3):459-472.

[36] ZHANG F,ZHANG Y F,NEE A Y C. Using genetic algorithms in process planning for job shop machining[J]. IEEE Transactions on Evolutionary Computation,1997,1(4):278-289.

[37] LI W D,ONG S K,NEE A Y C. Optimization of process plans using a constraint-based tabu search approach[J]. International Journal of Production Research,2004,42(10):1955-1985.

[38] LI X Y,GAO L,WEN X Y. Application of an efficient modified particle swarm optimization algorithm for process planning[J]. Journal of Advanced Manufacturing Technology,2013,67(5-8): 1355-1369.

[39] 李言,彭炎午,张晓冲. 工艺计划和生产计划调度集成的研究[J]. 中国机械工程,1994,5(6):44-45.

[40] 李言,徐跃飞,张晓坤,等. 工艺设计与调度集成数据库的概念模式[J]. 机械科学与技术,1995,2: 63-86.

[41] 邓超,李培根,罗滨. 车间作业计划与工艺设计集成研究[J]. 华中理工大学学报,1997,25(3): 16-17.

[42] 邓超,李培根,蔡力钢,等. 基于多工艺方案的车间作业计划方法研究[J],华中理工大学学报,1997, 25(3):14-15.

[43] KIM Y,PARK K,KO J. A Symbiotic Evolutionary Algorithm for the Integration of Process Planning and Job Shop Scheduling[J]. Computers and Operations Research,2003,30:1151-1171.

[44] SHAO X Y,LI X Y,GAO L,et al. Integration of process planning and scheduling—a modified genetic algorithm-based approach[J]. Computers and Operations Research,2009,36(6):2082-2096.

[45] LI X Y,ZHANG C Y,GAO L,et al. An agent-based approach forintegrated process planning and scheduling[J]. Expert Systems with Applications,2010,37(2):1256-1264.

[46] LI X Y,GAO L,SHAO X Y,et al. Mathematical modeling andevolutionary algorithm-based approach for integrated process planning and scheduling[J]. Computers and Operations Research,2010,37(4): 656-667.

[47] LI X Y,SHAO X Y,GAO L,et al. An effective hybrid algorithm for integration of process planning and scheduling[J]. International Journal of Production Economics,2010,126:289-298.

[48] LI X Y,GAO L,SHAO X Y. An active learning genetic algorithm for integrated process planning and scheduling[J]. Expert SystemswithApplications,2012,39(8):6683-6691.

[49] ZHANG L P,WONG T N. An object-coding genetic algorithm for integrated process planning and scheduling. European Journal of Operation Research,2015,244:434-444.

[50] LEUNG C W,WONG T N,MAK K L,et al. Integrated process planning and scheduling by an agent-based ant colony optimization[J]. Computers and Industrial Engineering,2010,59(1):166-180.

[51] LENG S,WEI X B,ZHANG W Y. Improved Aco Schduling Algorithm Based on Flexible Process [J]. Transactions of Nanjing University of Aeronautics and Astronautics,2006,23(2):154-159.

[52] WONG T N,ZHANG S C,WANG G,et al. Integrated process planning and scheduling—multi-agent system with two-stage ant colony optimisation algorithm[J]. International Journal of Production Research,2012,50(21):6188-6201.

[53] 薛国彬,郑清春,胡亚辉,等. 钛合金车削过程中基于遗传算法的切削参数多目标优化[J]. 工具技术,2017,51(1):27-30.

[54] 谢书童,郭隐彪. 双刀并行数控车削中的切削参数优化方法[J]. 中国机械工程,2014,25(14): 1941-1946.

[55] 李新鹏. 改进人工蜂群算法及其在切削参数优化问题中的应用研究[D]. 武汉：华中科技大学,2013.

[56] 秦国华,谢文斌,王华敏. 基于神经网络与遗传算法的刀具磨损检测与控制[J]. 光学精密工程,2015,23(5)：1314-1321.

[57] 陈薇薇. 基于支持向量机的数控机床能耗预测及节能方法研究[D]. 武汉：武汉科技大学,2015.

[58] 王宸,杨洋,袁海兵,等. 基于混合粒子群算法的数控切削参数多目标优化[J]. 现代制造工程,2017(3)：77-82.

[59] WANG J F,ZUO J F,SHANG Z,et al. Modeling of cutting force prediction in machining high-volume SiCp/Al composites[J]. Applied Mathematical Modelling,2019(70)：1-17.

[60] WANG J F,PAN L J,BIAN Y J,et al. Experimental Investigation of the Surface Roughness of Finish-Machined High-Volume-Fraction SiCp/Al Composites[J]. Arabian Journal of Science and Engineering,2020(45)：5399-5406.

[61] LI X Y,GAO L. Effective Methods for Integrated Process Planning and Scheduling [M]. Springer,2020.

[62] 高亮,李新宇,文龙,等. 工艺规划与车间调度的智能算法[M]. 北京：清华大学出版社,2019.

[63] 李新宇. 工艺规划与车间调度集成问题的求解方法研究[D]. 武汉：华中科技大学,2009.

[64] LI X Y,GAO L,PAN Q K,et al. An effective hybrid genetic algorithm and variable neighborhood search for integrated process planning and scheduling in a packaging machine workshop[J]. IEEE Transactions on Systems,Man and Cybernetics：Systems,2019,49(10)：1933-1944.

[65] LI X Y,GAO L. An effective hybrid genetic algorithm and tabu search for flexible job shop scheduling problem[J]. International Journal of Production Economics,2016(174)：93-110.

[66] LI X Y,SHAO X Y,GAO L. An effective hybrid algorithm for integrated process planning and scheduling[J]. International Journal of Production Economics,2010(126)：289-298.